机工IT

短视频剪辑就这么简单

玩转剪映

走尺 —— 等编著

本书基于剪映App（移动端）和剪映专业版（PC端）编写而成，结合了抖音、快手等平台的热门短视频类型，如假期旅行、美食探店、校园回忆等，帮助读者快速掌握热门短视频的制作方法以及短视频制作的完整流程与技巧。

全书分3篇，共10章。第1~3章为基础篇，详细介绍了剪映App和剪映专业版的基本操作与技巧，循序渐进地讲解了剪映的工作界面和基础功能应用，以及视频素材剪辑、添加与处理音频等内容。第4~6章为App篇，详细介绍了使用剪映App为视频添加并编辑字幕、制作转场及特效等方法，并结合第6章的综合案例，对前面所学的内容进行了汇总。第7~10章为专业版篇，介绍了使用剪映专业版对视频进行调色、卡点、变速、抠像、合成等操作，其中的第10章是对前面所学内容的汇总，帮助读者使用剪映专业版制作不同类型的短视频。

全书采用"案例讲解+实操练习"的教学方法，应用案例步骤详细、简单易懂，并在有拓展练习的章节介绍制作要点并展示最终效果，使读者能够快速掌握视频剪辑的技巧，从新手快速成长为视频后期处理的高手。同时，随书附赠教学视频（扫码观看）、案例素材和效果文件，以及电子课件等海量学习资源。本书适合广告剪辑爱好者、自媒体运营人员、新媒体平台工作者、短视频创作者以及自媒体新手等人群阅读。

图书在版编目（CIP）数据

玩转剪映：短视频剪辑就这么简单 / 走尺等编著. 北京：机械工业出版社，2024. 10. -- ISBN 978-7-111-76651-3

Ⅰ. TN94

中国国家版本馆CIP数据核字第202462F55S号

机械工业出版社（北京市百万庄大街22号　邮政编码100037）
策划编辑：丁　伦　　　　责任编辑：丁　伦　李晓波
责任校对：潘　蕊　宋　安　　责任印制：郜　敏
中煤（北京）印务有限公司印刷
2024年11月第1版第1次印刷
186mm×260mm · 14印张 · 303千字
标准书号：ISBN 978-7-111-76651-3
定价：89.90元

电话服务　　　　　　　　　网络服务
客服电话：010-88361066　　机　工　官　网：www. cmpbook. com
　　　　　010-88379833　　机　工　官　博：weibo. com/cmp1952
　　　　　010-68326294　　金　　书　　网：www. golden-book. com
封底无防伪标均为盗版　　机工教育服务网：www. cmpedu. com

前言
Preface

在数字化时代的浪潮中，视频编辑已成为每个人都应该掌握的一项基本技能。随着各类短视频平台的兴起，视频内容的创作变得越发普及和重要。剪映作为一款强大的视频编辑软件，凭借其简单易用、功能丰富等特点，迅速成为很多视频创作者的首选。

本书旨在为广大视频剪辑爱好者、内容创作者和自媒体从业者提供一本全面、系统的剪映学习指南。从软件的基本操作讲起，逐步深入到高级编辑技巧，再到项目实战，使读者一步步掌握剪映的精髓，成为视频编辑领域的佼佼者。

内容框架

本书基于剪映 App（13.9.0）和剪映专业版（5.7.0）编写而成。由于官方软件升级更新较为频繁，版本之间的部分功能和内置素材会有些许差异，建议读者灵活对照自身使用的版本进行学习。

本书对素材剪辑、视频调色、音频处理、卡点变速等内容进行了详细讲解，全书分 3 篇，共 10 章，具体内容框架如下。

基础篇

第 1 章　剪映 App 和剪映专业版：介绍了剪映 App 和剪映专业版的工作界面、区别以及相关功能等内容。

第 2 章　视频素材剪辑：主要讲解了剪映的基本操作，包括素材导入、画面调整、剪辑工具的应用等内容。

第 3 章　添加与处理音频：主要讲解了在剪映中如何添加音频素材、处理音频素材，以及卡点音乐视频的制作方式等内容。

App 篇

第 4 章　添加并编辑字幕：主要讲解了在剪映 App 中如何添加字幕、美化字幕、字幕动画的应用以及常见短视频字幕的制作等方法。

第 5 章　制作转场及特效：介绍了剪映 App 的转场效果，以及如何制作创意转场效果和视频特效等方法。

第 6 章　综合案例：制作假期旅行碎片 Vlog：结合前面所学知识制作的综合案例。该案例涵盖视频素材的剪辑、背景音频的添加、专业字幕的设计，以及动画转场效果的灵活运用等。

专业版篇

第 7 章　视频调色技巧：主要讲解了剪映专业版的调色技巧和使用滤镜调色的方法，包含了小清新、复古、赛博朋克等当下热门调色风格应用案例。

第 8 章　卡点效果与曲线变速：主要讲解了音乐卡点的技巧，以及如何制作变速卡点视频、动感卡点相册、闪光变速效果等方法。

第 9 章　抠像、合成与动画：介绍了三大抠像功能、三大合成功能，以及常见的关键帧动画的制作等内容。

第 10 章　综合案例：制作城市美食宣传片：主要介绍了视频滤镜调色、卡点效果、视频转场等功能的运用，生动展现了城市美食的魅力。

本书特色

83 个应用案例让读者从新手变高手：全书采用“案例讲解+实操练习”的教学方法，应用案例步骤详细、简单易懂。在有拓展练习的章节介绍制作要点并展示效果，使读者能够快速掌握视频剪辑的技巧，从新手快速成长为视频后期处理的高手。

67 个剪辑功能，剪映 App 和专业版相结合：书中介绍了 67 个剪辑功能，包括目前流行的多种短视频类型的制作方法，涵盖了转场、字幕、音效、合成、卡点、抠像、调色等相关知识点，完全覆盖了剪映 App 和剪映专业版的剪辑功能。

86 个实例教学视频和相关素材，配套资源完善：为了方便读者对实例进行学习，本书特别提供了与实例相配套的素材文件和效果文件，读者可以对照视频（扫码观看）讲解进行操作练习，提升学习效果。

适用人群

1）视频创作者、社交媒体内容创作者以及自媒体工作者。

2）新手剪辑师和爱好者。

3）从事相关行业、可能需要进行视频剪辑的人群。

本书在编写过程中力求内容通畅、语言简洁明了，在注重理论与实践相结合的前提下，通过大量的案例分析和实战演练，让读者能够真正掌握剪映的各项功能和应用技巧。但笔者受学识所限，书中难免有不足之处，敬请广大读者批评、指正。

编　者

目录 Contents

第3章 添加与处理音频

App 篇

第 4 章　添加并编辑字幕

第 5 章　制作转场及特效

第6章 综合案例：制作假期旅行碎片 Vlog

专业版篇

第7章 视频调色技巧

第8章 卡点效果与曲线变速

第9章 抠像、合成与动画

第10章 综合案例：制作城市美食宣传片

基础篇

Chapter 1 第1章 剪映App和剪映专业版

在数字媒体时代，视频创作已成为人们表达自我、分享生活的重要方式。而剪映 App 和剪映专业版作为强大的视频编辑工具，可以为用户提供从初学到专业的全方位编辑解决方案。

在本章中，我们将深入了解这两款应用的核心特点和应用场合，探索它们如何满足不同用户的创作需求。首先我们将介绍剪映 App，它的简单易用和随拍随剪的编辑特点使得每个用户都能轻松上手，成为视频制作的达人。然后，探讨剪映专业版的专业品质和高级功能，为专业创作者提供更多定制化和高品质的编辑选择。

通过对比和分析这款应用在移动端和 PC 端的特点，可以帮助用户更好地理解它们的应用场景和优势，以便根据需求做出合适的选择。现在，让我们开始这场关于剪映 App 和剪映专业版的探索之旅吧！

1.1 简单好用的剪映 App

剪映 App 是一款流行的手机视频剪辑软件，不仅界面简洁、简单易用，而且还拥有丰富的特效和滤镜，可以一站式帮助用户快速制作出高质量的视频作品。

1.1.1 剪映 App 概述

剪映 App 是抖音官方于 2019 年 5 月推出的视频剪辑工具，凭借随拍随剪的便利性和丰富的素材库，一经推出便迅速赢得了用户的青睐。2024 年 1 月 4 日的数据显示，剪映 App 在各大安卓应用平台上的累计下载次数已经达到了惊人的 107.21 亿次，如图 1-1 所示。

剪映 App 提供了丰富的功能和素材库，可以帮助用户轻松地制作出高质量的视频作品。让我们先来简单了解一下剪映 App 的部分特色功能。

- **“AI”功能**：包括但不限于利用 AI 完成自动踩点、作图、智能字幕、特效等功能。
- **轻而易剪**：一键成片和剪同款功能，让初学用户也能轻松制作出高质量的视频。

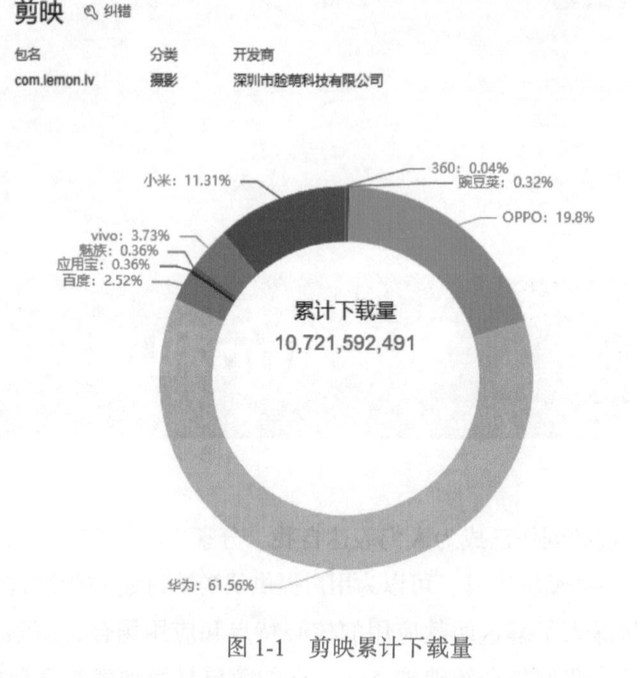

图 1-1 剪映累计下载量

- **全能剪辑**：支持切割、变速、倒放、画布、转场、贴纸、字体、语音转字幕等功能。
- **曲库资源**：拥有抖音曲库，支持一键同步抖音收藏的音乐。
- **一键分享**：视频导出后可直接分享到抖音、西瓜视频、今日头条、QQ、微信等平台。
- **素材丰富**：提供大量的视频素材、贴纸、字体等。
- **创作课堂**：为用户提供一个系统化、专业化的学习资源平台。
- **多平台兼容**：支持手机、平板电脑和计算机等多种终端进行创作和编辑。
- **实时更新与优化**：确保用户始终能够享受到更新、更好的创作体验。

1.1.2 认识剪映 App 的工作界面

在手机桌面上点击并打开剪映 App，首先出现在我们眼前的是默认的剪辑界面，也称剪映 App 的主界面，如图 1-2 所示。通过点击界面底部导航中的“剪同款”、“创作课堂”、“消息”、“我的”按钮，可以切换至对应的功能界面，各功能界面的简单说明如下。

❖ 剪同款：提供多样化的模板，不仅有适用于所有场合的模板，还有专门商用的模板。用户可以通过右滑选择并应用模板，或通过搜索功能快速找到符合自己需求的模板进行套用。

❖ 创作课堂：包含了抖音的各种热门视频剪辑教程及流行玩法。

❖ 消息：主要由官方、评论、粉丝、点赞 4 个功能模块组成。

❖ 我的：展示个人主页资料，查看自己喜欢或收藏的模板，以及已购买的模板和脚本。

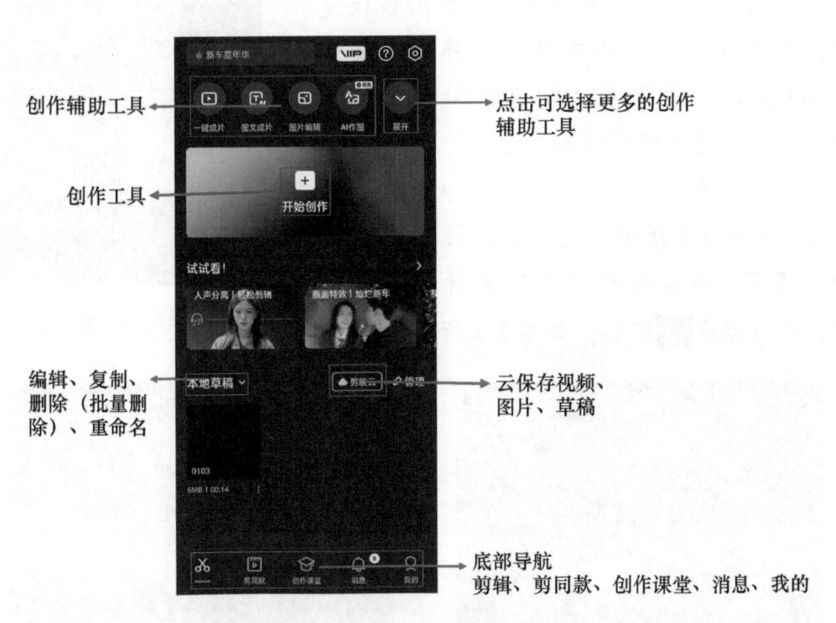

图 1-2　剪映 App 的主界面

1.1.3　应用案例：剪映 App 剪辑实战

本案例主要使用剪映 App 的“一键成片”功能进行剪辑实战，下面介绍具体操作方法。

01 打开剪映 App，点击创作辅助工具中的“一键成片”按钮，如图 1-3 所示。进入素材选取界面，选择春、夏、秋、冬 4 张图片素材，然后在文本框中输入“春夏秋冬”，点击“下一步”按钮 下一步(4)，如图 1-4 所示。

图 1-3　点击“一键成片”按钮

图 1-4　素材选取界面

02 进入模板选取界面，滑动界面下方的模板选项栏，点击并应用“四季风景切换”模板，如图1-5所示。再点击模板缩览区的“点击编辑”按钮，进入视频编辑界面。

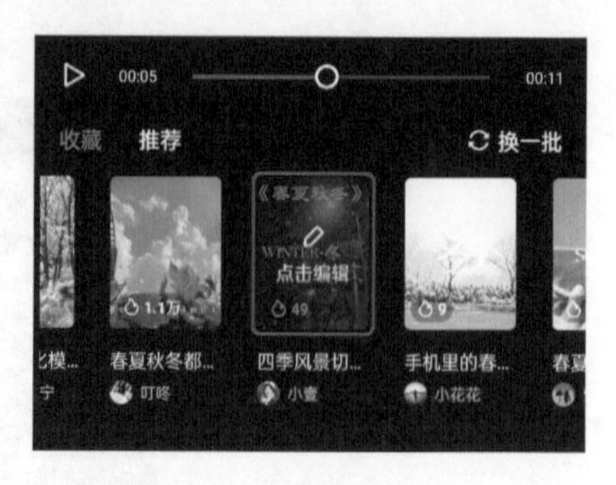

图1-5　模板选取界面

03 长按“春”素材的缩览图，进入调整素材顺序界面，如图1-6所示。长按并拖拽“夏”素材的缩览图，将其移至“秋”素材缩览图的左边，然后点击✓按钮，如图1-7所示。

图1-6　素材顺序界面（调整前）

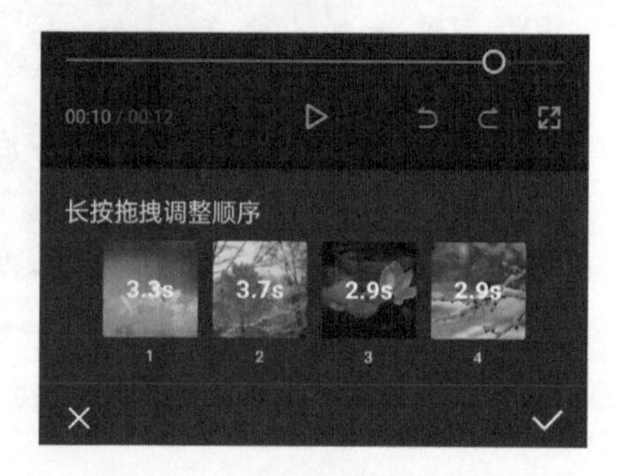

图1-7　素材顺序界面（调整后）

04 完成上述操作后，素材缩览图2、3中会显示“素材已丢失”，如图1-8所示。点击丢失的素材2，再在界面中浮现出的工具栏中点击“替换”按钮，如图1-9所示。进入素材选取界面，选择“夏”图片素材，如图1-10所示。

图1-8　素材图片丢失

图1-9　点击“替换”按钮

图1-10　选取素材

05 按照步骤 04 的操作方法替换好丢失的素材 3 后，切换至“文本”选项，滑动界面底部的文字素材缩览图，再点击缩览图 5，然后点击“点击编辑”按钮，如图 1-11 所示。系统会弹出输入键盘，将选中的文字内容修改为“天凉好个秋”，再将视频中的文本框移至合适的位置，然后点击按钮，如图 1-12 所示。

图 1-11　文字素材缩览图

图 1-12　修改文字内容

06 完成上述操作步骤后，点击界面右上角的“导出”按钮，如图 1-13 所示。进入导出设置界面，点击“无水印保存并分享”按钮，如图 1-14 所示。

图 1-13　点击“导出”按钮

图 1-14　导出设置界面

07 制作出的“春夏秋冬”短视频的效果展示如图 1-15 至图 1-18 所示。

图 1-15　效果展示图（1）

图 1-16　效果展示图（2）

图 1-17　效果展示图（3）

图 1-18　效果展示图（4）

在导出设置中有两个选项可以选择。当用户点击按钮，制作好的视频将带有“剪映”水印并保存在手机相册中。如果用户点击“无水印保存并分享”按钮，视频同样会自动保存在手机相册，并直接跳转到抖音的发布界面。

1.2　适合商业应用的剪映专业版

剪映专业版是一款专为商业应用设计的视频剪辑软件，相比 App 版本的剪映，它提供了更多的高级功能和工具，以满足商业用户对于视频制作的高标准和专业需求。

1.2.1　剪映专业版概述

剪映专业版是抖音官方推出的一款功能强大且易于使用的针对 PC 端的剪辑软件，它拥有强大的素材库，支持多视频轨/音频轨编辑，并用 AI 为创作赋能，满足多种专业剪辑场景。这款剪辑软件广泛应用于自媒体从业者和影视后期专业人士的视频创作工作。剪映专业版的主界面如图 1-19 所示。

剪映专业版应用于 PC 端，用户可以享受到更加高效和专业的视频剪辑体验。以下为剪映专业版的部分特色功能。

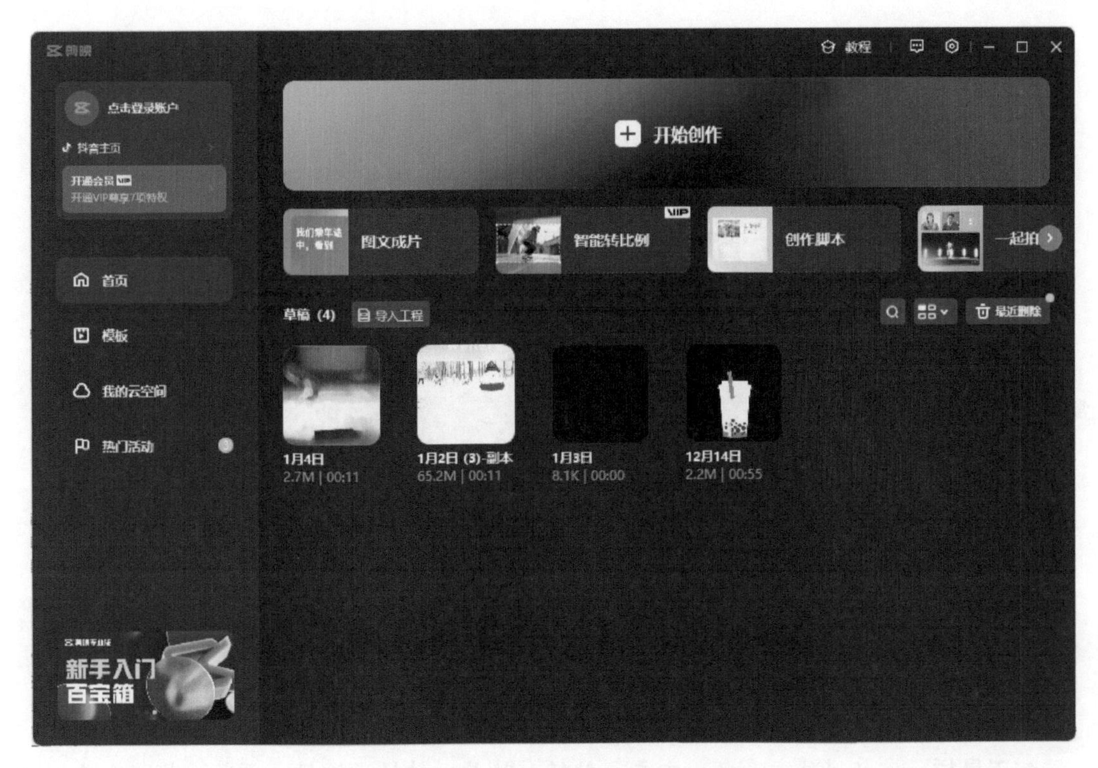

图 1-19　剪映专业版的主界面

- **大屏幕操作体验**：大屏幕设计，提供了更加宽广的视野和更加丰富的操作空间。
- **丰富的素材库**：包括音效、贴纸、滤镜、转场效果等。
- **自定义界面**：用户可以根据个人习惯自定义工具栏、面板布局等。
- **多轨道时间编辑**：对每个轨道进行单独的剪辑、拼接、转场等操作。
- **专业级编辑工具**：包括剪切、拼接、转场、变速等功能。
- **高清预览和输出**：更加清晰、细腻的视频预览效果。提供了不同分辨率、帧率和码率的选择，支持多种输出格式。

1.2.2　认识剪映专业版的工作界面

想要更好地使用剪映专业版的功能，高效制作出令人满意的视频效果，首先我们得从认识剪映专业版的界面开始。双击计算机桌面上剪映专业版的图标，打开剪映专业版，然后单击“开始创作”按钮 开始创作，即可进入剪映专业版的视频编辑界面，如图 1-20 所示。该界面主要分为六大区域，分别为工具栏、素材区、预览区、素材调整区、常用功能区和时间线区。在这六大区域中，分布着剪映专业版的大部分功能和选项。其中占据空间最大的是时间线区域，该区域也是我们在编辑视频时经常用到的。剪辑的大部分工作是对时间线区域中的素材轨道进行编辑，从而达到理想中的视频效果。

剪映专业版视频编辑界面另外五个区域功能的简单说明如下。

图 1-20　剪映专业版的视频编辑界面

- ❖ **工具栏**：囊括媒体、音频、文本、贴纸、特效、转场、滤镜、调节、模板 9 个功能选项按钮。其中只有“媒体”选项没有在剪映 App 中出现。在剪映专业版中单击“媒体”按钮后，可以选择从“本地”或者“素材库”导入素材至素材区。
- ❖ **素材区**：无论是从本地导入的素材，还是使用工具栏中的“贴纸”“特效”“转场”等工具，其可用素材、效果等均会在素材区中显示。
- ❖ **常用功能区**：在选中时间线区中的某一轨道后，常用功能区会出现可以针对该轨道进行的效果设置。选中“视频轨道”“音频轨道”“文字轨道”时，常用功能区分别如图 1-21 至图 1-23 所示。

图 1-21　选中视频轨道后的常用功能区

图 1-22　选中音频轨道后的常用功能区

图 1-23　选中文字轨道后的常用功能区

- **预览区**：在后期剪辑过程中，用户可随时在预览区查看视频效果。单击预览区右下角的⛶按钮，可进行全屏预览；单击右下角的"适应"按钮，可调整画面比例。
- **素材调整区**：在选中时间线区中的某一轨道后，素材调整区会出现可以针对该轨道进行效果设置的选项卡。选中"视频轨道""音频轨道""文字轨道"时，素材调整区分别如图 1-24 至图 1-26 所示。

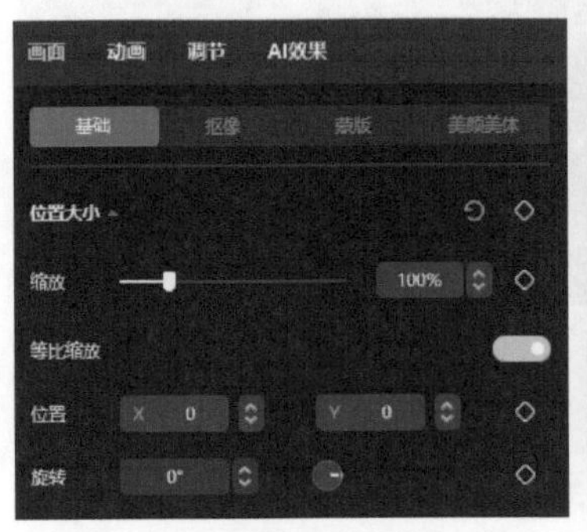

图 1-24　选中视频轨道后的素材调整区

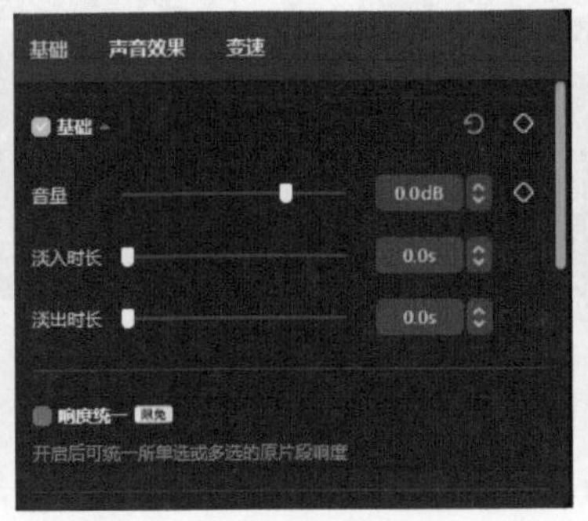

图 1-25　选中音频轨道后的素材调整区

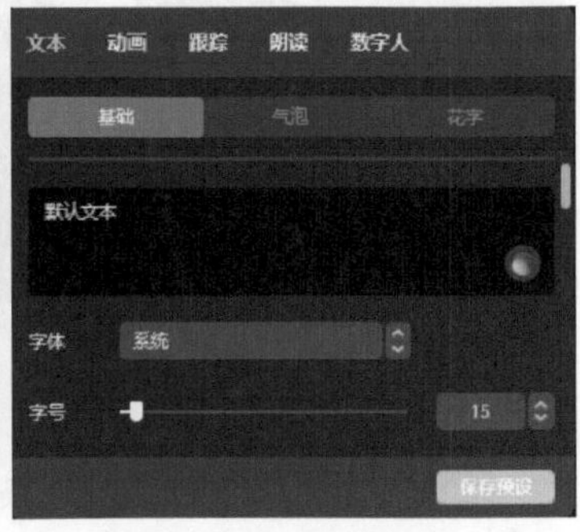

图 1-26　选中文字轨道后的素材调整区

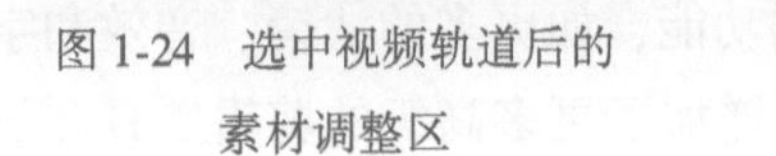

1.2.3　剪映 App 和剪映专业版的区别

作为抖音推出的视频剪辑工具，剪映专业版是继剪映 App 之后专为 PC 端用户设计的软件。由于面向的用户群体不同，剪映 App 和剪映专业版的界面布局存在明显的差异。与剪映 App 相比，剪映专业版利用了计算机屏幕的优点，为用户展现了更为直观、全面的画面编辑效果。图 1-27 和图 1-28 分别为剪映 App 和剪映专业版的界面展示。

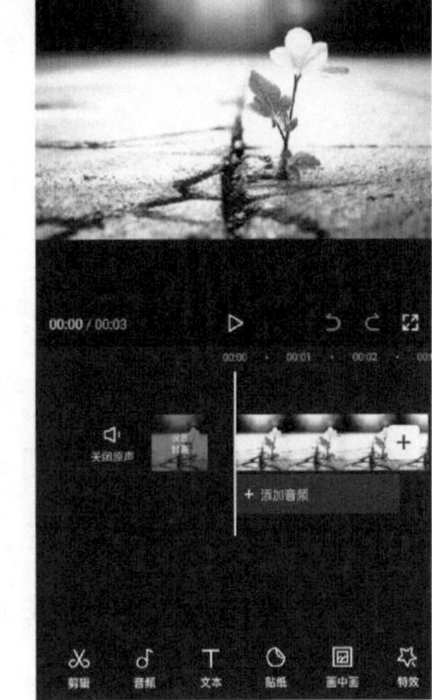

图 1-27　剪映 App 界面展示

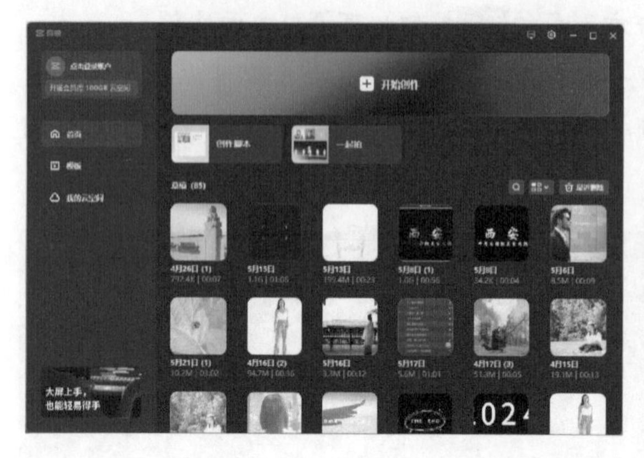

图 1-28　剪映专业版界面展示

经过近几年的发展，剪映 App 和剪映专业版的功能都得到了进一步的完善和升级。剪映 App 继续保持其简洁易用的特点，同时增加了一些新的功能，如更多的滤镜、音效和字幕样式等。而剪映专业版则更加注重专业剪辑师的需求，增加了更多高级的剪辑工具和效果，如音频分离、精确裁剪、多轨时间线编辑等。

1.2.4　应用案例：剪映专业版剪辑实战

本案例将使用剪映专业版进行剪辑实战，下面介绍具体的操作方法。

01 打开剪映专业版，在主界面单击“开始创作”按钮[+]，进入剪映专业版的视频编辑页面。

02 单击工具栏中的“媒体”按钮，在“本地”下拉列表“导入”选项的界面中，单击“导入”按钮，如图 1-29 所示。

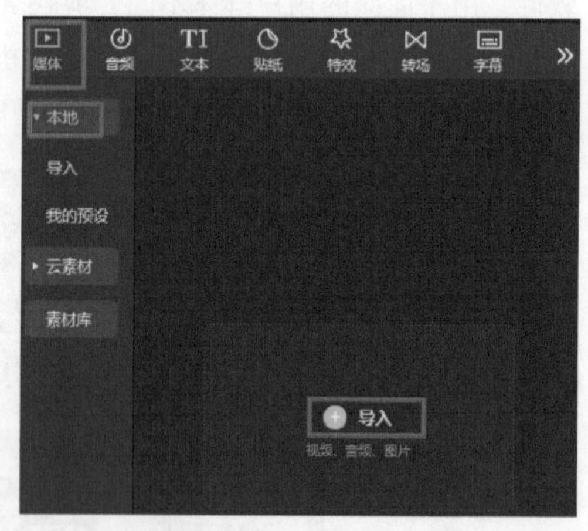

图 1-29　单击“导入”按钮

03 在打开的“请选择媒体资源”对话框中，选择“菊”“兰”“梅”“竹”4 张图片素材，单击“打开”按钮，完成图片素材的导入，如图 1-30 所示。

04 将音乐文件拖放到时间轴上，然后单击“心许百年（剪辑版）”音乐文件，单击常用功能区中的按钮，选择“踩节拍 I”选项，如图 1-31 所示。

05 完成上述步骤后，将素材区中的“菊”拖入时间轴，单击时间轴中的“菊”图片素材，然后此图片素材在视频轨道中的两侧会出现白色边框，拖动“菊”图片素材的白色右边框，使其与音乐文件中的第二个节拍点对齐，如图 1-32 所示。

图 1-30 选择素材

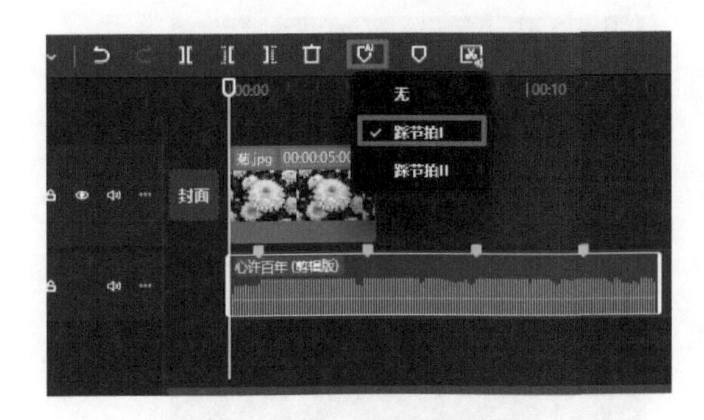

图 1-31 给音频添加节拍

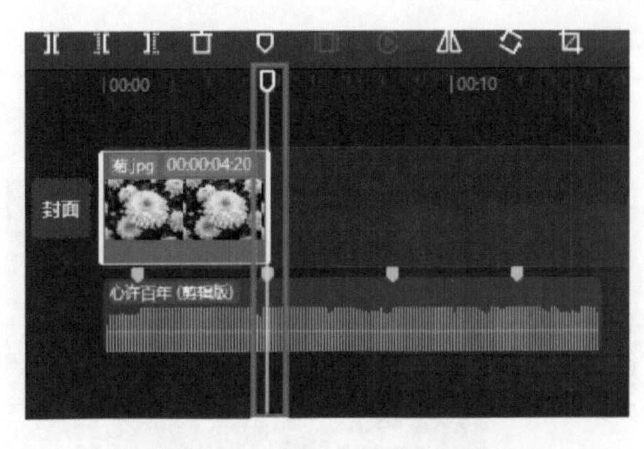

图 1-32 "菊"素材对齐节拍点

06 将"梅"图片素材拖入"菊"后的视频轨道轴，单击时间轴中的"梅"图片素材，拖动"梅"素材的右边框使其与音乐文件中的第三个节拍点对齐，如图 1-33 所示。然后使用同样的方法，将其余的素材导入。

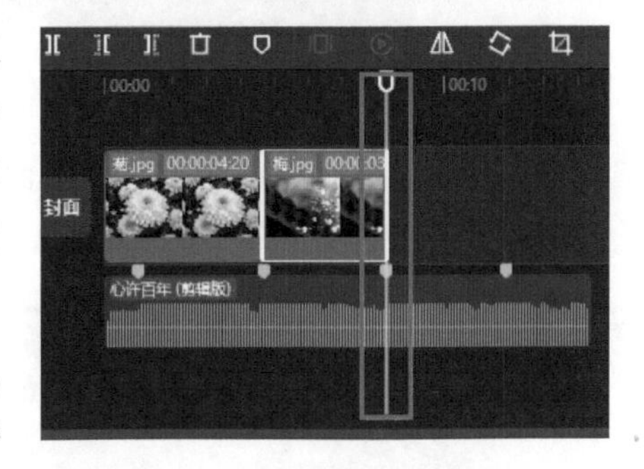

图 1-33 "梅"素材对齐节拍点

07 为使得画面更丰富、视频更美观，我们可以增加一些适合的特效。单击工具栏中的"特效"按钮，在"画面特效"界面的搜索框中输入"光"，选择"彩虹光Ⅱ"特效，如图 1-34 所示。然后将"彩虹光Ⅱ"特效拖至"菊"视频轨道的上方，单击并拖动该特效的右侧边框，使其和"菊"视频片段的长度相等，如图 1-35 所示。

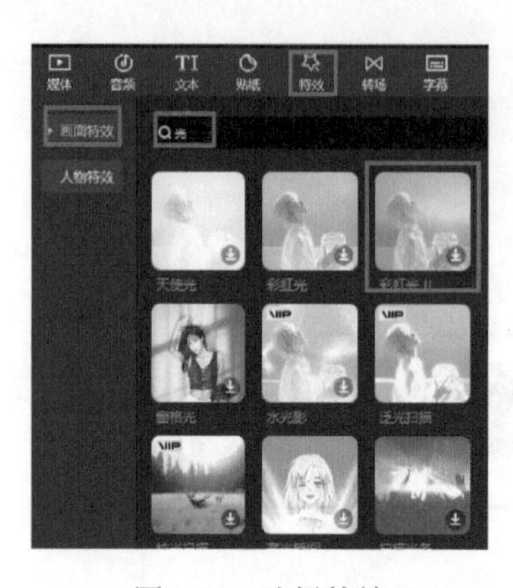

图 1-34 选择特效

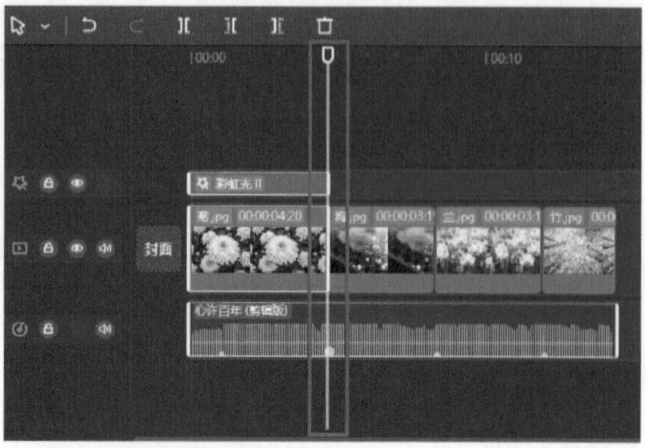

图 1-35 为“菊”素材增添特效

08 选择“雪花”“暗角街道”“发光”等特效，将它们对应放置在“梅”“兰”“竹”素材的视频轨道上，并重复步骤 07 的操作，完成上述操作后的效果如图 1-36 所示。

09 单击视频编辑页面右上角的“导出”按钮，进入导出设置界面，输入标题“四君子”，再单击“导出”按钮，如图 1-37 所示。

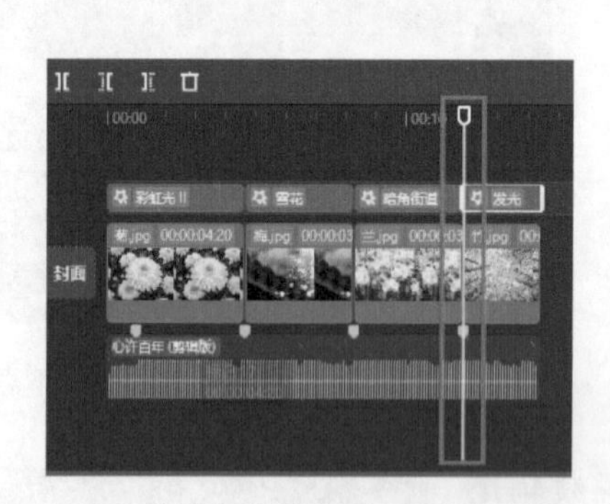

图 1-36 为所有素材增添特效

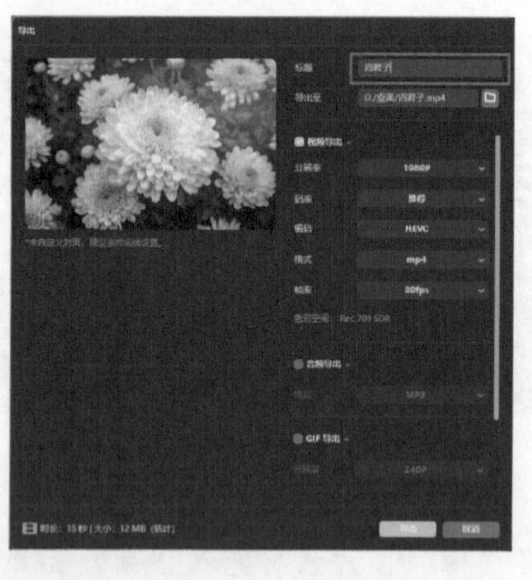

图 1-37 单击“导出”按钮

10 制作出的“四君子”视频的效果展示如图 1-38 和图 1-39 所示。

图 1-38 案例效果展示（1）

图 1-39 案例效果展示（2）

Chapter 2

第2章

视频素材剪辑

本章主要讲解如何使用剪映 App 和剪映专业版对视频素材进行剪辑，包括导入素材、编辑素材、调整画面、设置比例等，熟练掌握这些操作就是迈出了视频后期剪辑的第一步。

2.1 掌握剪映的基本操作

本节将介绍剪映的一些基本操作，包括快速导入视频素材、在轨道中编辑素材、剪映云中素材的上传和添加等，为后面的学习奠定良好的基础。

2.1.1 快速导入视频素材

剪映 App 作为一款手机端的应用，与市面上大部分的剪辑软件有许多相似处，例如，在素材的轨道分布上同样做到了一类素材对应一个轨道。

打开剪映 App，在主界面点击“开始创作”按钮[+]，如图 2-1 所示。打开手机相册，用户可以在该界面中选择一个或多个视频或图像素材，选择完成后，点击底部的“添加”按钮，如图 2-2 所示。进入视频编辑界面后，可以看到选择的素材分布在同一条轨道上，如图 2-3 所示。

图 2-1　点击“开始创作”按钮

图 2-2　素材选择界面

图 2-3　视频编辑界面

用户除了使用自己的图像和视频素材，还可以在剪映素材库中选择图像和视频素材。

点击轨道右侧的添加按钮[+]，如图 2-4 所示。在素材添加页面切换至“素材库”界面，用户可以在素材库中选择需要使用的素材，完成选择后，点击“添加”按钮，如图 2-5 所示。进入视频编辑界面，即可看到剪映素材库中的视频素材成功添加至轨道上了，如图 2-6 所示。

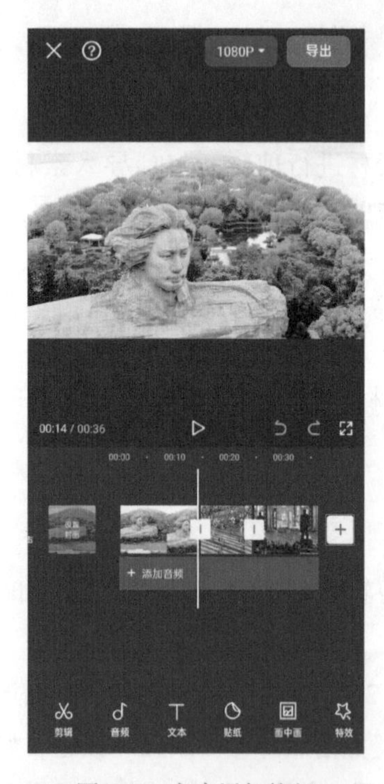

图 2-4 点击添加按钮

图 2-5 素材库选项

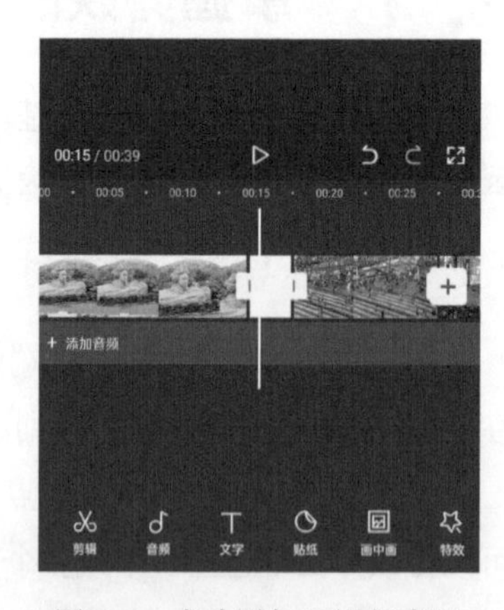

图 2-6 成功添加了视频素材

2.1.2 将素材上传至剪映云

相信很多使用剪映的用户都会有这样一些问题：手机里的草稿视频越来越多，导致手机存储空间不足，但又不想删，该怎么办？下面将介绍如何使用剪映云解决因草稿存储导致的空间不足的问题。

提示　草稿是从开始剪辑到接近剪辑完这一过程的视频素材。

1. 备份本地草稿

草稿中的视频或图像均来自手机相册，一旦不小心从相册中删除视频或图像，草稿里的视频也会丢失，使得用户又得重新寻找素材并重新对视频图像进行编辑。但上传草稿并生成云端备份后，手机本地的任何操作（删除相册视频、删除本地草稿、甚至卸载 App）都不会影响到云端备份。下面就详细介绍如何在手机端和 PC 端中进行草稿备份。

1）在剪映 App 中备份本地草稿的方法如下。

方法一：打开剪映 App，点击剪映首页下面“本地草稿”的下拉按钮，再点击视频下对应的“⋮”按钮，如图 2-7 所示。然后点击“上传”按钮，即可完成备份，如图 2-8 所示。

图 2-7　点击草稿编辑选项

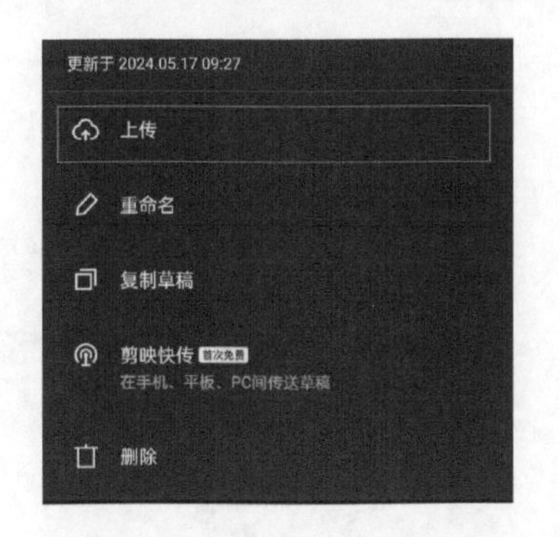

图 2-8　点击“上传”按钮

方法二：点击剪映首页的“剪映云”按钮，如图 2-9 所示。进入剪映云的页面，点击右下角的“+”按钮，如图 2-10 所示。点击“上传草稿”按钮，选择需要上传的草稿，即可进行备份，如图 2-11 所示。

图 2-9　点击“剪映云”按钮

图 2-10　点击添加按钮

图 2-11　点击“上传草稿”按钮

2）PC 端备份草稿的方法如下。

打开剪映专业版，单击“我的云空间”|“上传”按钮，即可选择上传草稿或上传素材，如图 2-12 所示。

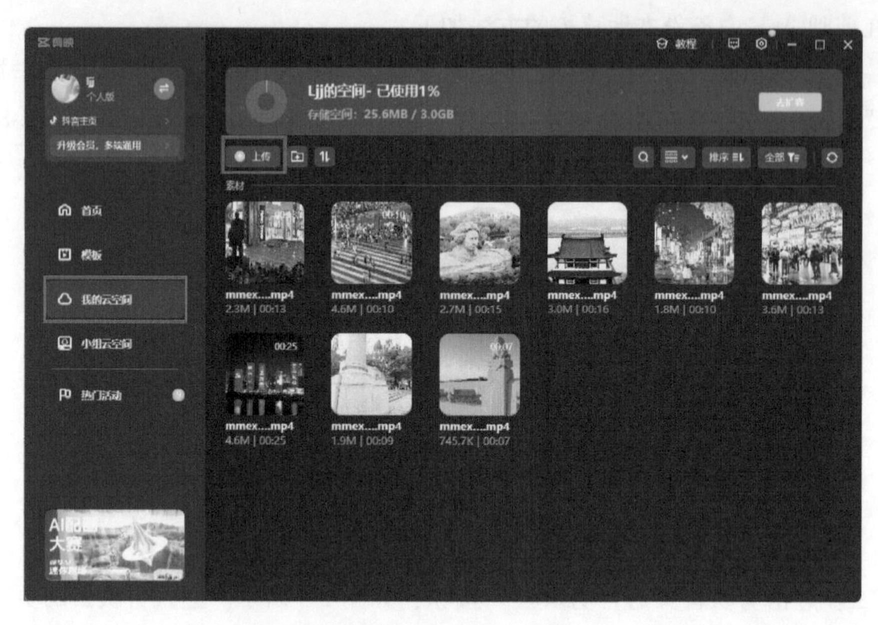

图 2-12　PC 端备份草稿

2. 添加本地草稿

下面分别是在手机端和 PC 端添加剪映云素材的方法。

1）在手机端添加本地草稿的方法如下。

方法一：打开剪映 App，点击“开始创作”按钮[+]，在素材添加页面切换至“剪映云”界面，即可添加剪映云素材，如图 2-13 所示。

图 2-13　在手机端添加本地草稿的方法一

方法二：在剪辑过程中，点击轨道右侧的添加按钮[+]，在素材添加页面切换至“剪映云”界面，即可添加剪映云素材，如图 2-14 所示。

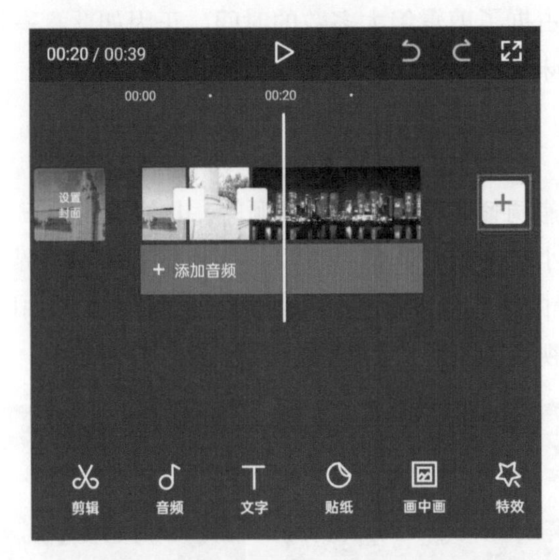

图 2-14　在手机端添加本地草稿的方法二

2）在 PC 端添加本地草稿的方法如下。

打开剪映专业版，单击“开始创作”按钮[+]，进入到视频编辑界面，单击“媒体”|“云素材”按钮，即可选择剪映云中的视频或图像素材，如图 2-15 所示。

图 2-15　在 PC 端添加本地草稿

2.1.3 在轨道中编辑素材

在视频剪辑的过程中，轨道处理占据了剪辑绝大多数的时间。正因如此，一旦用户掌握了在轨道上编辑素材的技巧，便意味着视频后期剪辑已经成功了一半。

1. 调整素材顺序

利用时间线区域中的轨道可以快速调整多段视频的排列顺序，具体操作如下。

首先用双指在视频轨道捏合，缩小时间线，让每一段视频都能显示在编辑界面中，如图 2-16 所示。然后长按需要调整位置的视频片段，并将其拖拽到目标位置，如图 2-17 所示。当手指离开屏幕后，即可完成对视频素材顺序的调整，如图 2-18 所示。

图 2-16 缩小素材轨道

图 2-17 拖拽视频素材

图 2-18 调整素材顺序

这种方法也可以用来调整其他轨道上的素材顺序或者改变素材所在的轨道。如果想要更换图 2-19 中的两条音频轨道，可以长按需要更换的音频轨道，将其移动至另一条轨道上，如图 2-20 所示。如果想更换轨道的前后顺序，则长按需要更换的音频，将其移动至另一条轨道的前方即可，如图 2-21 所示。

2. 调整视频片段时长

在后期剪辑时，经常会出现需要调整视频长度的情况，下面介绍快速调节的方法。

选中需要调节长度的视频片段，如图 2-22 所示。拖动其左侧或右侧的白色边框，即可增加或缩短视频片段的时长。拖动时，视频片段的时长会在左上角显示，如图 2-23 所示。

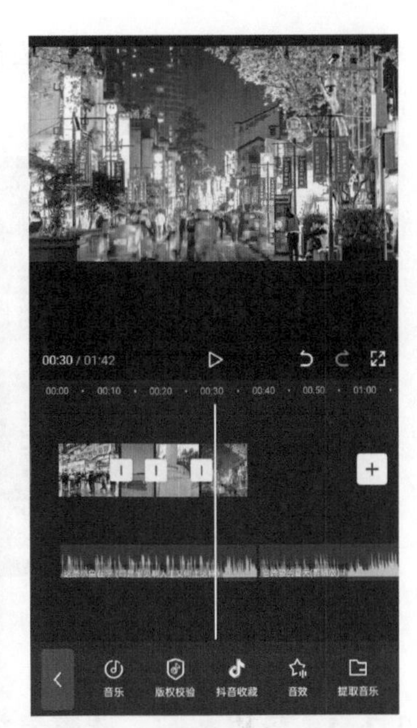

图 2-19　改变素材轨道　　图 2-20　更换音频轨道　　图 2-21　调整音频前后顺序

当调整视频片段边框至时间轴附近，会出现吸附效果，如图 2-24 所示。用户可以提前确定时间轴的位置，以便精确地调节视频片段。

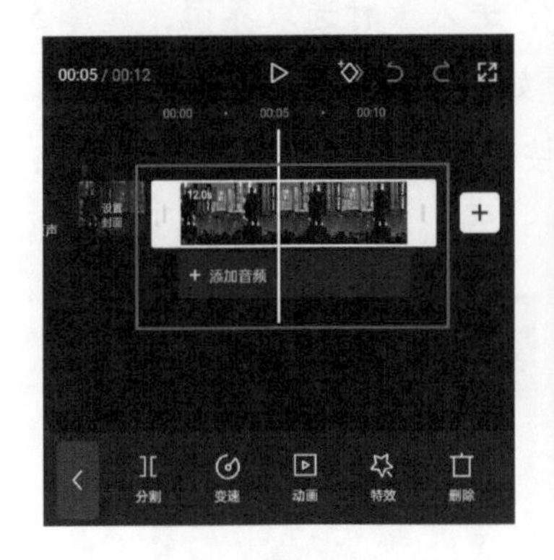

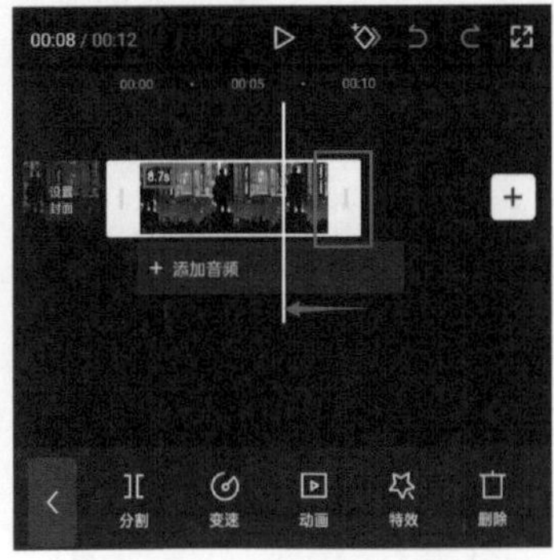

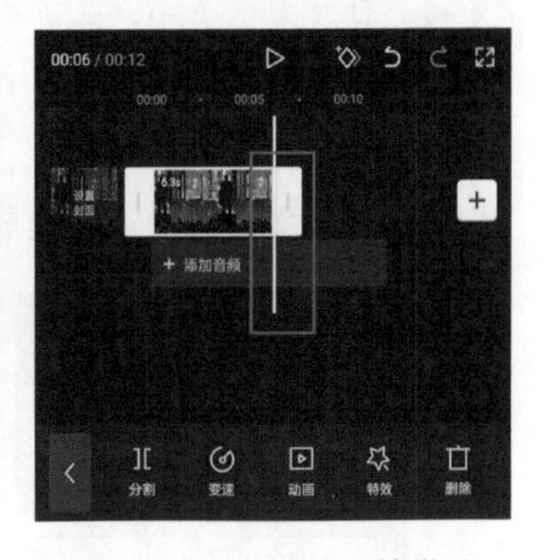

图 2-22　选中视频片段　　图 2-23　拖动白色边框　　图 2-24　调整至时间轴附近

在剪映中调整视频片段时长时需要注意，无论是延长还是缩短素材，都需要在有效范围内完成，即延长素材时不可以超过素材本身的时间长度，也不可以过度缩短素材。

3. 调整效果的覆盖范围

无论是添加文字，还是添加音乐、滤镜、贴纸等效果，都需要确定其覆盖范围，也就是说确定这些效果从哪个画面开始应用，又在哪个画面结束应用。

以图 2-25 中的特效为例，首先移动时间轴，确定应用该效果的起始画面，然后点击效果片段，使其边缘出现白色边框，拖拽效果片段左侧、右侧的边框，即可调整该特效的覆盖范围，如图 2-26 所示。

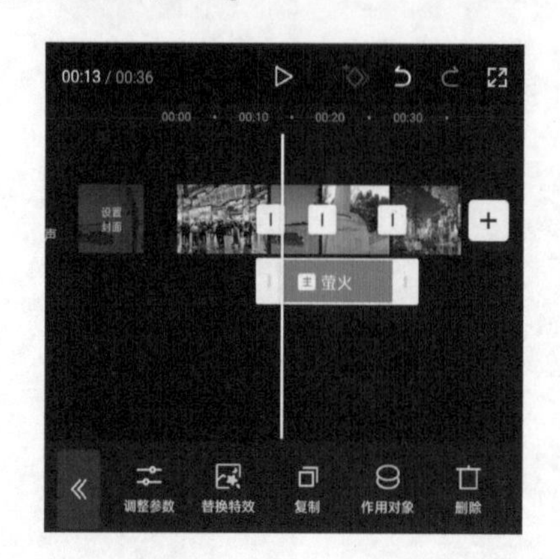

图 2-25　选中特效片段

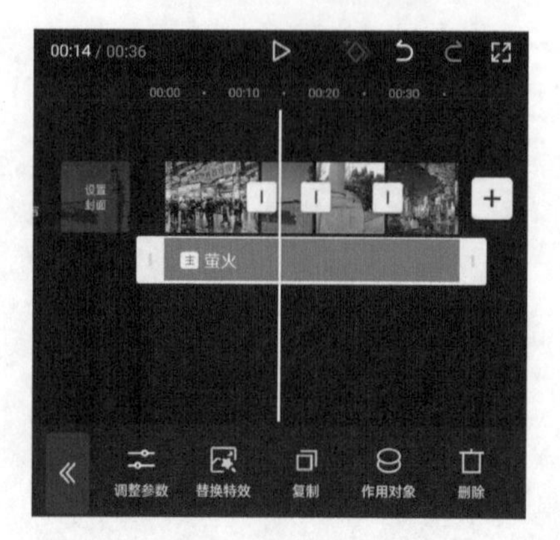

图 2-26　调整特效片段的长度

2.1.4　应用案例：调整素材的持续时长

本案例将介绍如何调整素材的持续时长，主要用的是拖拽视频轨道左右侧边框的方法，下面介绍具体的操作步骤。

01 打开剪映 App，在主界面点击“开始创作”按钮[+]，进入素材选取界面，选择 5 张玩雪的图片素材，然后点击“添加”按钮[添加(5)]，如图 2-27 所示。

02 进入视频编辑界面后，先点击工具栏中的“音频”按钮[♪]，如图 2-28 所示。再将音乐文件添加至音频轨道中，如图 2-29 所示。

图 2-27　添加图片素材

图 2-28　点击“音频”按钮

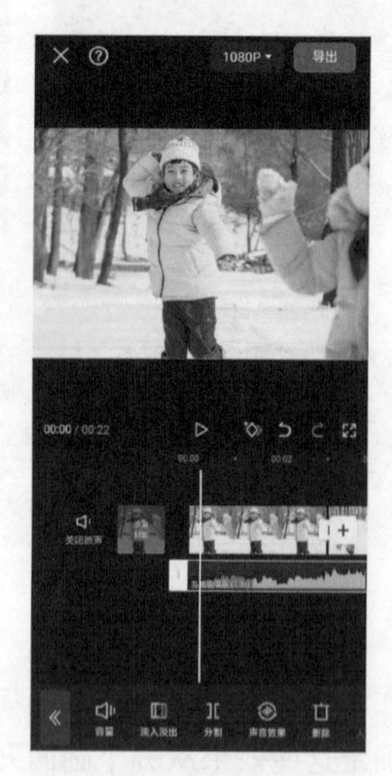

图 2-29　添加音乐文件

03 添加音乐文件至音乐轨道中后，滑动音频编辑界面底部的工具栏，点击“节拍”按钮，然后打开“自动踩点”开关，为音频增加节拍点，效果如图 2-30 所示。

04 完成上述步骤后，点击时间轴中的第 1 张图片素材，然后素材两侧会出现白色边框，拖动第 1 张图片素材的右边框使其与音乐文件中的第 4 个节拍点对齐，如图 2-31 所示。

05 点击时间轴中的第 2 张图片素材，拖动第 2 张图片素材的右边框使其与音乐文件中的第七个节拍点对齐，如图 2-32 所示。然后使用同样的方法将其余的素材与节拍点对齐。

图 2-30　为音频添加节拍点

图 2-31　拖动素材与节拍点对齐（1）

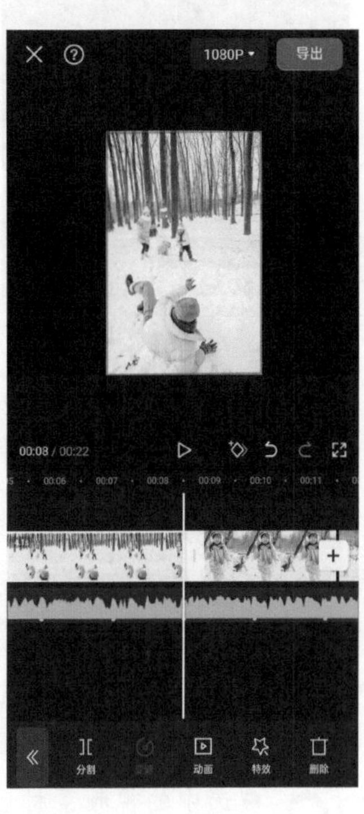

图 2-32　拖动素材与节拍点对齐（2）

06 完成上述操作步骤后，点击界面右上角的“导出”按钮，如图 2-33 所示。导出此视频并将其保存到相册和草稿，也可以在此界面自行选择分享至“抖音”“西瓜视频”“今日头条”“番茄小说”等平台，如图 2-34 所示。

提示

通过设置视频素材调整区“变速”功能的内部值，可以批量调整素材的持续时长，进而影响整个视频的时长，如图 2-35 所示。全局设置可修改素材进入视频轨道后的初始时长。

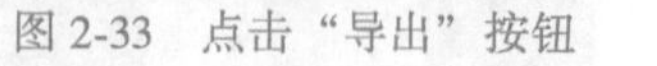

图 2-33　点击“导出”按钮　　图 2-34　分享视频至其他平台　图 2-35　通过变速功能调整视频时长

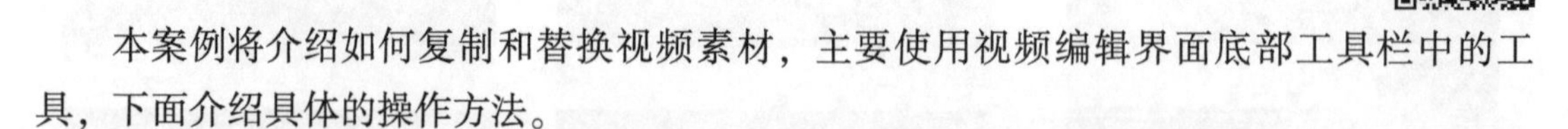

2.1.5　应用案例：复制和替换视频素材

本案例将介绍如何复制和替换视频素材，主要使用视频编辑界面底部工具栏中的工具，下面介绍具体的操作方法。

01 打开剪映 App，在主界面点击“开始创作”按钮[+]，导入一段视频素材。进入视频编辑界面后，点击视频轨道中的视频素材，滑动底部的工具栏，找到并点击“复制”按钮，如图 2-36 所示。

02 被选中的视频素材后会出现一段相同的视频片段，如图 2-37 所示。

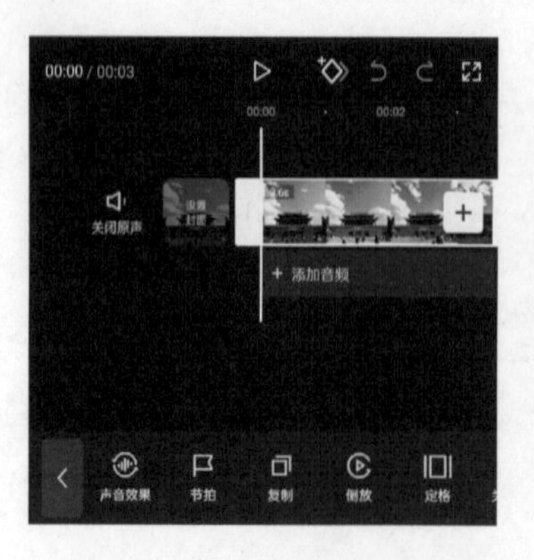

图 2-36　点击“复制”按钮

图 2-37　复制后的视频片段

03 点击第二段视频素材，滑动底部的工具栏，找到并点击“替换”按钮，如图 2-38 所示。

04 进入素材选取界面，选择一段不同的视频素材，如图 2-39 所示。进入视频素材的预览界面，点击“确认”按钮后，自动返回视频编辑界面，完成视频素材的替换，如图 2-40 所示。

图 2-38　点击“替换”按钮

图 2-39　选择替换素材

图 2-40　确认替换素材

提示　用户可以通过拖动替换后的视频素材的右侧边缘来展示新素材的全部内容。需要注意的是，替换后的视频素材并不会受到原始视频时长的约束。

2.1.6　应用案例：应用模板制作美食短片

本案例将介绍如何应用模板制作美食短片，下面是具体的操作方法。

01 打开剪映 App，在主界面底部点击“剪同款”按钮，进入模板选择界面，如图 2-41 所示。

02 点击搜索框并输入“美食图片模板”，点击“搜索”按钮，进入美食图片模板搜索界面，点击“筛选”按钮，如图 2-42 所示。进入筛选界面，在“素材类型”区域点击“图片”按钮，在“片段数量 1 个”区域点击“3-5”按钮，如图 2-43 所示。然后点击“确定”按钮即可进行筛选。

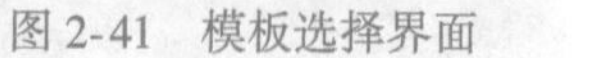
图 2-41 模板选择界面

图 2-42 点击“筛选”按钮

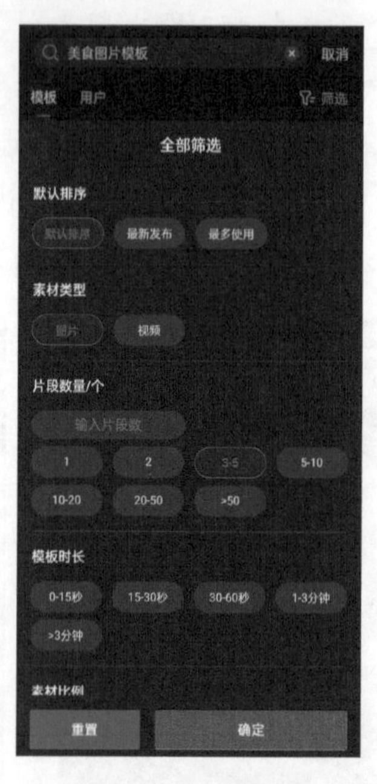

图 2-43 筛选界面

03 筛选后，点击左边第一个模板，如图 2-44 所示。进入模板预览界面。

04 在模板预览界面点击“剪同款”按钮，如图 2-45 所示。进入图片素材选取界面，然后选择 3 张美食图片素材，再点击“下一步”按钮，如图 2-46 所示。

图 2-44 选择所需模版

图 2-45 点击“剪同款”按钮

图 2-46 选取图片素材

05 完成上述所有操作步骤后，点击此界面右上角的“导出”按钮导出，美食短片即制作完成，应用模板制作的美食短片的视频效果如图 2-47 至图 2-49 所示。

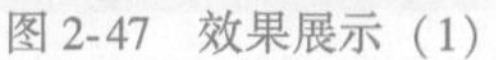
图 2-47　效果展示（1）　图 2-48　效果展示（2）　图 2-49　效果展示（3）

> **提示**　在视频编辑界面，用户可以点击素材缩览图，对图片素材进行替换或裁剪操作。

2.2　调整视频画面的基本方法

在视频剪辑过程中，画面的调整是至关重要的一环，不仅能够提高视频的视觉效果，更直接影响观众的观感和体验。在本节中，我们将深入探讨如何使用剪映 App 来调整视频画面，从调整基本的亮度、对比度到更高级的色彩调整，让用户轻松掌握视频画面的美化技巧。

2.2.1　认识“比例”功能

在视频剪辑过程中，比例是一个非常重要的概念。比例决定了视频画面的宽高比例，从而影响整个视频的观感。在剪映 App 中，“比例”功能是非常实用的工具，可以调整视频的宽高比例，以满足用户不同的需求。

比例是指两个量之间的相对大小关系，通常用于描述长宽比或宽高比。在视频剪辑中，常见的比例有 16∶9、4∶3 等。选择合适的比例可以增强视频的观感，使其更符合观众的观看习惯。下面介绍具体操作方法。

打开剪映 App，选择本地草稿的第一个视频，如图 2-50 所示。进入视频编辑界面，滑动底部工具栏，找到并点击“比例”按钮，如图 2-51 所示。进入视频比例调整界面，如图 2-52 所示。

图 2-50　选择本地草稿

图 2-51　点击“比例”按钮

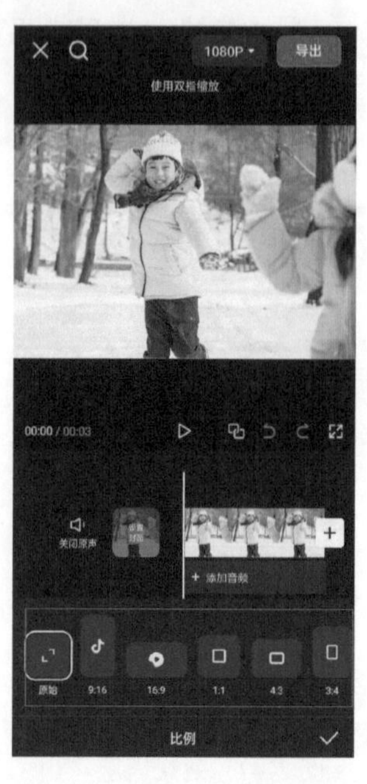

图 2-52　视频比例调整界面

选择不同比例选项的效果如图 2-53 至图 2-54 所示。

提示

用户也可以通过双指缩放操作手动调整视频比例，如图 2-55 所示。比例缩览图中的和标志代表西瓜视频和抖音视频的常用比例。简单来说，它们是两个视频平台的常用尺寸标识。

图 2-53　比例效果展示（1）

图 2-54　比例效果展示（2）

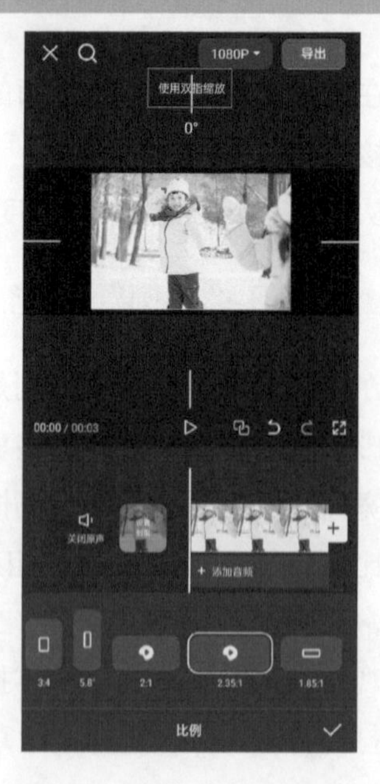

图 2-55　双指缩放调整比例

2.2.2 认识“编辑”功能

剪映 App 底部工具栏的“编辑”功能菜单中包含“旋转”“镜像”“裁剪”功能，下面是它们的功能介绍。

在时间轴中选中需要编辑的视频素材片段，滑动底部工具栏，找到并点击“编辑”按钮，如图 2-56 所示。进入编辑功能选择界面，如图 2-57 所示。

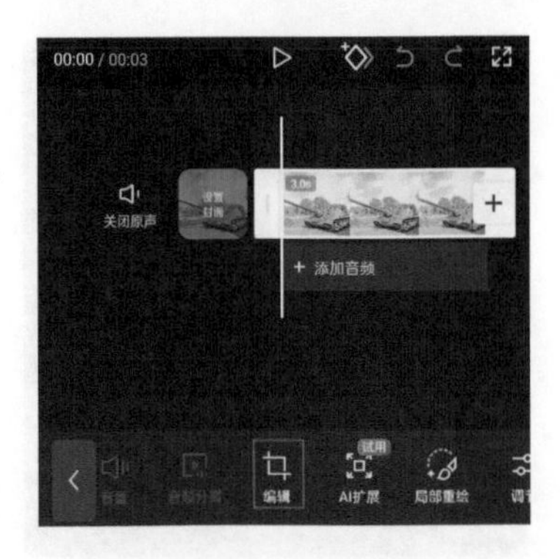

图 2-56 点击“编辑”按钮

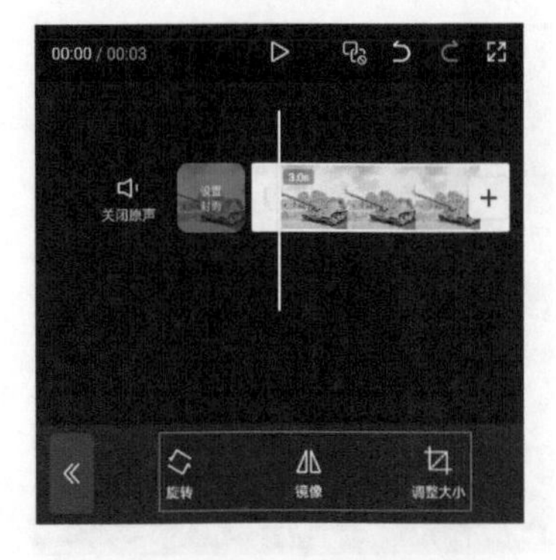

图 2-57 编辑功能选择界面

点击“旋转”按钮后，每次点击视频都会使其顺时针 90°进行旋转，效果如图 2-58 所示。

点击“镜像”按钮后，视频会进行水平翻转，使视频中的内容出现在相反的位置，效果如图 2-59 所示。

点击“裁剪”按钮，可以调整视频的比例，也可以调整视频画面的倾斜度，如图 2-60 所示。

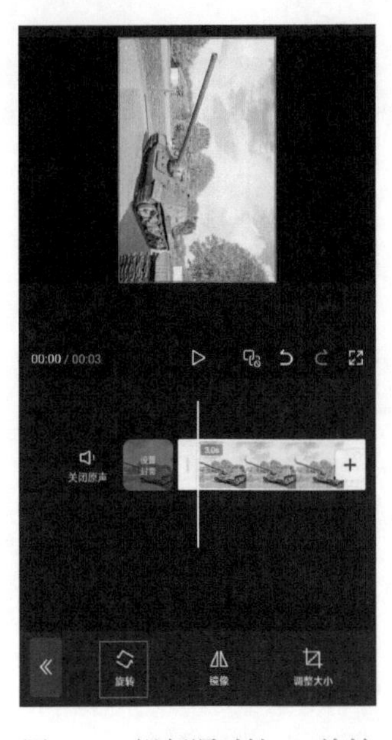

图 2-58 视频顺时针 90°旋转

图 2-59 视频水平翻转

图 2-60 调节视频比例和倾斜度

2.2.3 认识“基础属性”功能

剪映App底部工具栏中的“基础属性”功能影响着视频的“位置”“缩放”“旋转”效果，下面是它们的功能介绍。

在时间轴中选中需要编辑的视频素材片段，滑动底部工具栏，找到并点击“基础属性”按钮，如图2-61所示。进入基础属性设置界面，如图2-62所示。

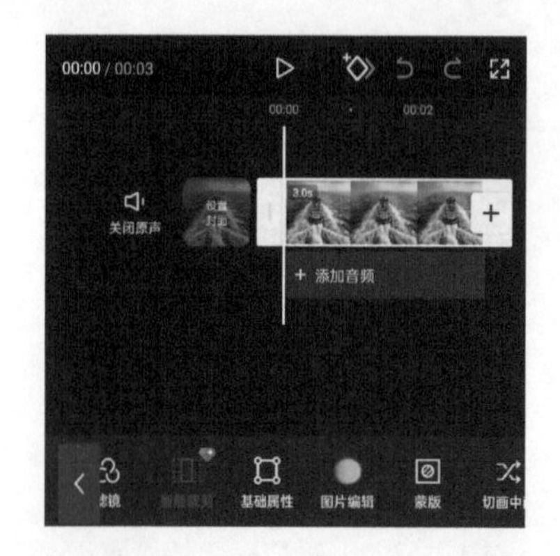

图2-61 点击“基础属性”按钮

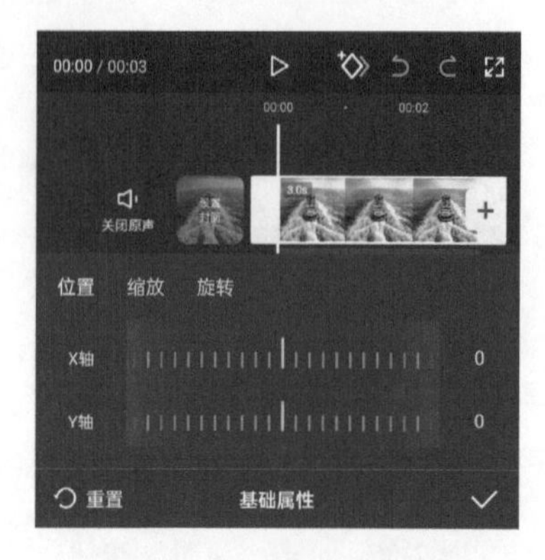

图2-62 基础属性设置页面

点击“位置”按钮，将“X轴”调到150，“Y轴”调到-120，效果如图2-63所示。“X轴”的作用是控制水平方向上的位置和位移，Y轴的作用是控制垂直方向上的位置和尺寸。

点击“缩放”按钮，向左滑动数值至80%，效果如图2-64所示。“缩放”功能可以缩小或放大视频画面。

点击“旋转”按钮，向右滑动数值至45%，效果如图2-65所示。“旋转”功能可以控制视频画面的角度。

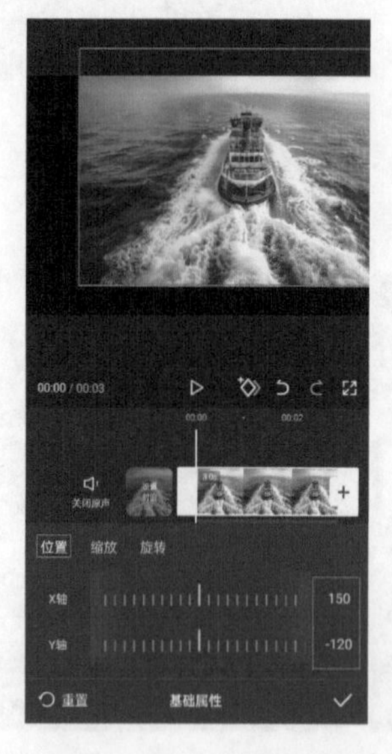

图2-63 调整视频位置

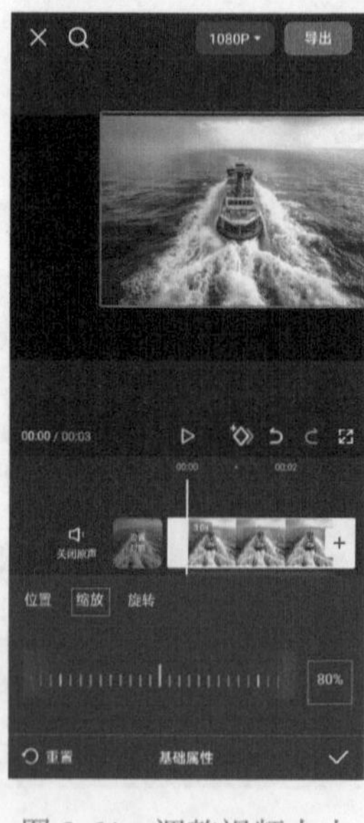

图2-64 调整视频大小

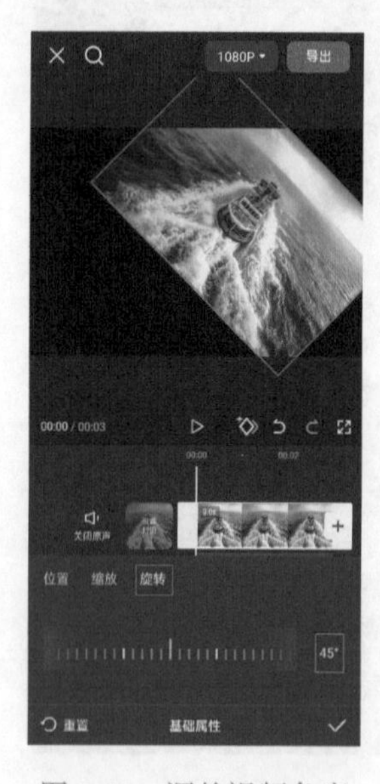

图2-65 调整视频角度

2.2.4 认识“背景”功能

剪映 App 底部工具栏中的“背景”功能包含“画布颜色”“画布样式”“画布模糊”功能，下面是它们的功能介绍。

打开剪映 App，点击本地草稿中的第一个视频，进入视频编辑界面，滑动底部工具栏，找到并点击“背景”按钮，如图 2-66 所示。进入背景编辑界面，双指捏合缩放背景，效果如图 2-67 所示。

点击“画布颜色”按钮，选择画布颜色为白色，点击“全局应用”按钮，使白色画布应用至视频的所有背景中，效果如图 2-68 所示。

图 2-66 点击“背景”按钮

图 2-67 缩放背景

图 2-68 调节背景颜色

点击“画布样式”按钮，选择第二个画布样式，效果如图 2-69 所示。也可以点击按钮进入本地图片素材选取界面选取画布素材，如图 2-70 所示。选取后的效果如图 2-71 所示。

点击“画布模糊”按钮，有 4 种程度的画布模糊可供选择，选择画布模糊程度 2 的效果如图 2-72 所示。选择画布模糊程度 3 的效果如图 2-73 所示。选择画布模糊程度 4 的效果如图 2-74 所示。

提示

“画布模糊”与“画布颜色”“画布样式”的功能冲突，画布模糊效果只可以将视频内容替换至背景，并对其进行模糊处理。

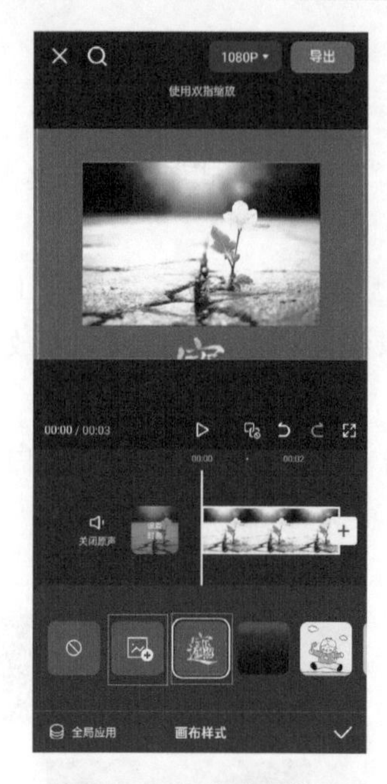

图 2-69　调整画布样式

图 2-70　选择画布素材

图 2-71　添加画布

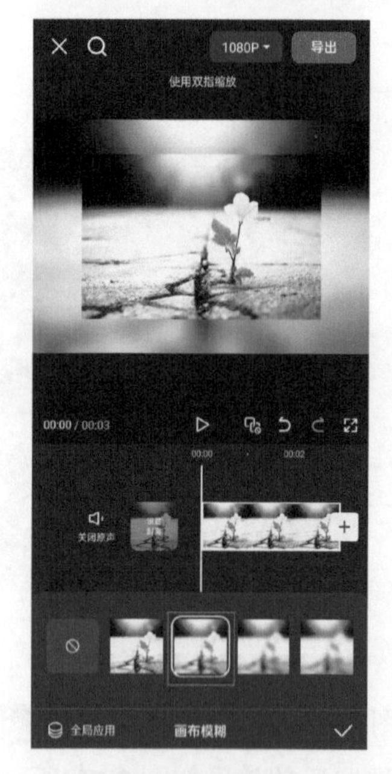

图 2-72　画布模糊程度 2 的效果

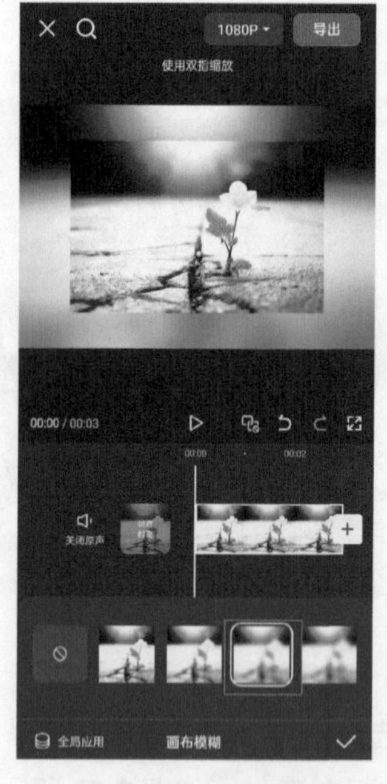

图 2-73　画布模糊程度 3 的效果

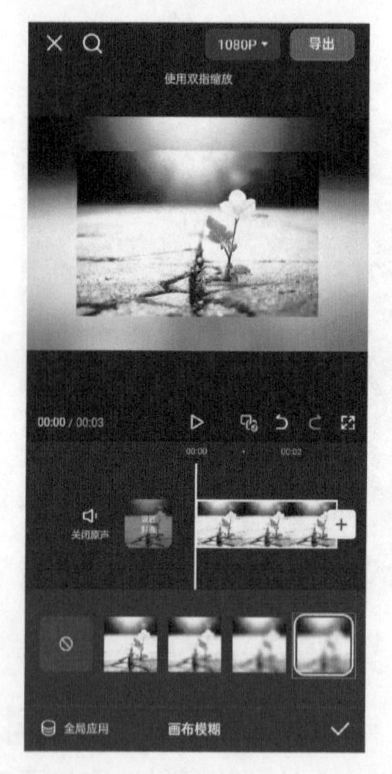

图 2-74　画布模糊程度 4 的效果

2.2.5　认识“变速”功能

在录制运动场景时，若运动速度极快，肉眼则难以捕捉每个细微的瞬间。这时，利用变速功能可显著降低播放速度，实现慢动作效果，确保每一个动作细节都能清晰展现。反之，面对那些变化迟缓或显得单调乏味的画面，通过变速功能加快播放速度，可以产生快动作效果，能够缩短画面时间，增强视频的活力与生动性。

此外，进一步借助曲线变速功能，用户能够精心编排画面的快慢节奏，形成流畅的视觉韵律，显著提升观众的观看体验。

1. 常规变速

剪映中的常规变速是对所选视频素材进行统一的调速。在时间线区域选中需要进行变速处理的视频素材，点击底部工具栏中的“变速”按钮，如图 2-75 所示。此时可以看到底部工具栏中有两个变速选项，如图 2-76 所示。

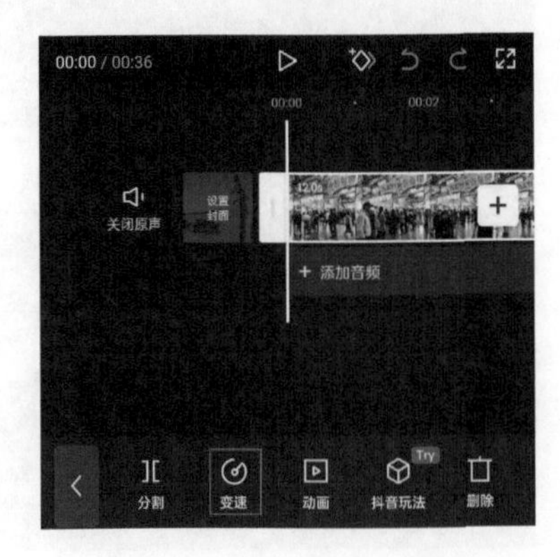

图 2-75　点击“变速”按钮

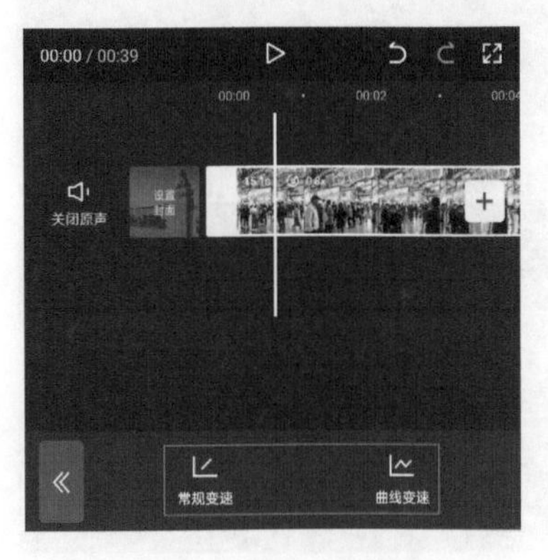

图 2-76　变速选择界面

点击“常规变速”按钮，可打开对应的变速选项栏，如图 2-77 所示。一般情况下，视频素材的原始倍速为 1x。拖动圆形的变速按钮即可进行变速，当数值大于 1x 时，视频的播放速度将变快；当数值小于 1x 时，视频的播放速度将变慢。

当用户拖动变速按钮时，上方会显示当前视频的倍速，并且视频素材的左上角也会显示倍速，如图 2-78 所示。完成变速调整后，点击右下角的按钮即可保存操作。

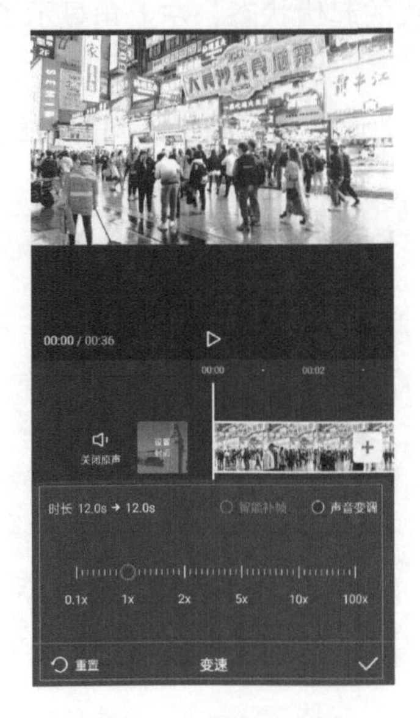

图 2-77　变速选项栏

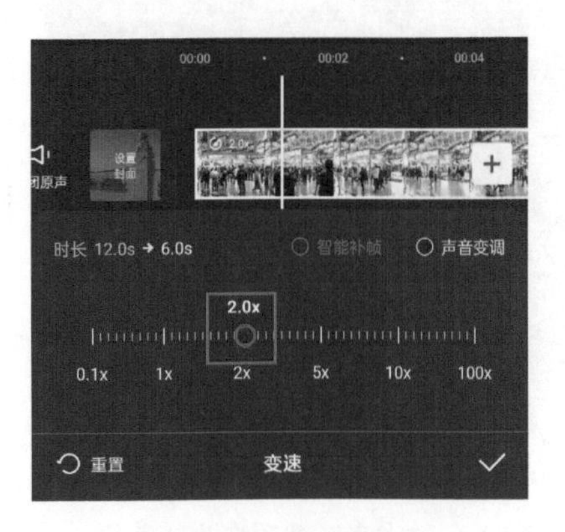

图 2-78　调节变速

2. 曲线变速

剪映中的曲线变速可以有针对性地对一段视频中的不同部分进行加速或者减速处理，并且可以自由控制加速、减速的幅度。

在变速选项栏中点击“曲线变速”按钮，可以看到“曲线变速”选项栏中罗列了不同的变速曲线选项，包括“原始”“自定”“蒙太奇”“英雄时刻”等，如图 2-79 所示。

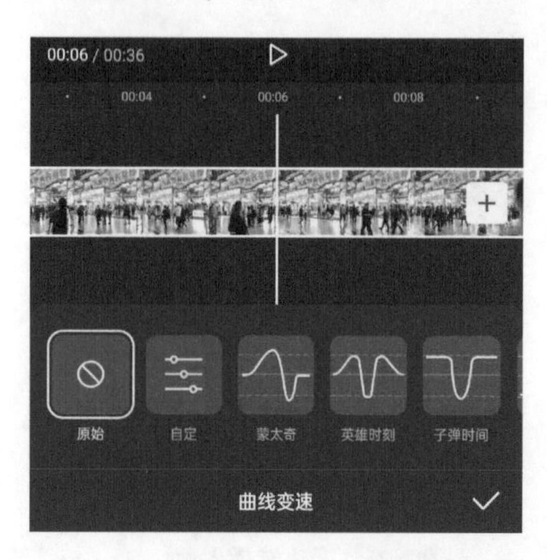

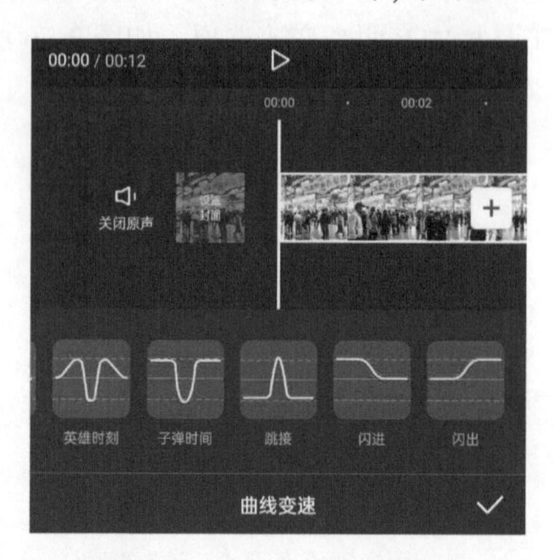

图 2-79 “曲线变速”选项栏

在“曲线变速”选项栏中，选择除“原始”选项的任意一个变速曲线选项，可以实时预览变速效果。下面以“蒙太奇”选项举例说明。

首次点击“蒙太奇”选项按钮，将在预览区域中自动展示变速效果，此时可以看到“蒙太奇”选项按钮变为灰色状态，如图 2-80 所示。再次点击该选项按钮，可以进入曲线编辑面板，如图 2-81 所示。在这里可以看到曲线的起伏状态，左上角显示了应用该速度曲线后素材的时长变化。

此外，用户可以对曲线中的各个锚点进行拖动调整，以满足不同的播放速度要求。

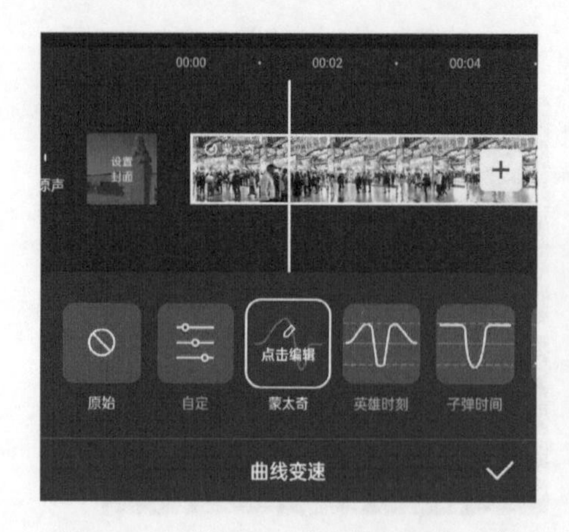

图 2-80 “蒙太奇”选项变为灰色状态

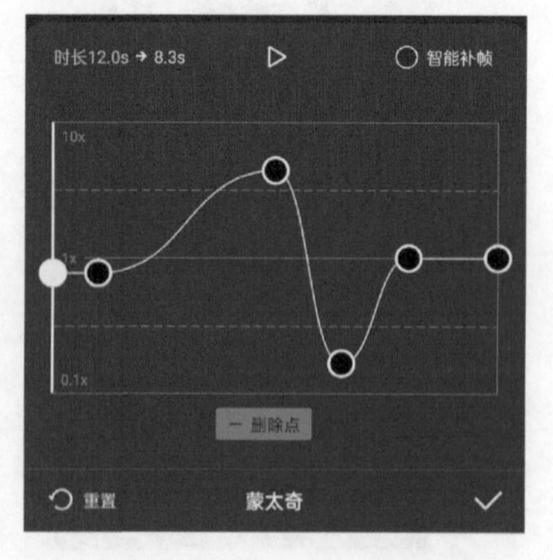

图 2-81 曲线编辑面板

需要注意的是，当用户对素材进行常规变速操作时，素材的长度也会发生相应的变化。简单来说，就是当倍速数值增加时，视频的播放速度会变快，素材的持续时间会变短；当倍速数值减小时，视频的播放速度会变慢，素材的持续时间会变长。

2.2.6 应用案例：将横屏视频变为竖屏视频

本案例将介绍如何将横屏视频变为竖屏视频，主要使用的是“智能转比例”和“比例”两个功能，下面介绍具体的操作方法。

01 打开剪映 App，在主界面点击“开始创作”按钮，导入一段视频素材到视频编辑界面后，点击视频轨道中的视频素材，滑动底部工具栏，找到并点击“智能裁剪”按钮，如图 2-82 所示。

02 进入智能转比例功能界面，选择“9：16”选项，人物会自动被锁入蓝色框选区中，然后点击按钮，如图 2-83 所示。

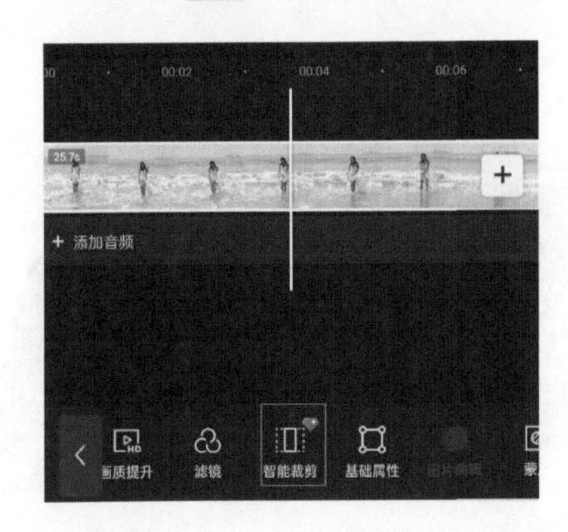

图 2-82 点击“智能裁剪”按钮

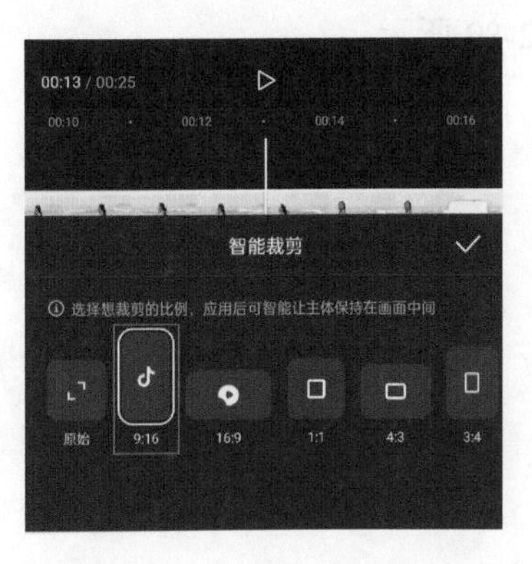

图 2-83 设置智能转比例

03 点击返回按钮，如图 2-84 所示。进入视频编辑界面，滑动底部工具栏，找到并点击“比例”按钮，如图 2-85 所示。

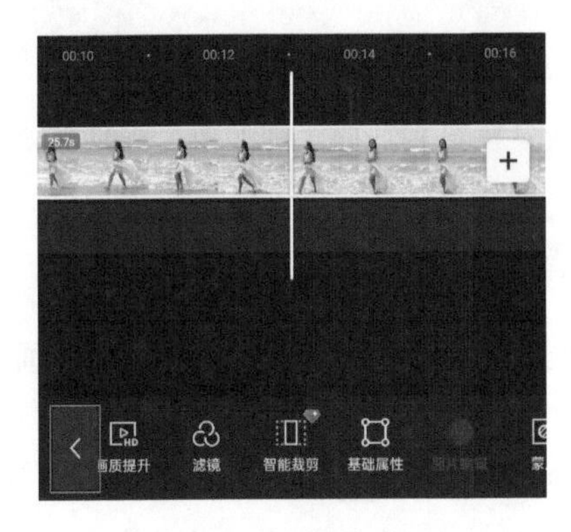

图 2-84 点击返回按钮

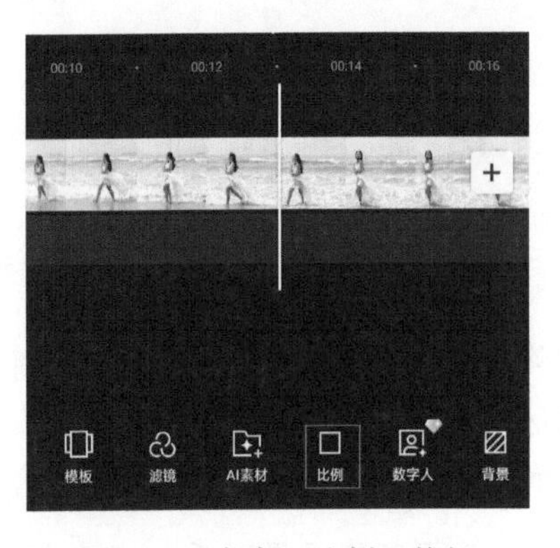

图 2-85 点击“比例”按钮

04 进入比例功能界面，选择“9：16”选项，然后点击✓按钮，如图 2-86 所示。

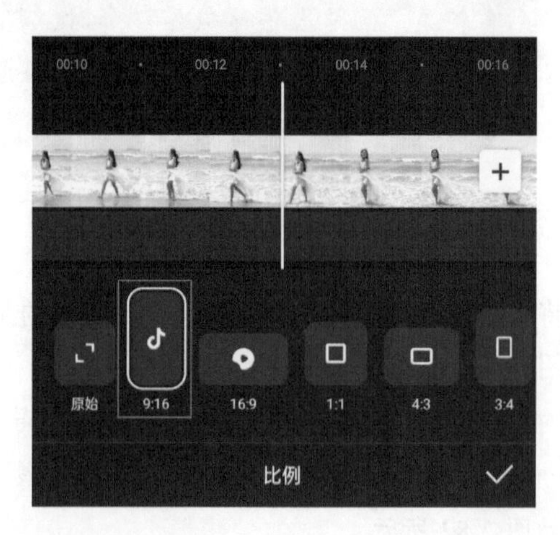

图 2-86 比例功能界面

完成上述步骤后，点击界面右上角的“导出”按钮导出即可导出视频。视频效果如图 2-87 至图 2-89 所示。

图 2-87 案例效果展示（1）

图 2-88 案例效果展示（2）

图 2-89 案例效果展示（3）

2.2.7 应用案例：为视频制作动态模糊背景

本案例将介绍如何为视频制作动态模糊背景，主要使用的是“比例”“画布”功能，下面介绍具体的操作方法。

01 打开剪映 App，在主界面点击“开始创作”按钮+，如图 2-90 所示。导入一段视频素材至视频编辑界面后，点击视频轨道中的视频素材，滑动底部工具栏，找到并点击“比例”按钮，如图 2-91 所示。

02 选择“9：16”选项，然后点击按钮保存设置，如图 2-92 所示。

图 2-90　点击“开始创作”按钮

图 2-91　点击“比例”按钮

图 2-92　调节视频比例

03 完成比例的设置后，在未选中视频素材的前提下，滑动底部工具栏，找到并点击“背景”按钮，如图 2-93 所示。

04 进入背景功能选项栏中，点击“画布模糊”按钮，如图 2-94 所示。

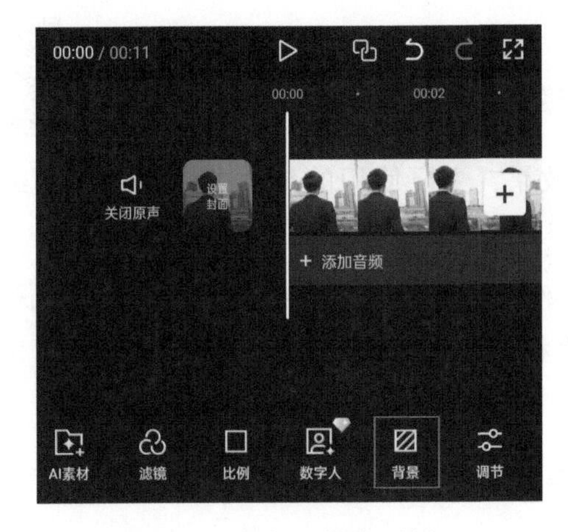

图 2-93　点击“背景”按钮

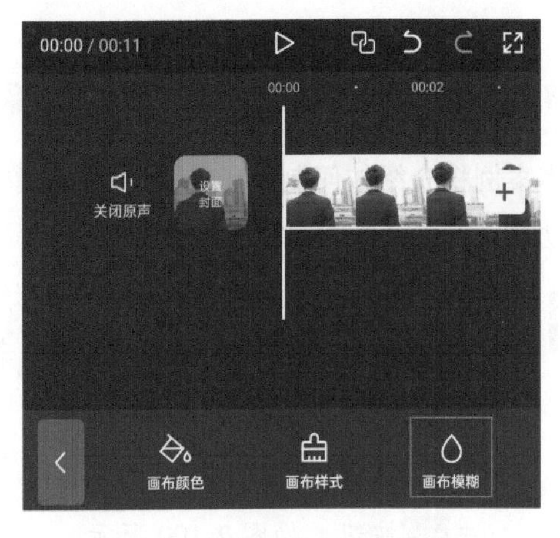

图 2-94　点击“画布模糊”按钮

05 进入画布模糊功能界面后，选择第三个模糊效果，再点击“全局应用”按钮，然后点击按钮保存设置，如图 2-95 所示。

06 完成上述所有操作步骤后，即可点击界面右上角的“导出”按钮导出视频，效果如图 2-96 至图 2-98 所示。

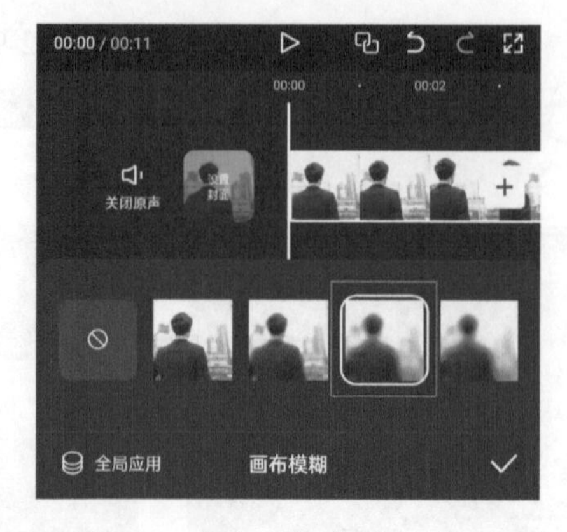

图 2-95 点击“全局应用”按钮

图 2-96 案例效果展示（1）

图 2-97 案例效果展示（2）

图 2-98 案例效果展示（3）

2.2.8 应用案例：制作天空之境的镜像效果

本案例将介绍如何制作天空之境的镜像效果，主要使用的是“画中画”和“编辑”两个功能，下面介绍具体的操作方法。

01 打开剪映 App，在主界面点击“开始创作”按钮，导入一段视频素材至视频编辑界面后，点击视频轨道中的视频素材，滑动底部工具栏，找到并点击“比例”按钮，如图 2-99 所示。

02 进入比例功能界面，选择“9：16”选项，然后将视频素材拖至方框的上半部分，点击按钮，如图 2-100 所示。

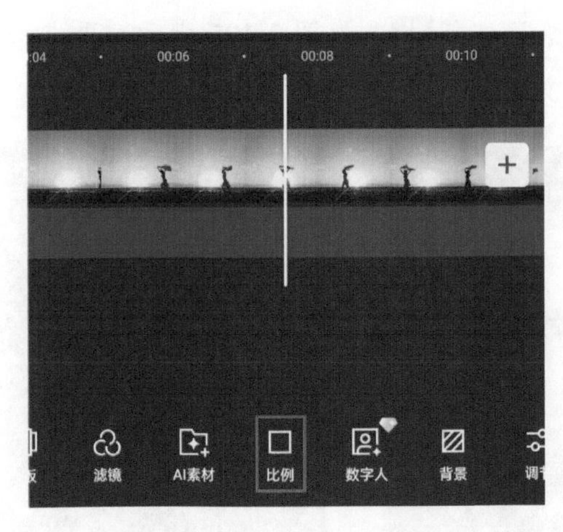

图 2-99　点击“比例”按钮

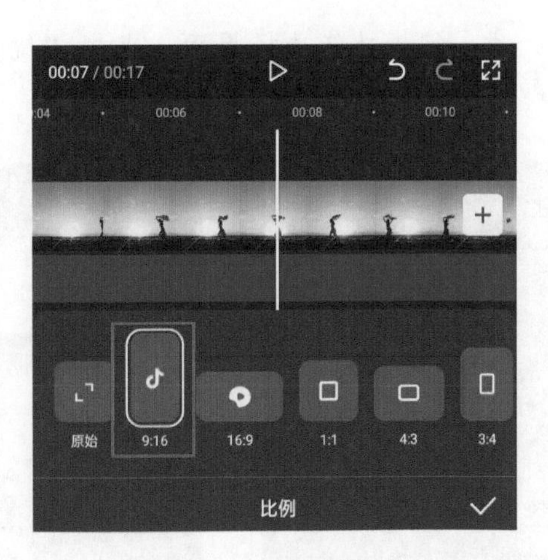

图 2-100　调整视频比例

03 点击时间轴中的视频素材，滑动底部工具栏，找到并点击“复制”按钮，如图 2-101 所示。

04 点击复制的视频素材，滑动底部工具栏，找到并点击“切画中画”按钮，如图 2-102 所示。效果如图 2-103 所示。

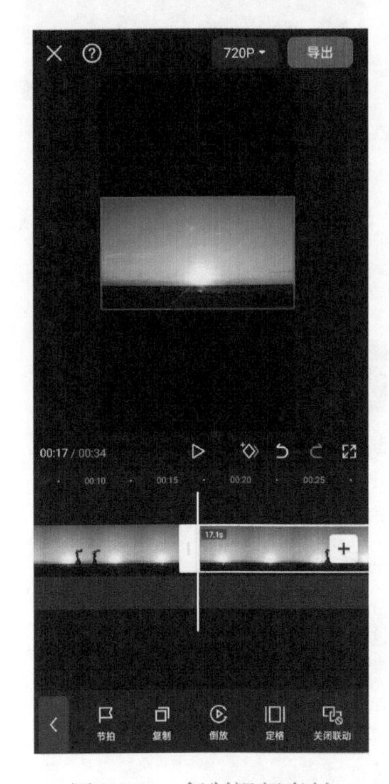

图 2-101　复制视频素材

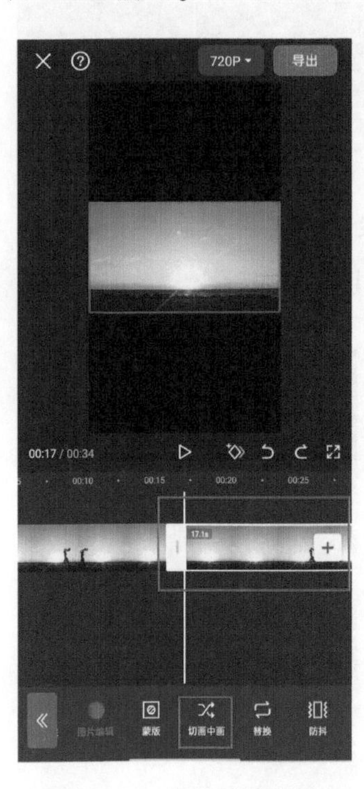

图 2-102　切换至画中画

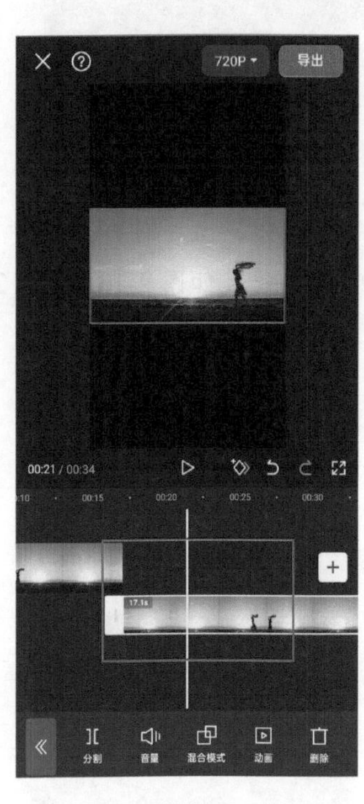

图 2-103　画中画效果展示

05 长按切入至画中画的视频素材并将其拖至时间轴的最左端，与上面的视频素材保持平行，然后将复制的视频素材拖至方框的下半部分，滑动底部工具栏，找到并点击“编辑”按钮，如图 2-104 所示。

06 进入编辑功能选择界面，点击“镜像”按钮，如图2-105所示。再点击两次“旋转”按钮，将视频旋转180°，效果如图2-106所示。

图2-104 点击“编辑”按钮

图2-105 点击“镜像”按钮

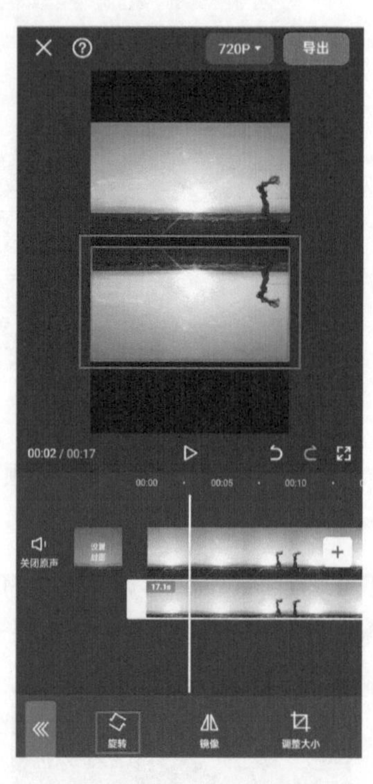

图2-106 旋转视频素材

07 完成上述所有操作步骤后，点击界面右上角的“导出”按钮即可导出视频。效果如图2-107至图2-109所示。

图2-107 案例效果展示（1）

图2-108 案例效果展示（2）

图2-109 案例效果展示（3）

用户可通过使用“裁剪”功能调整两个视频交界处的厚度。

2.3 掌握剪映的剪辑功能

掌握剪映的剪辑功能并非一蹴而就，而是需要我们持续地学习与实践。在探索的过程中，我们将熟悉各种剪辑工具，从基础的剪切、复制、粘贴，到进阶的特效、滤镜、转场等效果。每一次尝试和练习，都是对剪辑技能的提升。

随着技术的精进，我们的创作灵感也会被激发。剪映不仅是我们手中的工具，更是表达自我、实现创意的舞台。在剪辑过程中，我们用视频讲述生活的故事，记录感动的瞬间，分享内心的情感。

让我们一起在剪映的世界里，用心感受每一个剪辑的细节，探索无限可能。因为创作，永无止境。

2.3.1 剪映常用剪辑工具的详细解析

剪映 App 提供了许多常用的剪辑工具，帮助用户轻松地编辑和制作视频。以下是对剪映 App 常用剪辑工具的详细解析。

- 剪辑工具：最基本的工具，用于对视频进行切割、拼接、裁剪等操作。通过选择需要编辑的视频片段并进行相应的操作，达到想要的视频效果。
- 音频工具：提供了音效、背景音乐等音频素材，用户可以根据需要添加、删除或调整音频，以达到更好的听觉效果。
- 文字工具：允许用户在视频中添加字幕、标题或注释，以增强视频的信息量和观感。用户可以自定义字体、颜色、大小和位置等属性。
- 调节工具：可以对视频的亮度、对比度、饱和度等进行调整，以增强视频的清晰度和色彩表现。此外，还可以对视频进行速度调整和倒放等操作。
- 美颜工具：针对视频中的人物进行美颜处理，如磨皮、瘦脸、美白等，让视频中的人物更加美丽动人。
- 比例工具：对视频的比例进行调整，以适应不同的平台和发布需求。常见的比例有 16 : 9、4 : 3 和 1 : 1 等。
- 背景工具：提供了多种背景颜色和背景样式，用户可以根据需要选择合适的背景，以突出视频内容或营造氛围。

通过以上这些常用的剪辑工具，用户可以编辑和制作出自己的视频作品。无论是初学者还是专业人士，剪映 App 都能够满足其对视频剪辑的需求。

2.3.2 应用案例：分割并删除视频素材

本案例将介绍如何分割并删除视频素材，主要使用的是“分割”和“删除”两个功能，下面介绍具体的操作方法。

01 打开剪映 App，在主界面点击“开始创作”按钮[+]，导入一段视频素材至视频编辑界面后，点击视频轨道中的视频素材，滑动底部工具栏，找到并点击“剪辑”按钮，如图 2-110 所示。

02 进入视频剪辑界面，滑动时间轴至视频素材的 3 秒处，点击底部工具栏的“分割”按钮，如图 2-111 所示。

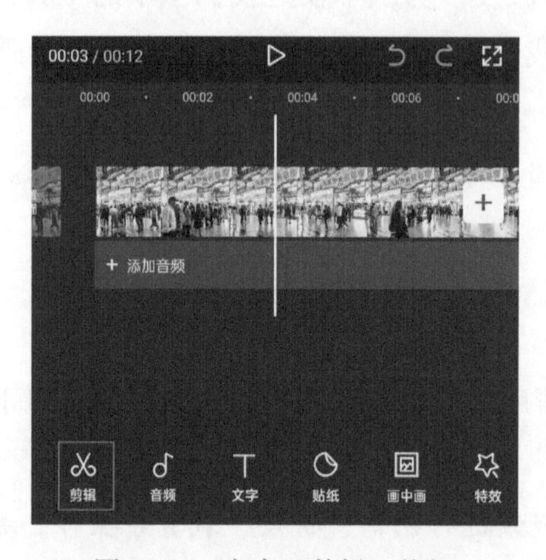

图 2-110 点击“剪辑”按钮

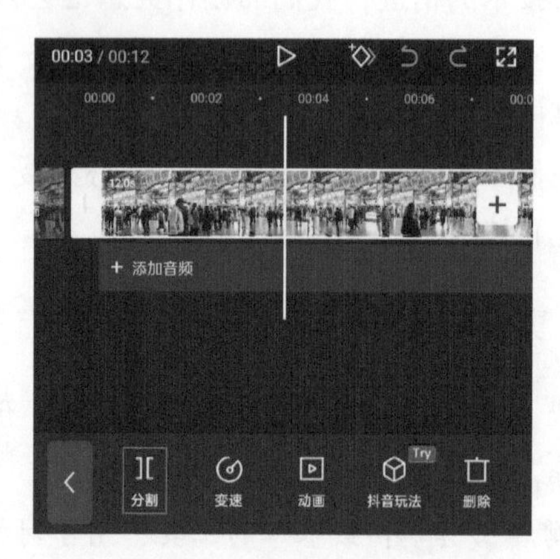

图 2-111 点击“分割”按钮

03 点击分割后的视频素材，滑动底部工具栏，找到并点击“删除”按钮，如图 2-112 所示。删除后的效果如图 2-113 所示。

图 2-112 点击“删除”按钮

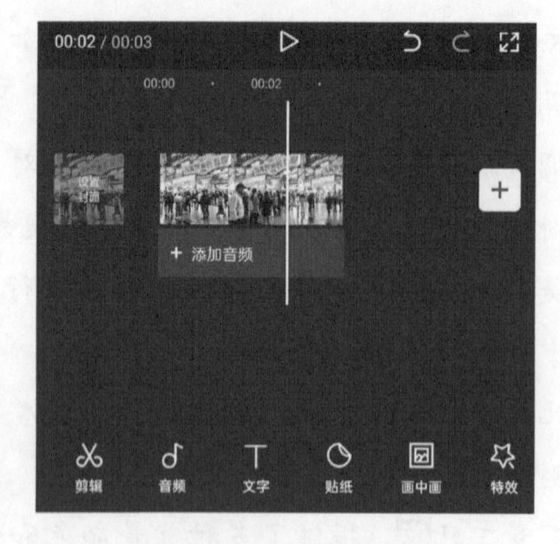

图 2-113 删除后的效果

2.3.3 应用案例：制作慢动作效果

曲线变速是后期剪辑中常用的一种技巧，通过调整视频的速度曲线，并根据视频节奏添加关键帧，从而制作速度上的变化，并且剪辑系统会自动填补差值达到渐变效果。

本案例将介绍如何制作慢动作效果，主要使用的是“曲线变速”功能，下面介绍具体的操作方法。

01 打开剪映App，在主界面点击“开始创作”按钮[+]，进入素材选取界面，选择一段人物视频素材，然后点击“添加”按钮[添加(1)]导入视频素材，如图2-114所示。

02 进入视频编辑界面后，点击“音频”按钮，添加收藏的音乐，如图2-115和图2-116所示。

图2-114 添加人物素材

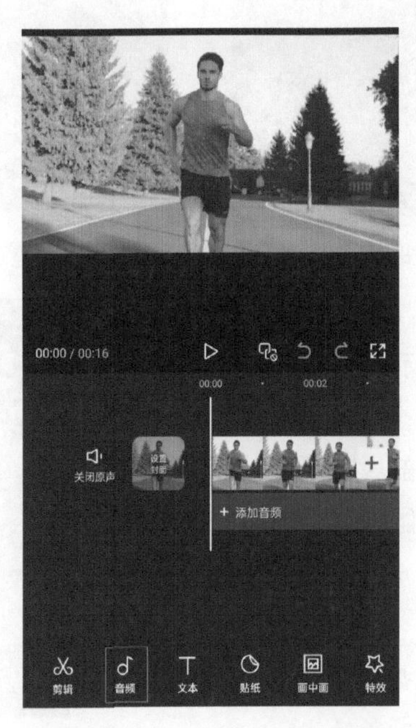

图2-115 点击“音频”按钮

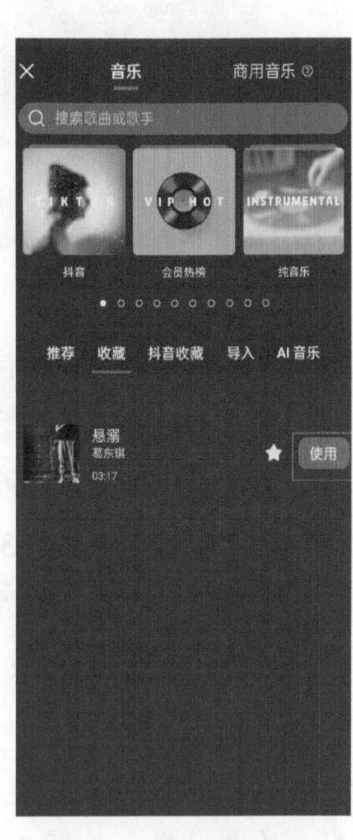

图2-116 选择背景音乐

03 在选中导入的音乐素材轨道的前提下，滑动底部工具栏，找到并点击“节拍”按钮，如图2-117所示。在打开的节拍踩点界面中，打开“自动踩点”开关，然后点击[✓]按钮保存设置，如图2-118所示。

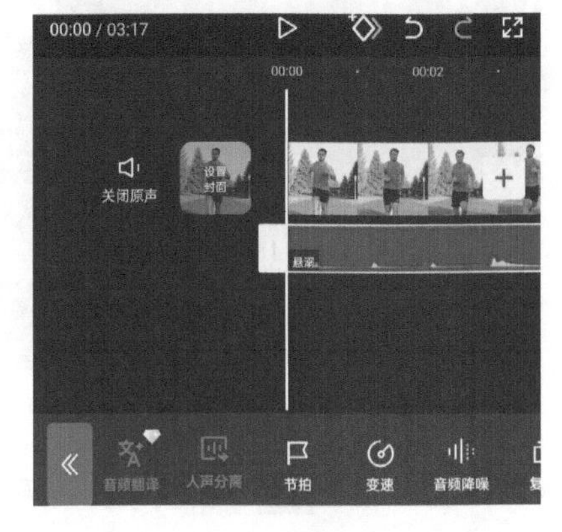

图2-117 点击“节拍”按钮

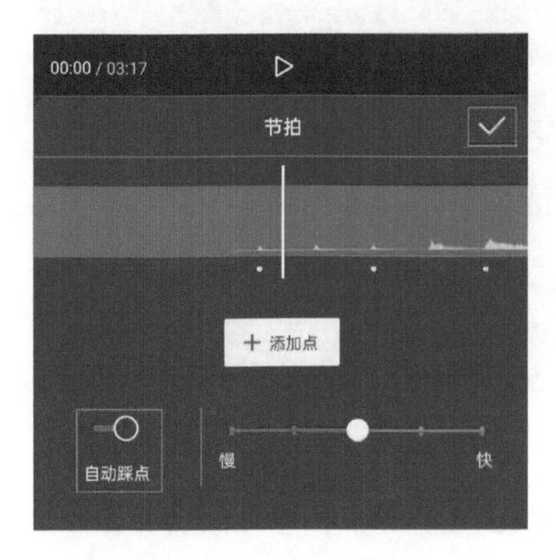

图2-118 为音频设置节拍点

04 返回视频编辑界面，在选中视频素材的前提下，点击“变速”按钮，如图2-119所示。然后点击“曲线变速”按钮，如图2-120所示。

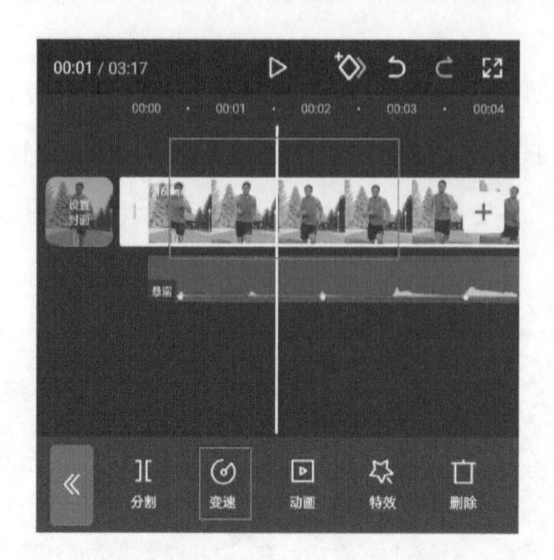

图2-119 点击“变速”按钮

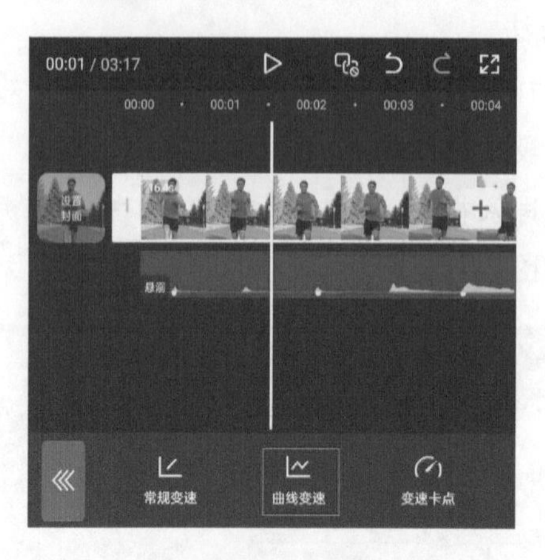

图2-120 点击“曲线变速”按钮

05 点击“自定”按钮，进入自定义变速界面，如图2-121所示。

06 将从左至右数的第二个点删除，再将新的第二个点调至3倍，后两个点调至0.1倍，再点击“智能补帧”按钮，然后点击按钮保存设置，如图2-122所示。

07 调整视频长度，使其最右侧与第6个节拍点对齐，如图2-123所示。

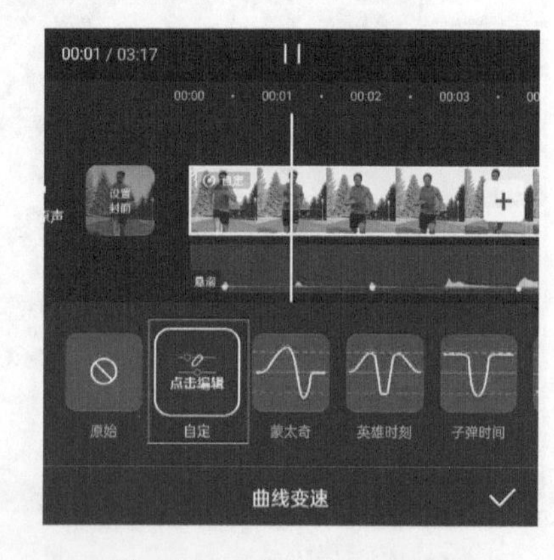

图2-121 自定义变速界面

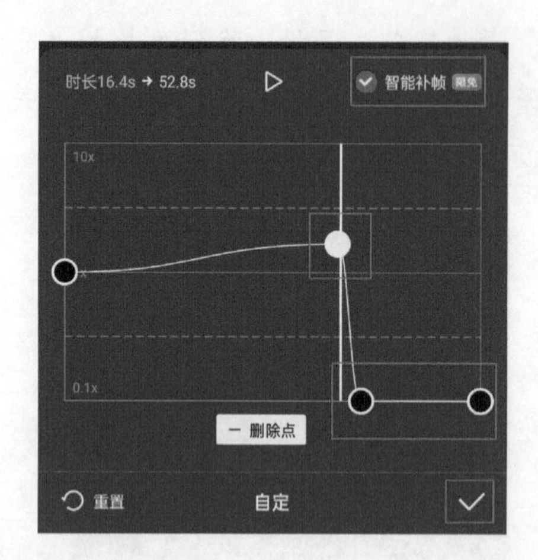

图2-122 调整参数

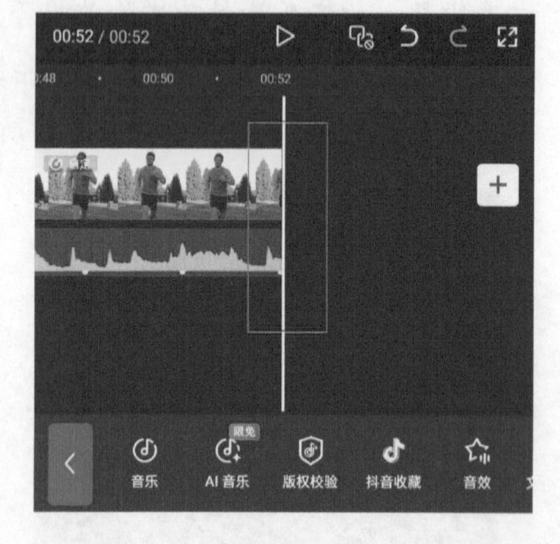

图2-123 使视频与节拍点对齐

08 完成上述步骤后，即可点击界面右上角的“导出”按钮导出视频，效果如图2-124和图2-125所示。

图 2-124　案例效果展示（1）

图 2-125　案例效果展示（2）

2.3.4　应用案例：制作晃动拉镜效果

本案例将介绍如何制作晃动效果，主要使用的是“动画”功能，下面介绍具体的操作方法。

01 打开剪映 App，在主界面点击“开始创作”按钮[+]，进入素材选取界面，选取三段视频素材，然后点击“添加”按钮[添加(3)]，如图 2-126 所示。

02 进入视频编辑界面后，先点击工具栏中的“音频”按钮，再将音乐文件添加至音频轨道中，滑动底部工具栏，找到并点击“节拍”按钮，如图 2-127 所示。

03 打开“自动踩点”开关，为音频增加节拍点，然后将第一段视频素材的尾端拖到音乐的第四踩点处，点击视频连接的小白格，如图 2-128 所示。

图 2-126　添加视频素材

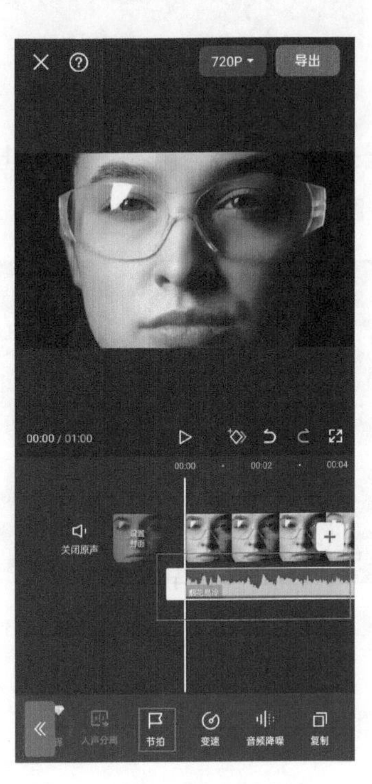

图 2-127　添加音频

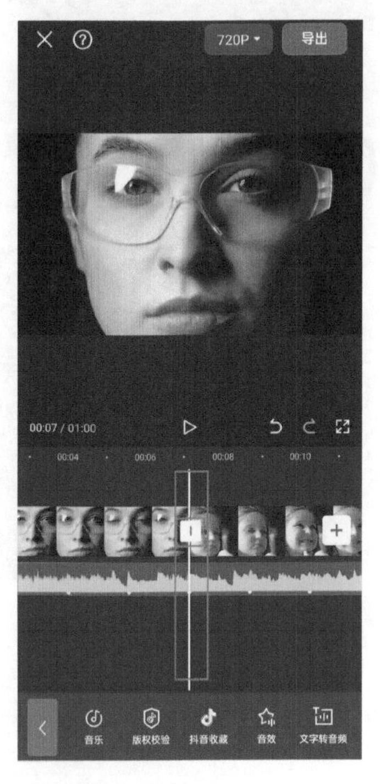

图 2-128　给音频添加节拍点

04 搜索并选择“模糊”转场，将时长调为0.2秒，然后点击“全局应用”按钮，如图2-129所示。

05 选中视频素材一，点击底部工具栏的“动画”按钮，如图2-130所示。

06 进入动画效果界面，设置“组合动画”为“旋入晃动”，然后点击按钮，如图2-131所示。

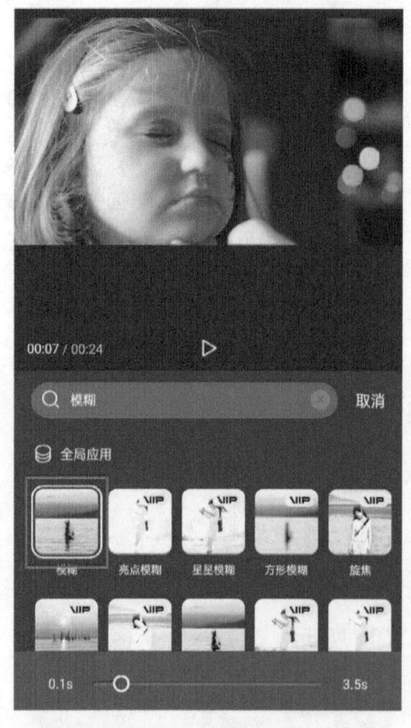

图2-129　为视频添加转场

图2-130　点击“动画”按钮

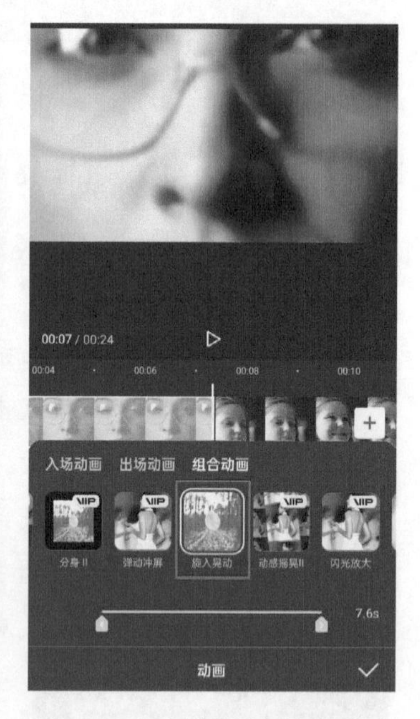

图2-131　为视频添加组合动画

07 对后续两段视频重复上述操作，然后点击界面右上角的“导出”按钮导出视频，效果如图2-132和图2-133所示。

图2-132　案例效果展示（1）　　图2-133　案例效果展示（2）

2.3.5　应用案例：制作拍照定格效果

本案例将介绍如何制作拍照定格效果，主要使用的是“定格”功能，下面介绍具体的操作方法。

01 打开剪映 App，在主界面点击“开始创作”按钮，进入素材选取界面，选取三段视频素材，然后点击“添加”按钮，如图 2-134 所示。

02 进入视频编辑界面后，先点击工具栏中的“音频”按钮，如图 2-135 所示。再将音乐文件添加至音频轨道中，如图 2-136 所示。

图 2-134　添加视频素材

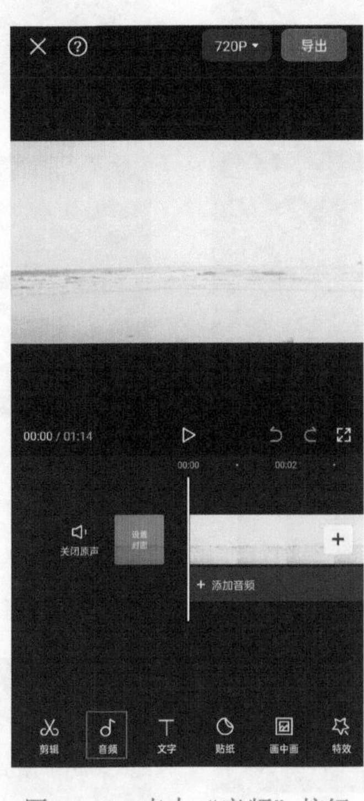

图 2-135　点击“音频”按钮

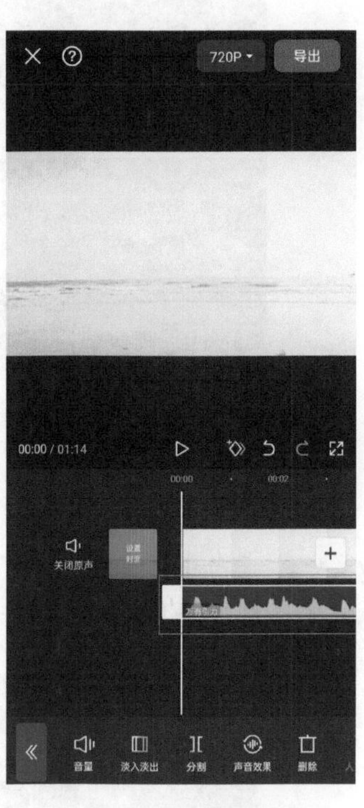

图 2-136　添加背景音乐

03 添加音乐文件至音乐轨道中后，滑动音频编辑界面底部的工具栏，点击“节拍”按钮，然后打开“自动踩点”开关，为音频增加节拍点，效果如图 2-137 所示。

04 将时间线移动到音乐的第二踩点处，然后点击“分割”按钮，让第一段视频对齐音乐的第二踩点处，效果如图 2-138 所示。

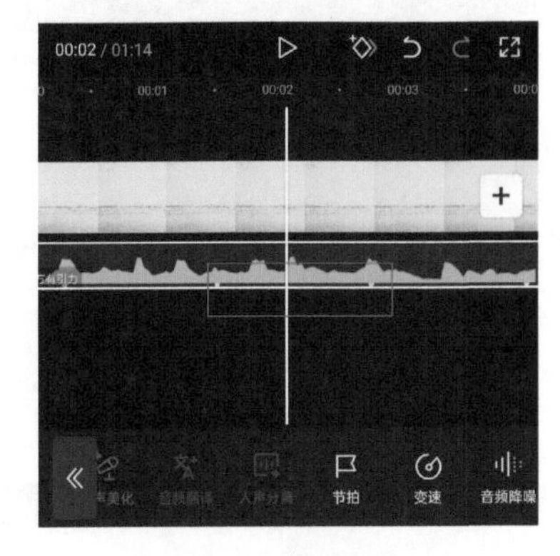

图 2-137　设置节拍点

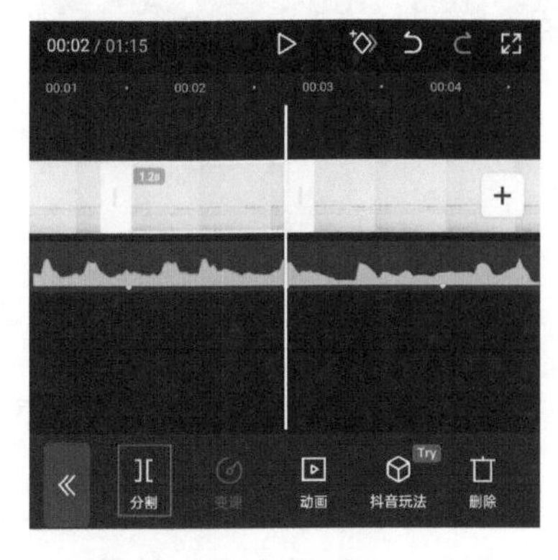

图 2-138　点击“分割”按钮

05 滑动底部工具栏，找到并点击“定格”按钮，如图 2-139 所示。

06 将定格画面与音乐的第三节拍点对齐，如图 2-140 所示。

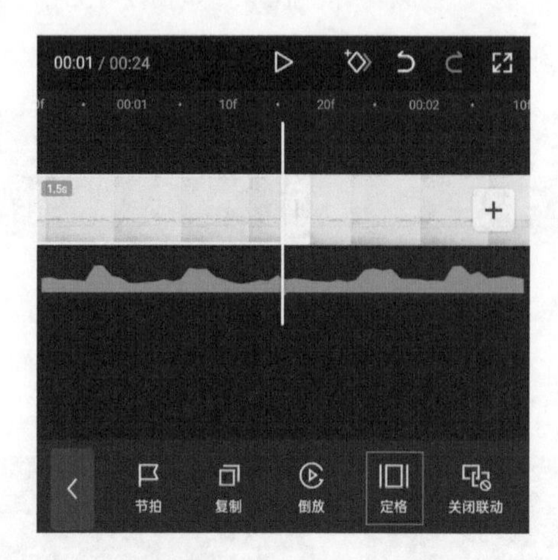

图 2-139　点击“定格”按钮

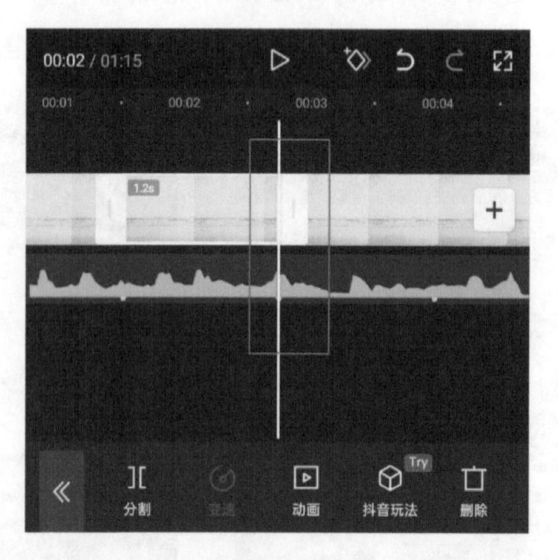

图 2-140　将定格动画与节拍点对齐

07 点击中间的小白块，如图 2-141 所示。搜索并选择“闪白”转场，将时长调为 0.1 秒，如图 2-142 所示。

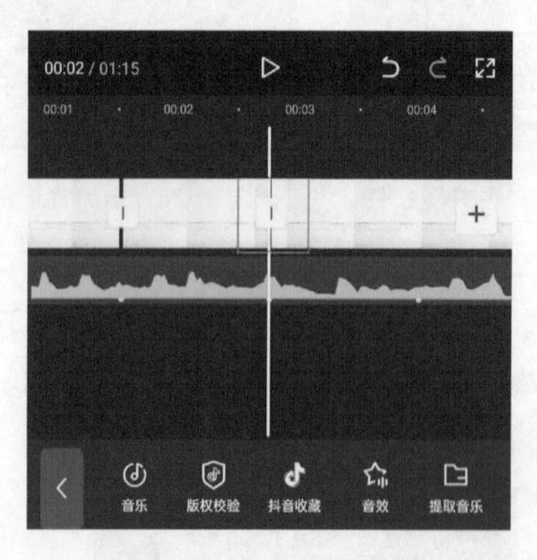

图 2-141　添加转场按钮

图 2-142　添加“闪白”转场

08 滑动底部工具栏，找到并点击“特效”按钮，如图 2-143 所示。在搜索框中输入并选择“画展边框”特效，如图 2-144 所示。

09 然后将特效时长与定格画面的时长对齐，如图 2-145 所示。

10 对后续两段视频重复上述操作，点击界面右上角的“导出”按钮导出视频，效果如图 2-146 和图 2-147 所示。

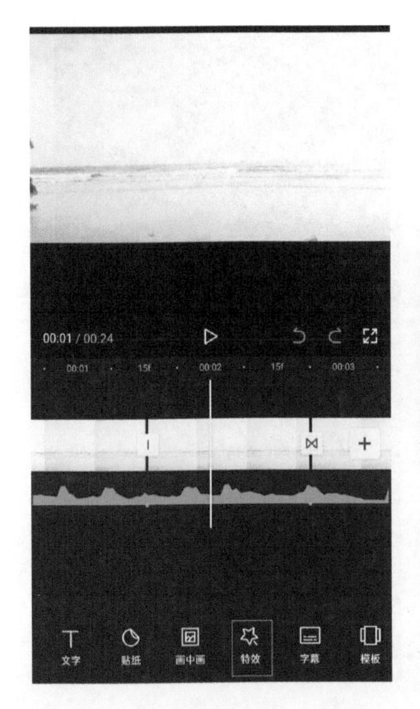

图 2-143 点击“特效”按钮

图 2-144 添加画面特效

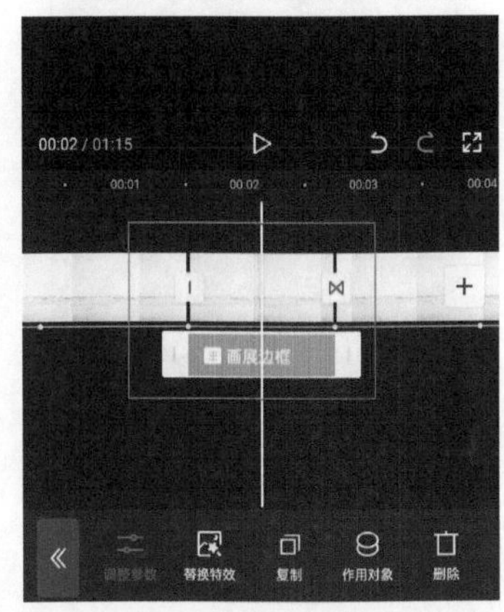

图 2-145 将特效与视频对齐

图 2-146 案例效果展示（1）

图 2-147 案例效果展示（2）

2. 3. 6 应用案例：制作拼贴动画效果

本案例将介绍如何制作拼贴动画效果，主要利用的是“蒙版”功能，下面介绍具体的操作方法。

01 打开剪映 App，在主界面点击“开始创作”按钮，选取一张图片素材，然后点击“添加”按钮，如图 2-148 所示。

02 进入视频编辑界面后，拖拽时间轴中图片素材的右侧，将其拉长至 10 秒，然后点击底部工具栏中的“动画”按钮，如图 2-149 所示。

03 进入动画效果界面，设置“组合动画”为“滑入波动”，然后点击按钮，如图 2-150 所示。

图 2-148　添加图片素材

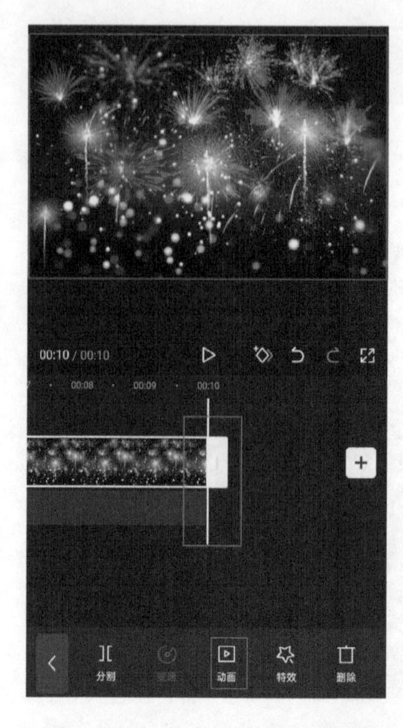

图 2-149　点击“动画”按钮

图 2-150　添加组合动画

04 返回视频编辑界面后，滑动下方工具栏，找到并点击“调节”按钮，如图 2-151 所示。

05 进入调节功能界面，点击“亮度”按钮，向左拖动对应滑块，即可拉低视频亮度，如图 2-152 所示。如果还是不够暗，可以滑动下方工具栏，找到并点击“曲线”按钮，将锚点拉低，如图 2-153 所示。

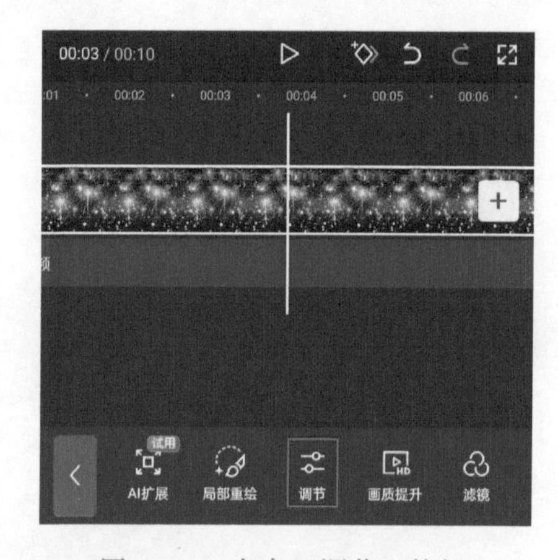

图 2-151　点击“调节”按钮

图 2-152　调整视频亮度

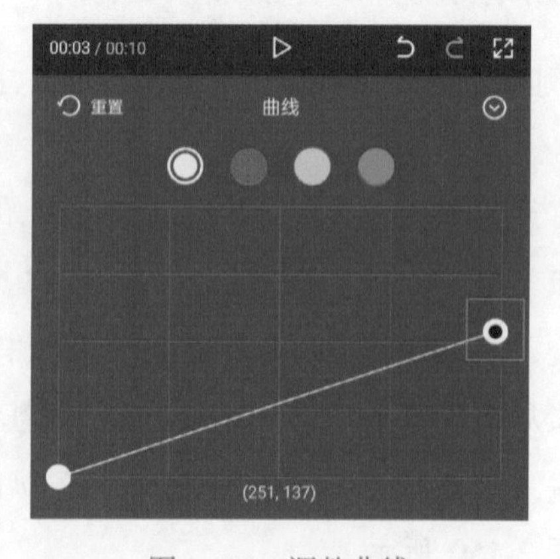

图 2-153　调整曲线

06 调整好背景后，点击时间轴右边的[+]按钮，进入素材选取界面，选取一张图片素材，点击“添加”按钮[添加(1)]，如图 2-154 所示。

07 选中新导入的图片素材，在下方工具栏找到并点击“切画中画”按钮，如图 2-155 所示。

08 新图片素材进入新轨道后，拉动新图片素材右侧的边框，使其与上方的图片素材对齐，在开始部分拉短于上方图片素材，然后滑动下方工具栏，找到并点击“蒙版”按钮，如图 2-156 所示。

图 2-154 添加图片素材

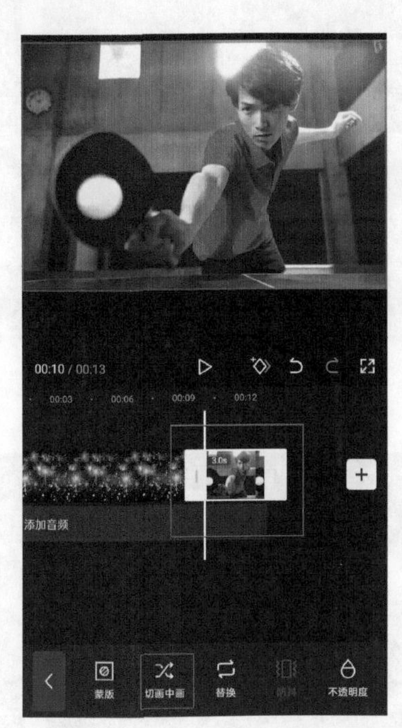

图 2-155 为图片素材添加画中画

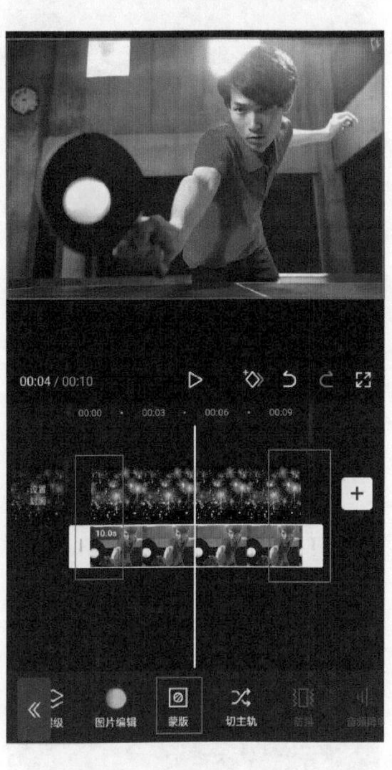

图 2-156 调整图片长度

09 进入蒙版功能界面后，点击“矩形”按钮并调整蒙版矩形至合适大小，然后点击按钮，如图 2-157 所示。

10 点击“复制”按钮，复制一个新图层，如图 2-158 所示。

11 对新的图层重复步骤 08 和 09 的操作，并移动蒙版位置，效果如图 2-159 所示。

12 滑动底部工具栏，找到并点击“动画”按钮，然后进入动画效果界面，设置“入场动画”为“上下抖动”，设置时长为 1 秒，然后点击按钮，如图 2-160 所示。对左右两个拼图图层也重复此操作。

13 完成上述所有操作步骤后，即可点击界面右上角的“导出”按钮[导出]导出视频，效果如图 2-161 和图 2-162 所示。

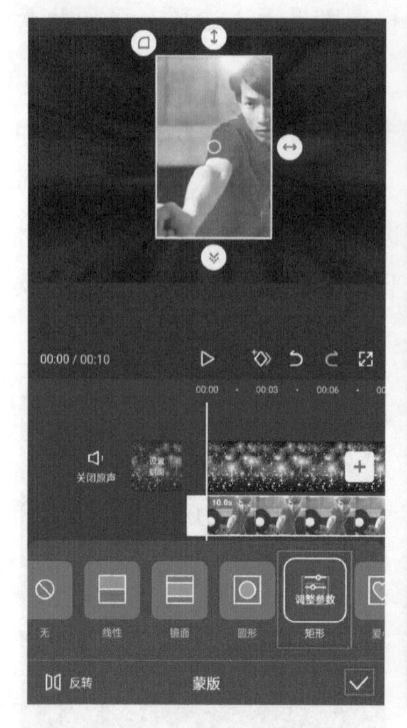

图 2-157　图片添加的蒙版效果

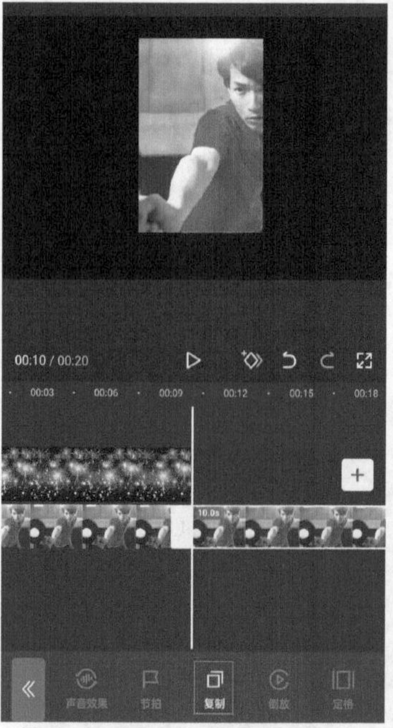

图 2-158　复制新图层

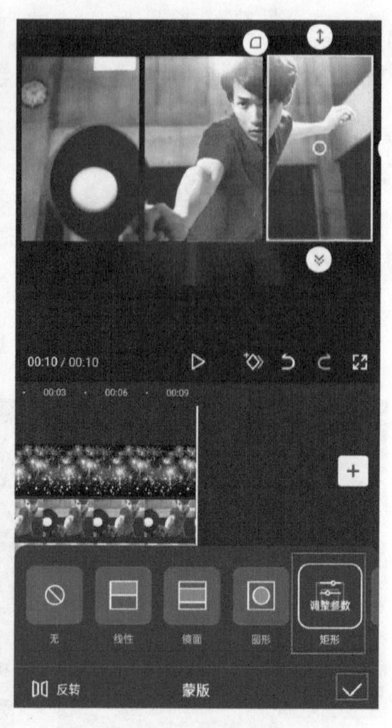

图 2-159　移动蒙版的位置

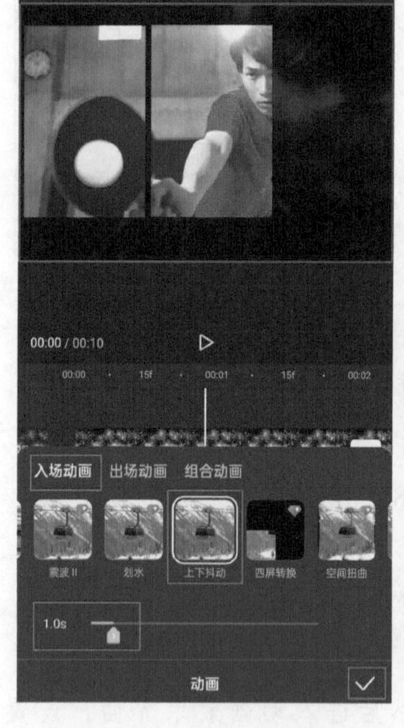

图 2-160　添加动画效果

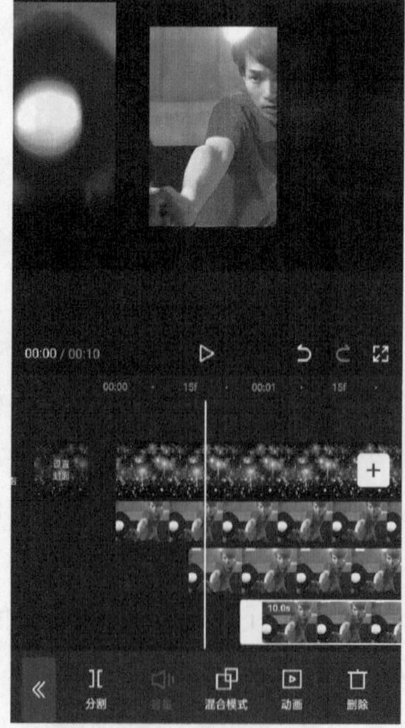

图 2-161　案例效果展示（1）

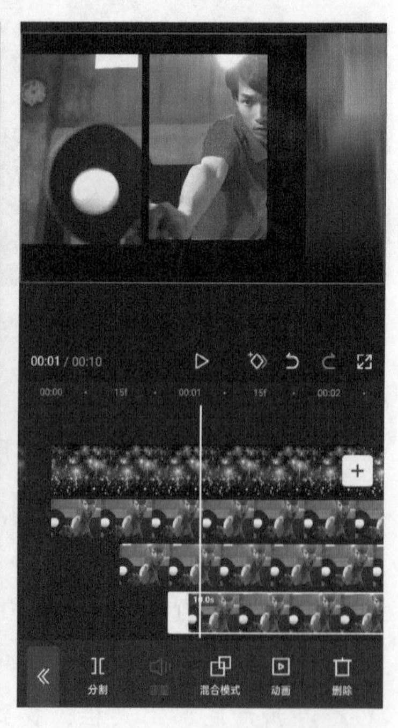

图 2-162　案例效果展示（2）

提示　拼贴动画效果重复的操作较多，用户学会一张拼图即可自行完成剩余部分。

2.3.7 应用案例：制作绿幕抠像效果

抠像技术是一种常用的视觉效果处理方法，能够将视频中的某一部分与背景分离，从而实现各种创意效果。本案例将介绍如何制作绿幕抠像效果，主要利用的是“抠像”功能，下面介绍具体的操作方法。

01 打开剪映 App，在主界面点击“开始创作”按钮，选取一张背景图片素材，然后点击“添加”按钮，如图 2-163 所示。

02 进入视频编辑界面后，在底部工具栏找到并点击“画中画”按钮，再点击“新增画中画”按钮，如图 2-164 和图 2-165 所示。

图 2-163 选择背景图片素材

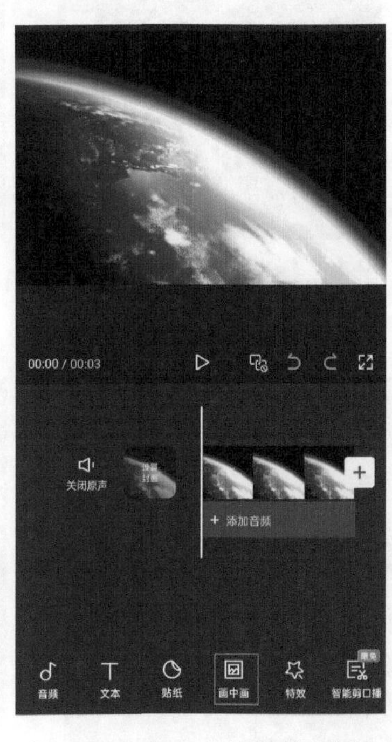

图 2-164 点击“画中画”按钮

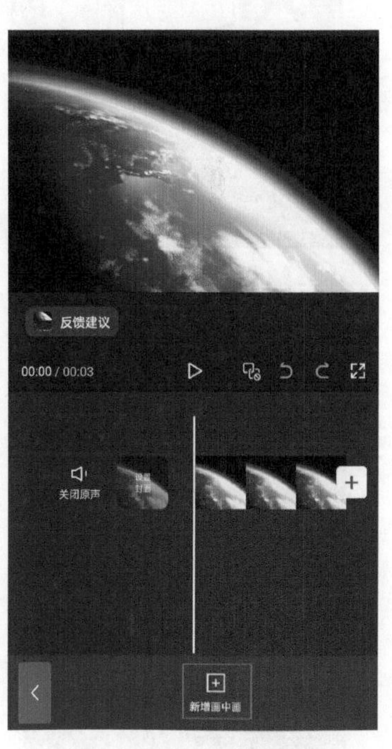

图 2-165 点击“新增画中画”按钮

03 进入素材选取界面，选取一段绿幕视频素材，然后点击“添加”按钮，如图 2-166 所示。选中新添加的绿幕视频素材，滑动底部工具栏，找到并点击“抠像”按钮，如图 2-167 所示。然后在抠像功能选择界面点击“色度抠图”按钮，如图 2-168 所示。

04 进入色度抠图功能界面，使用取色器选中绿幕，再点击“强度”按钮，如图 2-169 所示。进入强度功能界面，将强度设置为 35，然后点击按钮保存设置，如图 2-170 所示。

05 将背景图片素材拉至与绿幕视频素材同等长度，点击界面右上角的“导出”按钮导出视频，如图 2-171 所示。

图 2-166　添加绿幕视频素材

图 2-167　点击“抠像”按钮

图 2-168　点击“色度抠图”按钮

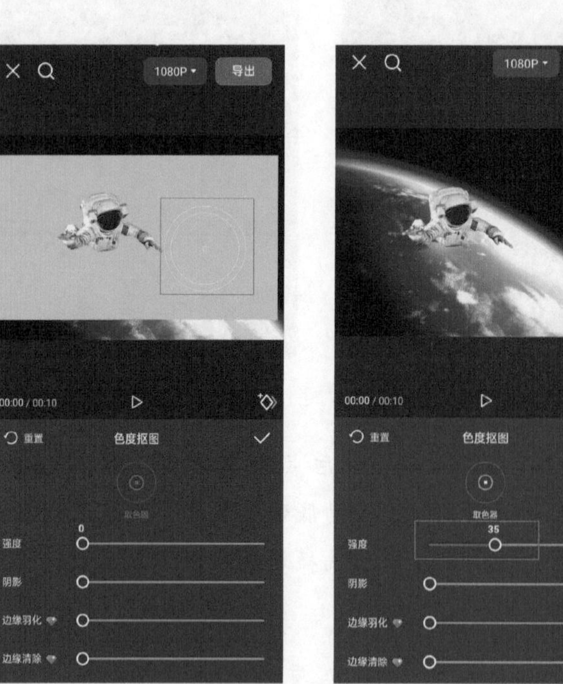

图 2-169　点击“强度”按钮

图 2-170　将强度调整至 100

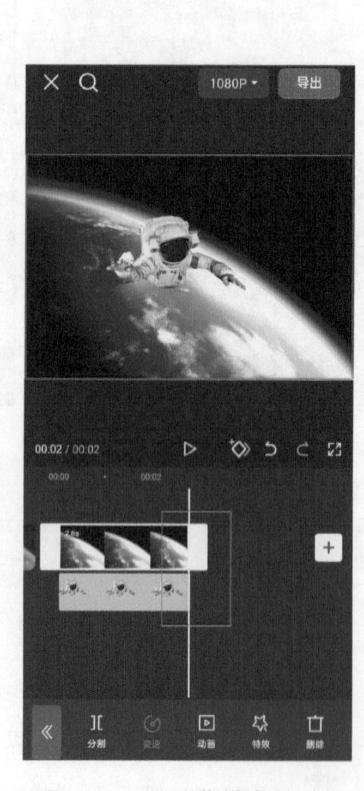

图 2-171　调整背景素材时长

06 制作的绿幕抠像的效果如图 2-172 和图 2-173 所示。

图 2-172　案例展示效果（1）

图 2-173　案例展示效果（2）

2.3.8　应用案例：制作蒙版合成效果

蒙版是一个非常实用的工具，可以帮助用户精确地控制画面的某一部分，达到突出重点、遮挡背景等效果。

本案例将介绍如何制作蒙版合成效果，主要利用的是“画中画”和“蒙版”功能，下面介绍具体的操作方法。

01 打开剪映 App，在主界面点击“开始创作”按钮，如图 2-174 所示。选取一段视频素材，然后点击“添加”按钮，如图 2-175 所示。

02 进入视频编辑界面后，滑动底部工具栏，找到并点击“画中画”按钮，如图 2-176 所示。

图 2-174　点击“开始创作”按钮

图 2-175　添加视频素材

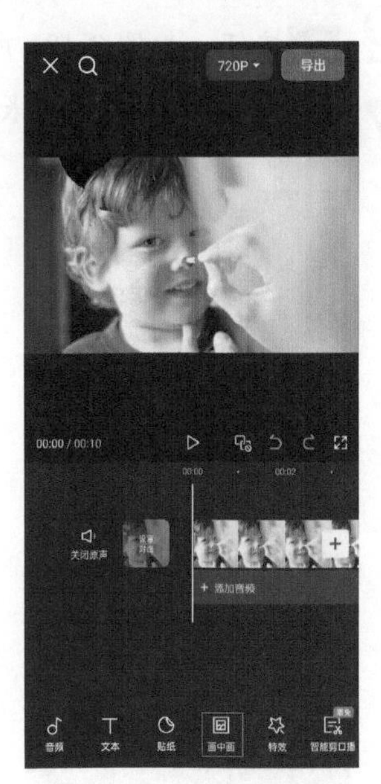

图 2-176　点击“画中画”按钮

03 点击“新增画中画”按钮，如图 2-177 所示。

04 进入素材选取界面，选取一段视频素材，然后点击“添加”按钮，如图 2-178 所示。效果如图 2-179 所示。

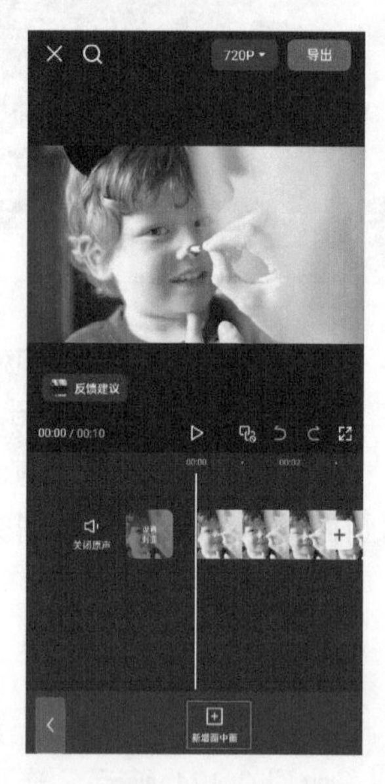

图 2-177 点击“新增画中画”按钮

图 2-178 添加视频素材

图 2-179 画中画效果展示

05 调整画中画的大小与位置，再滑动底部工具栏，找到并点击“蒙版”按钮，如图 2-180 所示。

06 进入蒙版功能界面，选择“线性”蒙版，调整线性蒙版至合适的位置，然后点击按钮，如图 2-181 所示。

07 将两段视频素材的时长调整一致，如图 2-182 所示。

图 2-180 点击“蒙版”按钮

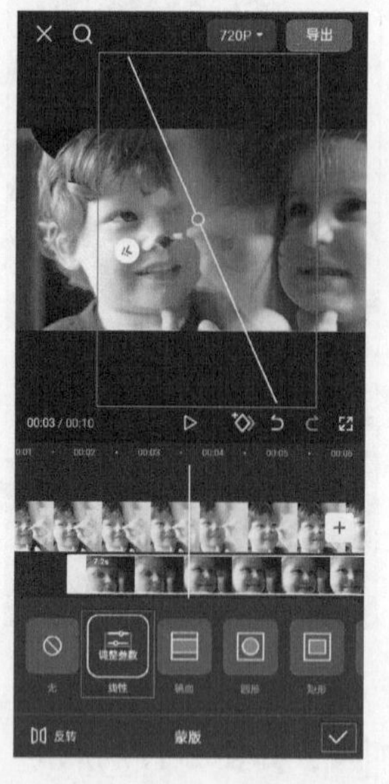

图 2-181 选择“线性”蒙版

图 2-182 调整视频时长

08 完成上述所有操作步骤后，点击界面右上角的“导出”按钮导出视频。效果如图 2-183 和图 2-184 所示。

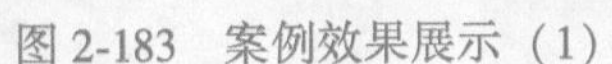

图 2-183 案例效果展示（1）

图 2-184 案例效果展示（2）

提示 方向一样的两个视频，使用“镜像”功能可以达到更好的合成效果。

2.3.9 应用案例：制作美颜瘦身效果

本案例将介绍如何制作美颜瘦身效果，主要利用的是“美颜美体”功能，下面介绍具体的操作方法。

01 打开剪映 App，在主界面点击“开始创作”按钮，选取一段视频素材，然后点击“添加”按钮，如图 2-185 所示。

02 进入视频编辑界面后，滑动底部工具栏，找到并点击“美颜美体”按钮，如图 2-186 所示。

03 进入美颜美体功能界面，点击“美颜”按钮，如图 2-187 所示。

图 2-185 添加视频素材

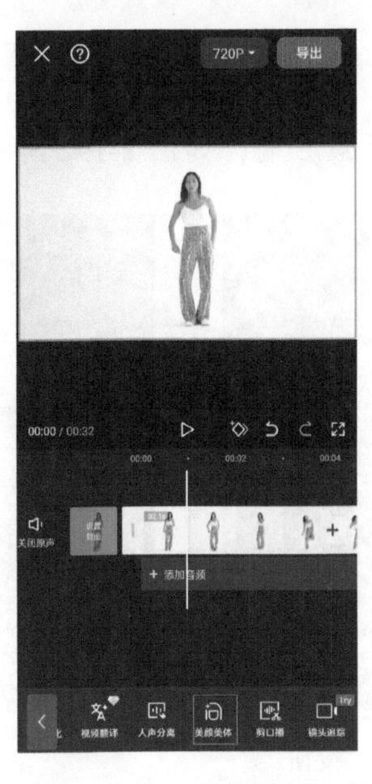

图 2-186 点击“美颜美体”按钮

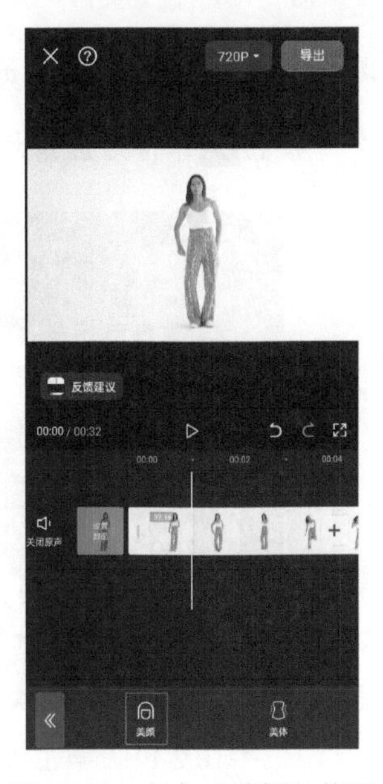

图 2-187 点击“美颜”按钮

04 进入美颜功能界面，镜头会自动锁定视频中的人脸部位，点击“美白”按钮并将其数值调整至100，如图2-188所示。

05 点击“美型”按钮，再点击“瘦脸”按钮并调整对应数值至100，如图2-189所示。

06 点击“美妆”按钮，找到并选择“小烟熏”套装，然后点击按钮，保存美颜设置，如图2-190所示。

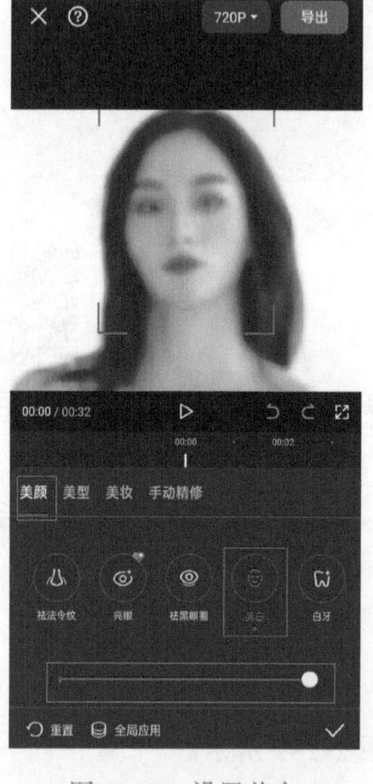

图2-188 设置美白

图2-189 设置瘦脸

图2-190 选择“小烟熏”套装

07 返回美颜美体选择界面，点击“美体”按钮，如图2-191所示。点击“瘦身”按钮并将对应滑块拉至最右端，如图2-192所示。

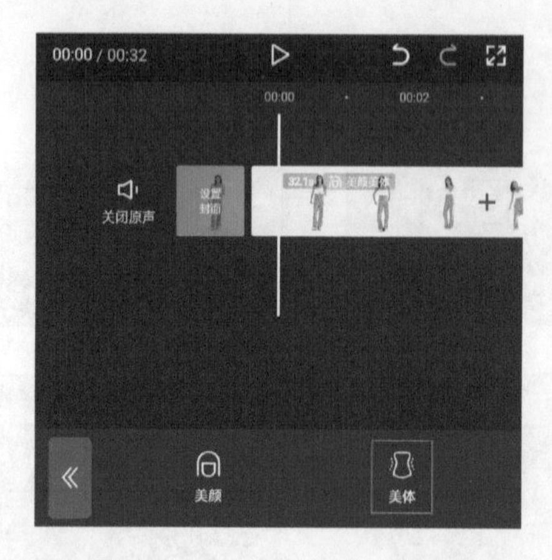

图2-191 点击“美体”按钮

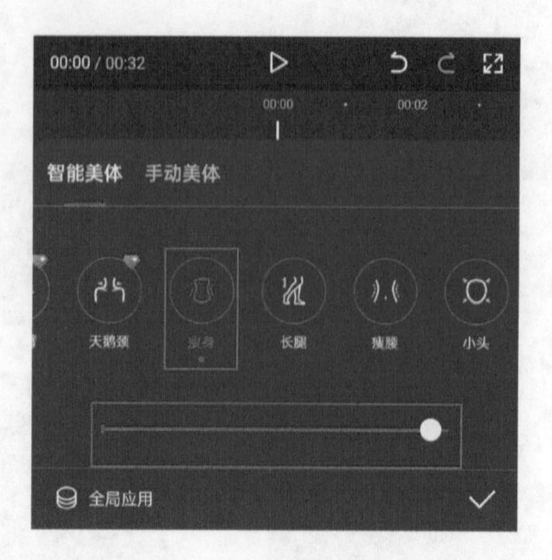

图2-192 调整瘦身

08 点击“瘦腰”按钮并将对应滑块拉至最右端，然后点击✓按钮，如图 2-193 所示。

09 完成上述所有操作步骤后，点击界面右上角的“导出”按钮导出导出视频。美颜美体效果的对比如图 2-194 和图 2-195 所示。

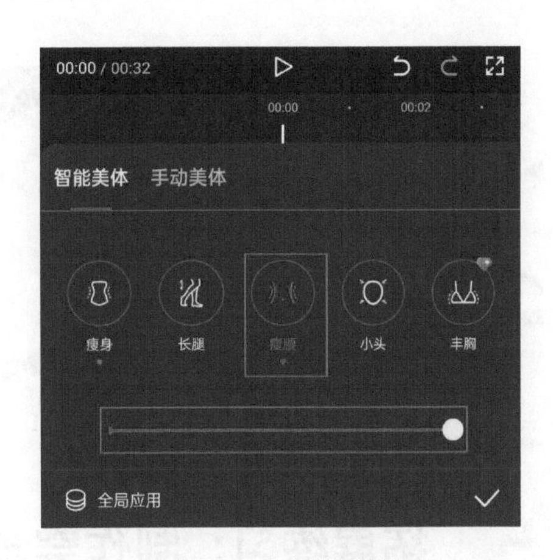

图 2-193 调整瘦腰

图 2-194 案例展示效果（1）

图 2-195 案例展示效果（2）

提示 美颜美体功能丰富，用户可根据需要自行选择。

2.4 拓展练习：制作时空回溯效果

本案例将介绍使用剪映 App 制作时光回溯效果的方法，下面是具体操作介绍。

1. 制作要点

使用“复制”功能，复制案例素材后，使用“倒放”功能实现时空回溯效果。

2. 最终效果展示

进行“倒放”操作后的视频效果如图 2-196 和图 2-197 所示。

图 2-196 案例展示效果（1）

图 2-197 案例展示效果（2）

2.5 拓展练习：制作穿越手机特效

本案例将介绍使用剪映 App 制作穿越手机特效效果的方法，具体操作如下。

1. 制作要点

01 用户先自己拍摄一段缓慢推进手机的素材视频，或者在素材库找到手机绿幕素材。

02 导入另一段穿越后的视频素材，导入画中画，并使用“色度抠图”功能将屏幕的绿幕抠取出来。

2. 最终效果

应用模板制作穿越手机视频的效果如图 2-198 至图 2-200 所示。

图 2-198 案例展示效果（1）

图 2-199 案例展示效果（2）

图 2-200 案例展示效果（3）

2.6 拓展练习：制作照片墙扩散开场效果

本案例将介绍如何制作照片墙的扩散开场效果，下面是具体的操作步骤。

1. 制作要点

01 准备三段及以上的视频素材，才会有照片墙的效果。

02 将视频素材进行排序，在每一段视频素材结尾的前两秒处，放置第二段画中画素材。

03 将所有视频素材的大小调整至最小，然后使用“关键帧”功能改变其大小和位置，使其生成扩散效果。

2. 最终效果

照片墙扩散开场的视频效果如图 2-201 和图 2-202 所示。

图 2-201　案例展示效果（1）

图 2-202　案例展示效果（2）

第3章 添加与处理音频

Chapter 3

一个完整的短视频由画面和声音两个元素构成。画面为观众呈现出生动的场景，声音则赋予视频情感和深度。本章主要介绍音频素材的添加和处理，以及音乐的卡点操作。

3.1 添加音频素材

使用剪映App，用户可以调用音乐素材库中不同类型的音乐。不仅如此，剪映App还支持音乐轨道的叠加，为创作提供了更多可能性。用户也可以将来自抖音等其他平台上的音乐添加到自己的剪辑项目中，进一步丰富作品的听觉体验。

3.1.1 添加音乐素材

在剪映App中，常用的添加音乐素材的方式有以下4种。

1. 选取剪映App音乐库中的音乐

剪映音乐库中有非常丰富的音频资源，用户可以根据视频内容的基调，快速找到合适的背景音乐。具体操作方法如下。

在时间线区域点击底部工具栏中的“音频”按钮，然后在打开的音频选项栏中点击“音乐”按钮，如图3-1和图3-2所示。

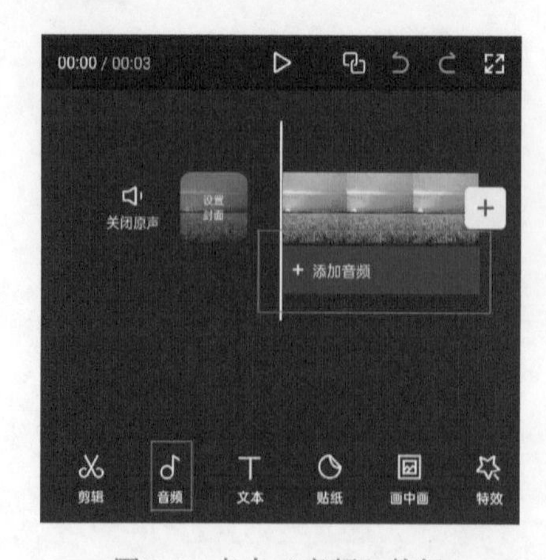

图3-1 点击“音频”按钮

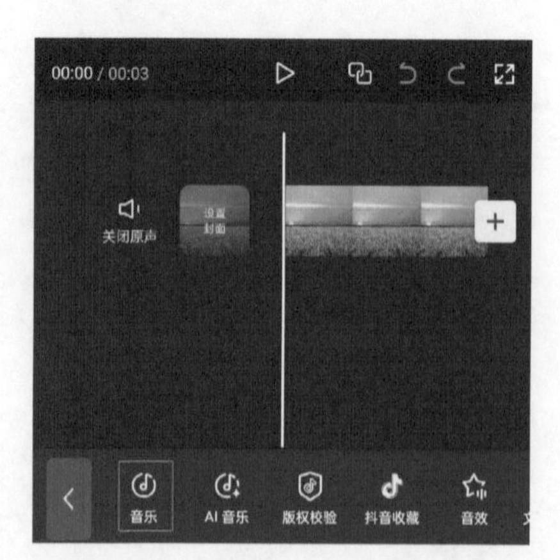

图3-2 点击“音乐”按钮

完成上述操作后，进入剪映音乐素材库，如图 3-3 所示。

在音乐素材库中，点击任意一首音乐，即可对音乐进行试听。此外，通过点击音乐素材右侧的功能按钮，可以对音乐素材进行进一步的操作，如图 3-4 所示。

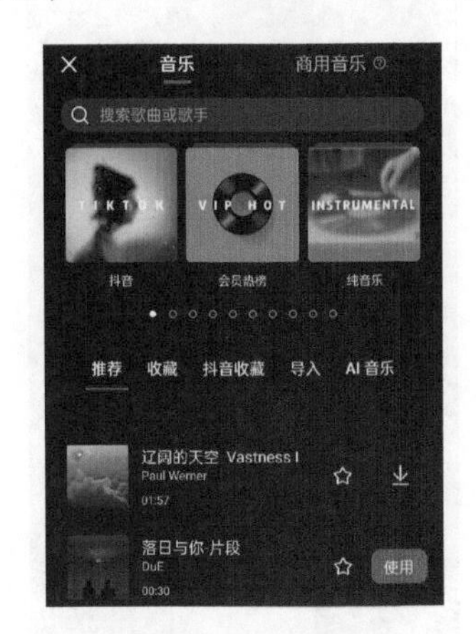

图 3-3 剪映 App 的音乐素材库

图 3-4 点击任意一首音乐

音乐素材旁边功能按钮的说明如下。

- ❖ 收藏音乐：点击该按钮，可将音乐添加至音乐素材库的“收藏”列表中，方便下次使用。
- ❖ 下载音乐：点击该按钮下载音乐，下载完成后会自动进行播放。
- ❖ 使用音乐 使用 ：完成音乐的下载后会出现该按钮，点击该按钮即可将音乐添加到剪辑项目中，如图 3-5 所示。

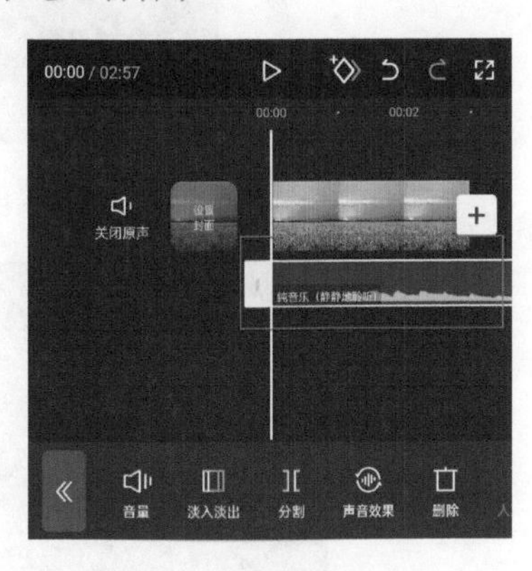

图 3-5 添加音乐至轨道

2. 提取本地视频的音乐

剪映 App 支持用户对本地相册中拍摄和存储的视频进行音乐提取操作，简单来说就是将其他视频中的音乐提取出来，并单独应用到剪辑项目中。下面介绍具体操作方法。

在音乐素材库中，点击“导入音乐”按钮，然后在选项栏中点击“提取音乐”按钮，接着点击“去提取视频中的音乐”按钮，如图 3-6 所示。在打开的素材选取界面中选择包含音乐的视频，然后点击“仅导入视频的声音”按钮，如图 3-7 所示。

完成上述操作后，视频中的背景音乐将被提取并导入至音乐素材库，如图 3-8 所示。如果要将导入素材库中的音乐素材删除，则需在此界面中长按音乐素材，然后点击随后出现的“删除该音乐”按钮，如图 3-9 所示。

除了可以在音乐素材库中进行音乐的提取操作，用户还可以在视频编辑界面中完成音乐的提取操作。在未选中素材的状态下，点击底部工具栏中的“音频”按钮，如图 3-10 所示。然后在打开的音频选项栏中点击“提取音乐”按钮，如图 3-11 所示。即可进行视频音乐的提取操作。

图 3-6 提取视频音乐

图 3-7 选择提取音乐的视频素材

图 3-8 提取后的背景音乐

图 3-9 删除背景音乐

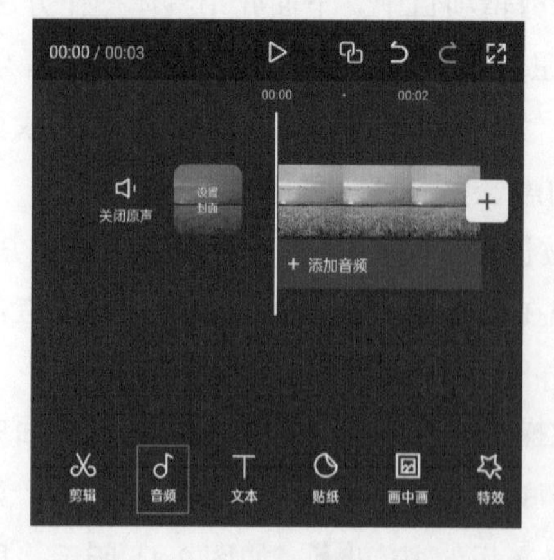

图 3-10 点击“音频”按钮

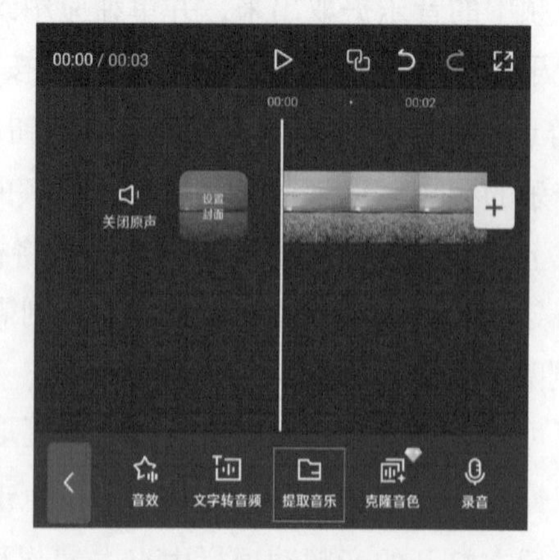

图 3-11 点击“提取音乐”按钮

3. 使用抖音收藏的音乐

作为一款与抖音直接关联的短视频剪辑软件，剪映支持用户在剪辑项目中添加抖音中的音乐。在进行该操作前，用户需要在剪映主界面切换至“我的”界面，登录自己的抖音账号。通过这一操作，建立剪映与抖音的连接，之后用户在抖音中收藏的音乐就可以直接在剪映的“抖音收藏”中找到并进行调用了，下面介绍具体的操作方法。

打开抖音 App，在视频播放界面点击界面右下角 CD 形状的按钮，如图 3-12 所示。进入拍同款界面，点击“收藏原声”按钮，即可收藏该视频的背景音乐，如图 3-13 和图 3-14 所示。

图 3-12　点击原声按钮　　图 3-13　点击“收藏原声”按钮　　图 3-14　收藏后的效果展示

进入剪映 App，打开需要添加音乐的剪辑项目，进入视频编辑界面，在未选中素材的状态下，将时间轴定位至视频起始位置，然后点击底部工具栏中的“音频”按钮，如图 3-15 所示。在打开的音频选项栏中点击“抖音收藏”按钮，如图 3-16 所示。

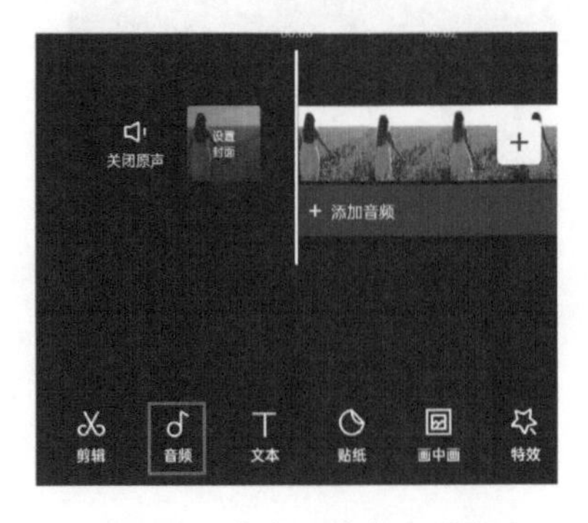

图 3-15　点击“音频”按钮

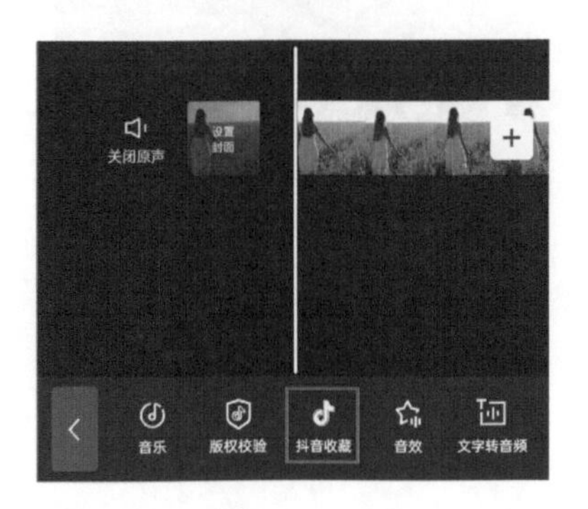

图 3-16　点击“抖音收藏”按钮

进入剪映的音乐素材库，即可在界面下方的抖音收藏列表中看到刚刚收藏的音乐，如图 3-17 所示。点击下载音乐，再点击“使用”按钮，即可将收藏的音乐添加至剪辑项目中，如图 3-18 所示。

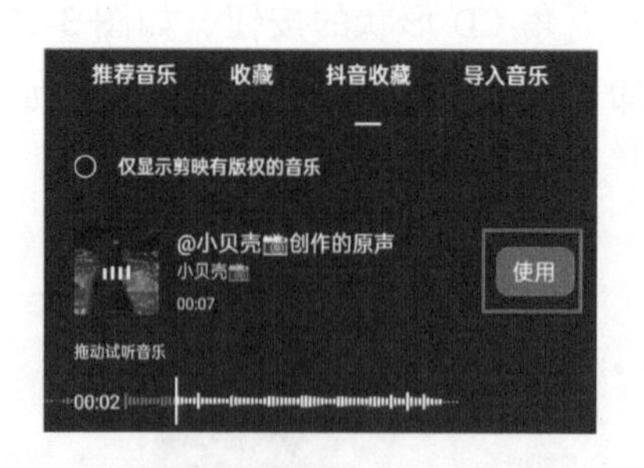

图 3-17 “抖音收藏”界面

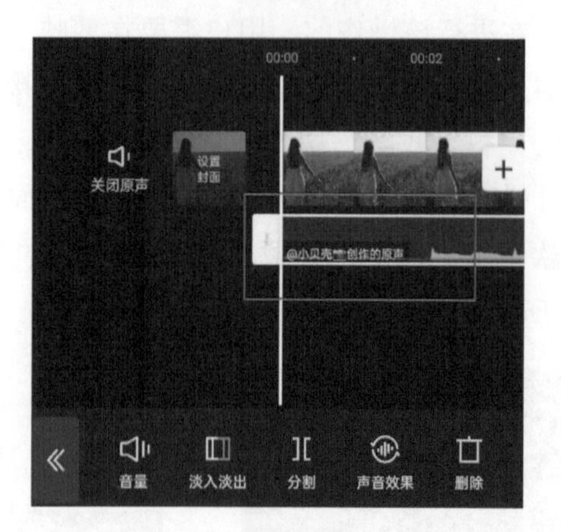

图 3-18 添加收藏的音乐

> 提示
> 如果用户想在剪映中将“抖音收藏”中的音乐素材删除，只需要在抖音中取消对该音乐的收藏即可。

4. 通过链接提取音乐

如果剪映音乐素材库中的音乐素材不能满足剪辑需求，用户可以尝试通过视频链接提取其他视频中的音乐。

以抖音为例，如果用户想将该平台中某个视频的背景音乐导入剪映中使用，可以在抖音的视频播放界面点击右侧的分享按钮，再在底部弹窗中点击“复制链接”按钮，如图 3-19 和图 3-20 所示。

图 3-19 点击分享按钮

图 3-20 点击“复制链接”按钮

完成操作后，进入剪映音乐素材库，切换至“导入音乐”界面，然后在选项栏中点击“链接下载”按钮，在文本框中粘贴之前复制的音乐链接，再点击右侧的下载按钮。等待片刻，解析完成后点击“使用”按钮，将音乐添加至剪辑项目中，如图3-21和图3-22所示。

图3-21　下载链接音乐

图3-22　点击“使用”按钮

提示　对于想要靠视频作品营利的用户来说，在使用其他平台的音乐作为视频素材前，需与平台或音乐创作者协商，避免发生作品侵权行为。

3.1.2　添加音效素材

在视频中添加和画面内容相符的音效，可以大幅提升视频的带入感，让观者更有沉浸感。剪映中自带的音效库中的资源非常丰富，其添加方法与添加背景音乐的方法类似。

将时间轴移动至需要添加音效的时间点，在未选中素材的状态下，点击“添加音频”按钮，或点击底部工具栏中的“音频”按钮，然后在打开的音频选项栏中点击“音效”按钮，如图3-23和图3-24所示。

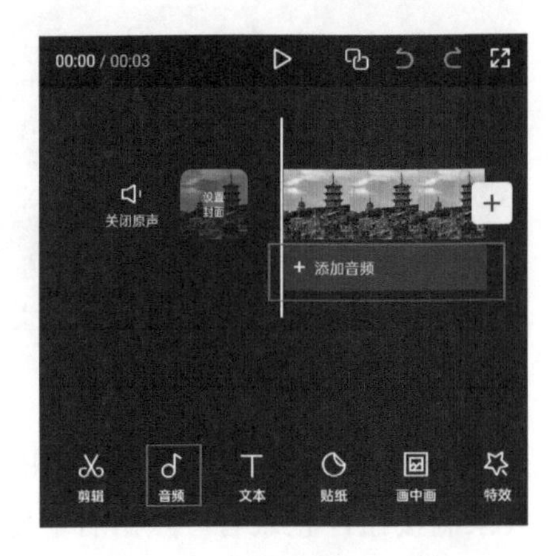

图3-23　点击“音频”按钮

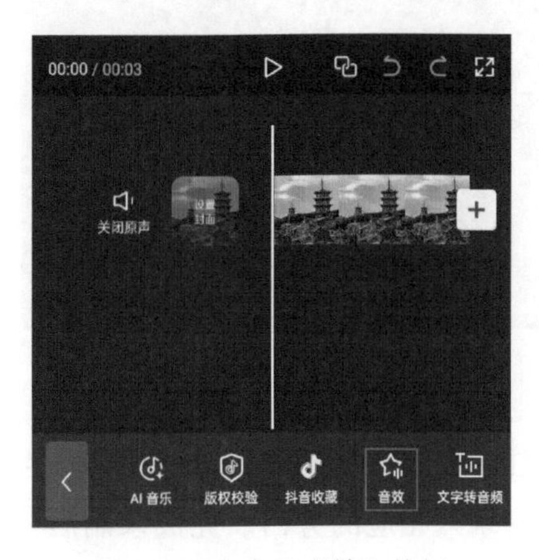

图3-24　点击“音效”按钮

完成上述操作，即可打开音效选项栏，如图 3-25 所示。可以看到里面有不同类别的音效。添加音效素材与添加音乐素材的方法一致，选择任意一个音效素材，点击其右侧的“使用”按钮，即可将该音效添加至剪辑项目中，如图 3-26 所示。

图 3-25　音效选项栏

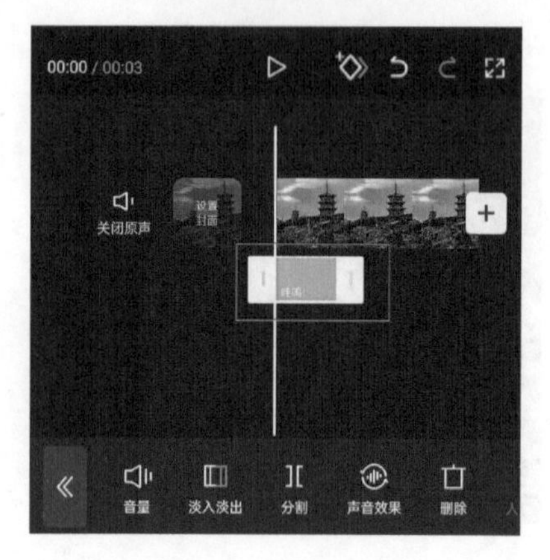

图 3-26　添加音效素材

3.1.3　录制语音

通过剪映中的“录音”功能，用户可以实时在剪辑项目中完成旁白的录制和编辑工作。在使用剪映录制旁白前，最好连接上耳麦，并配备专业的录制设备，这样能有效地提升声音质量。

在开始录音前，先将时间轴移至视频的起始位置，在未选中任何素材的状态下，点击音频选项栏中的“录音”按钮，然后在底部浮窗中按住红色的录制按钮，如图 3-27 和图 3-28 所示。

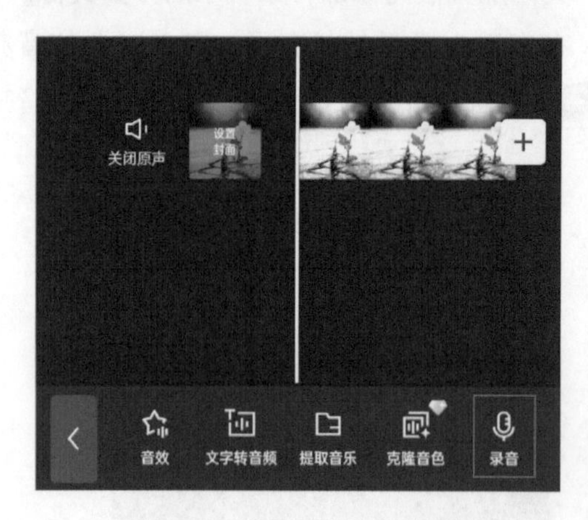

图 3-27　点击“录音”按钮

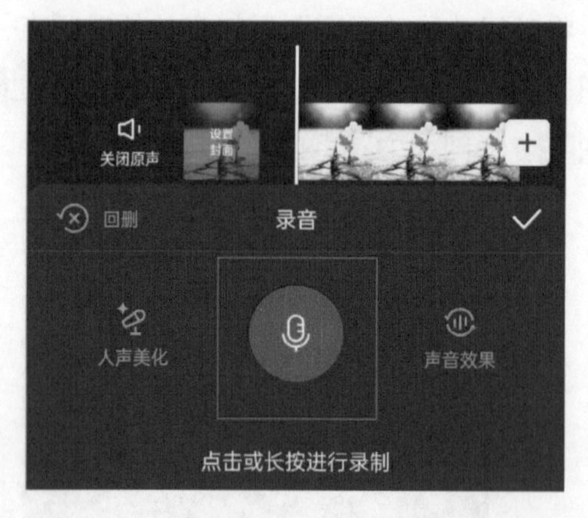

图 3-28　点击或长按进行录制

在按住录制按钮的同时，轨道区域将生成音频素材，如图 3-29 所示。此时用户可以根据视频内容录入相应的旁白。完成录制后，释放录制按钮停止录音。点击右下角的按钮，保存音频素材，如图 3-30 所示。

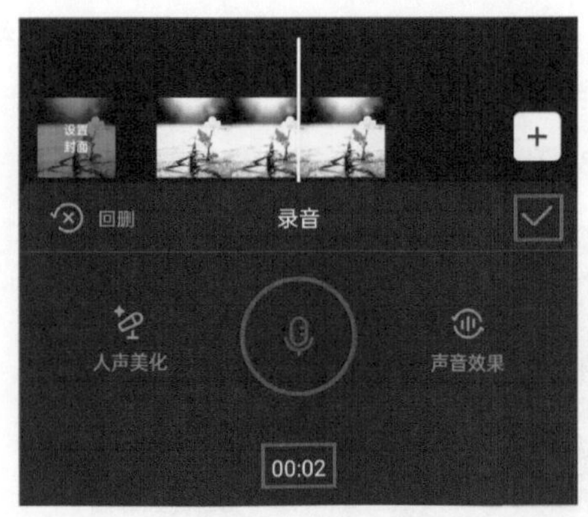

图 3-29　生成音频素材

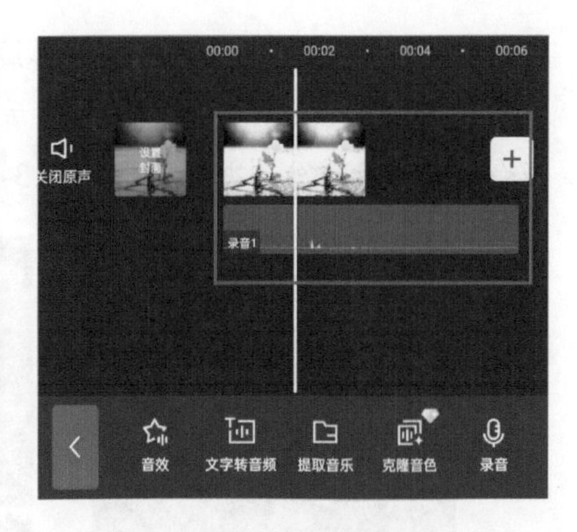

图 3-30　点击确认按钮保存素材

在进行录音时，为避免口型不匹配或环境干扰造成录音效果的不自然，用户应尽量选择安静、没有回音的环境进行录制工作。在录音时，嘴巴需与麦克风保持一定的距离，可以尝试用打湿的纸巾将麦克风裹住，以防止喷麦。

3.1.4　应用案例：为旅拍短片配乐

本案例将介绍为旅拍短片配乐的方法，主要使用的是“音频”功能，下面介绍具体的操作方法。

01 打开剪映 App，在主界面点击“开始创作”按钮[+]，导入一段视频素材至视频编辑界面，然后点击“音频”按钮，如图 3-31 所示。

02 在打开的音频选项栏中点击“音乐”按钮，如图 3-32 所示。

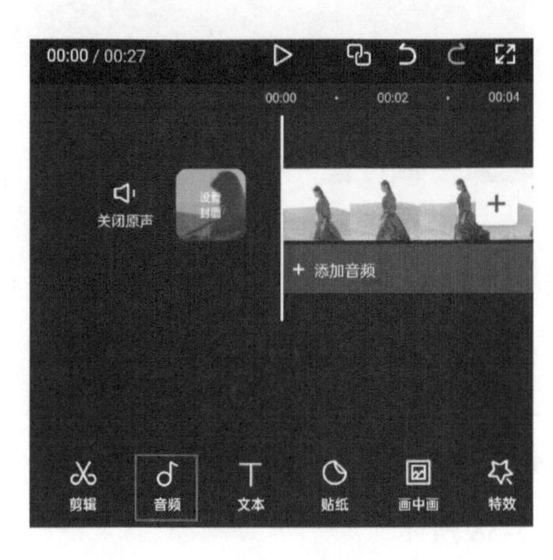

图 3-31　点击“音频”按钮

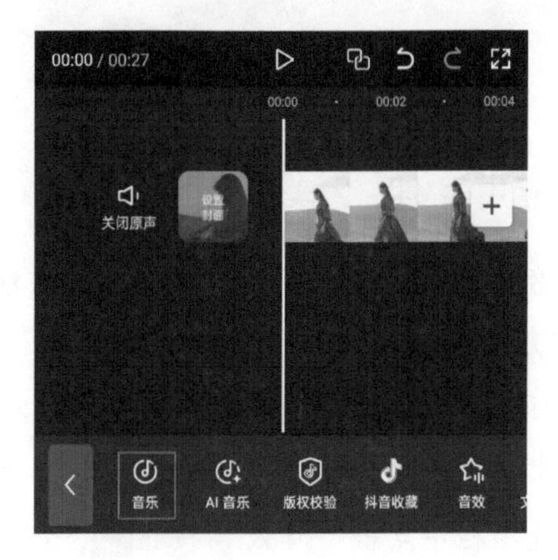

图 3-32　点击“音乐”按钮

03 进入剪映 App 的音乐素材库，在收藏中点击“沙漠（剪辑版）”右侧的“使用”按钮 使用 ，如图 3-33 所示。

04 在视频编辑界面选中“沙漠（剪辑版）”素材，移动时间线至视频素材结尾处，点击“分割”按钮，再点击分割后的音乐素材，点击“删除”按钮，即可将多余的音乐素材分割并删除，如图 3-34 所示。

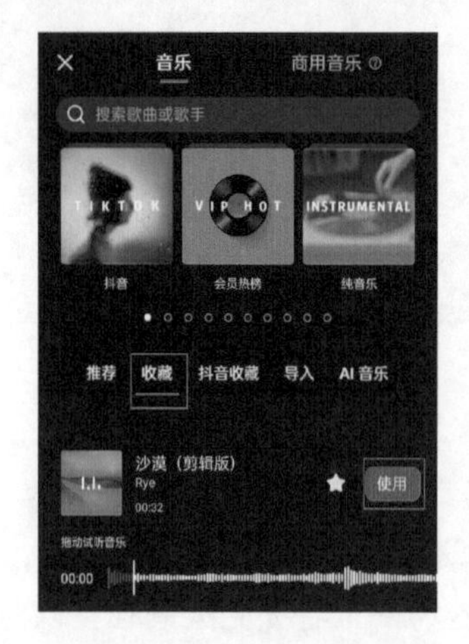

图 3-33 选择音乐素材

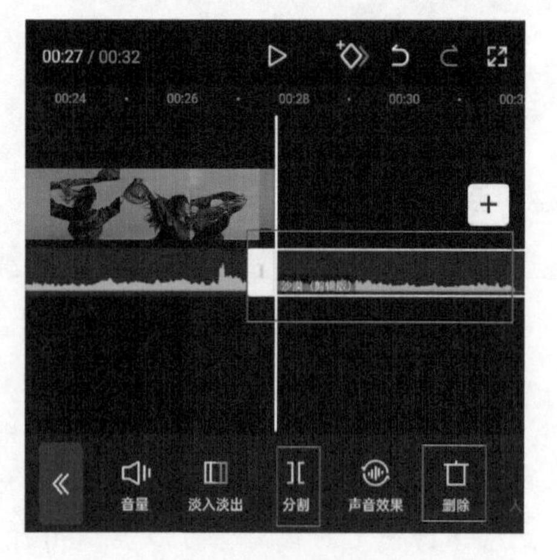

图 3-34 将多余的音乐素材分割并删除

05 为旅拍短片完成配乐后，点击界面右上角的“导出”按钮即可导出视频。效果如图 3-35 和图 3-36 所示。

图 3-35 案例效果展示（1）

图 3-36 案例效果展示（2）

3.1.5 应用案例：为美食短片添加音效

本案例将介绍为美食短片添加音效的方法，主要使用的是“音效”功能，下面介绍具体的操作方法。

01 打开剪映 App，在主界面点击“开始创作”按钮，导入一段关于小龙虾的视频素材至视频编辑界面，然后点击“音频”按钮，如图 3-37 所示。在打开的音频选项栏中点击“音效”按钮，如图 3-38 所示。

02 进入音效功能选择界面后，在文本框中输入并搜索“水煮沸”，点击“水煮沸冒泡声效”右侧的“使用”按钮，如图 3-39 所示。将此音效添加至音效轨道的开头，如图 3-40 所示。

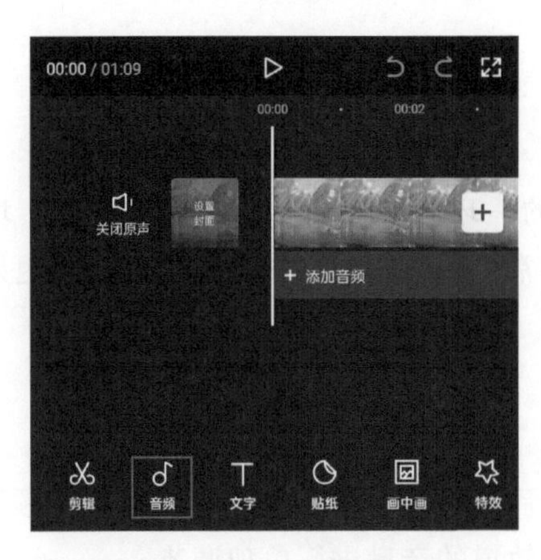

图 3-37　点击“音频”按钮

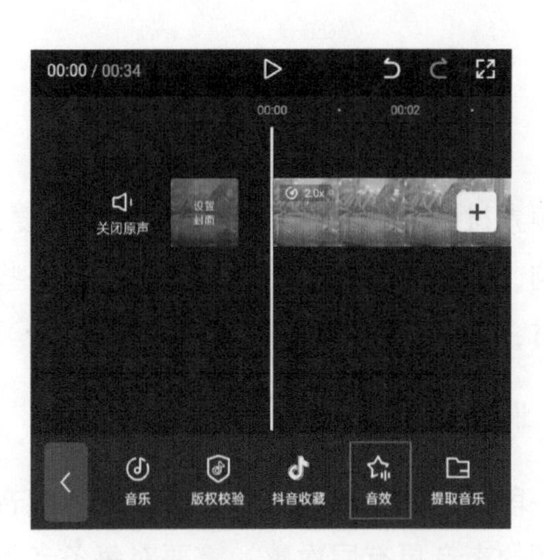

图 3-38　点击“音效”按钮

图 3-39　选择音效素材

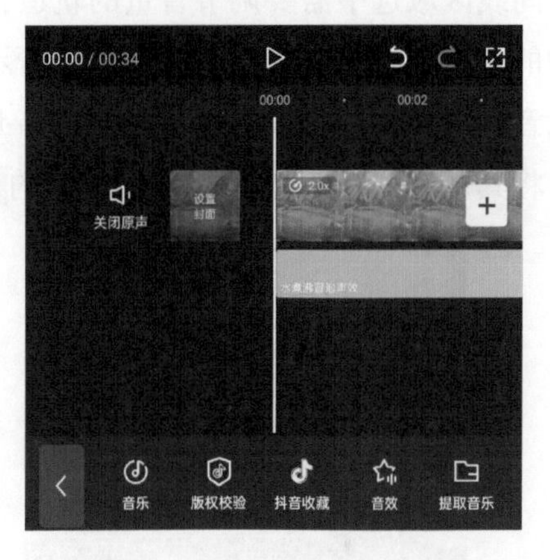

图 3-40　添加音效素材至开头

03 将时间线拖动至视频 2 秒处，再次点击“音效”按钮，搜索“倒水音效”并点击右侧的“使用”按钮，添加倒水音效，如图 3-41 所示。

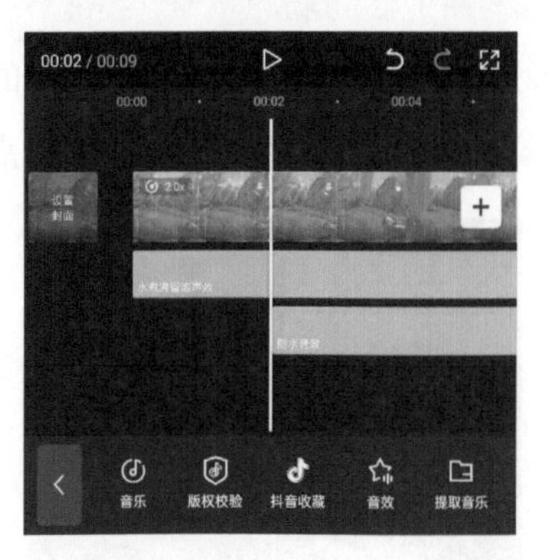

图 3-41　添加另一段音效素材

04 完成上述所有操作后，点击界面右上角的“导出”按钮，即可导出视频。

3.2 音频素材的处理

音频素材的处理是音频制作中至关重要的一环，涉及音频的剪辑、降噪、均衡器调整、混响、压缩等多个方面。本节将介绍一些常见的音频处理技巧，帮助用户更好地处理音频素材，提升音频质量。

3.2.1 调节音频音量

为一段视频添加背景音乐、音效或者配音后，在时间线区域会出现多条音频轨道。为了让视频的声音更有层次感，需要对每条音频轨道的音量进行单独调节。

在时间线区域选中需要调节音量的轨道，此处选择的是背景音乐轨道，然后点击底部工具栏中的“音量”按钮，如图3-42所示。

拖动音量滑块，即可设置所选音频的音量。默认音量为100，此处适当降低背景音乐的音量，将其调整为60，然后点击右下角的按钮保存操作，如图3-43所示。

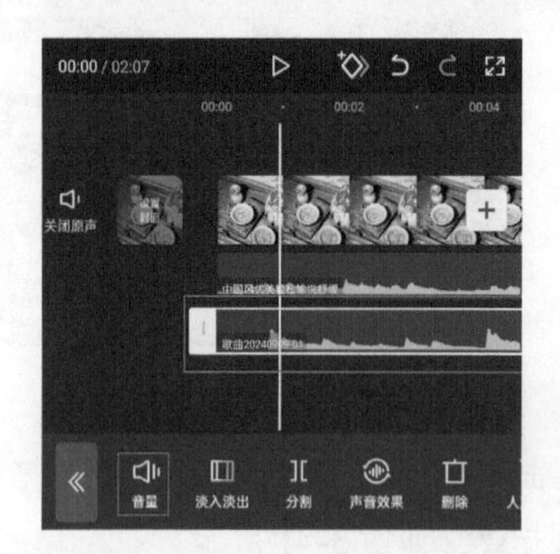

图3-42 点击“音量”按钮

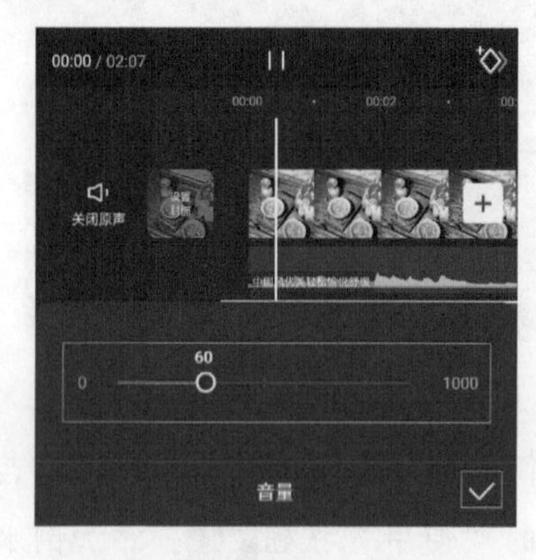

图3-43 调节音乐音量

选中“音效”轨道，点击底部工具栏中的“音量”按钮，如图3-44所示。适当增加“音效”的音量，此处将其调节为260，然后点击右下角的按钮保存操作，如图3-45所示。

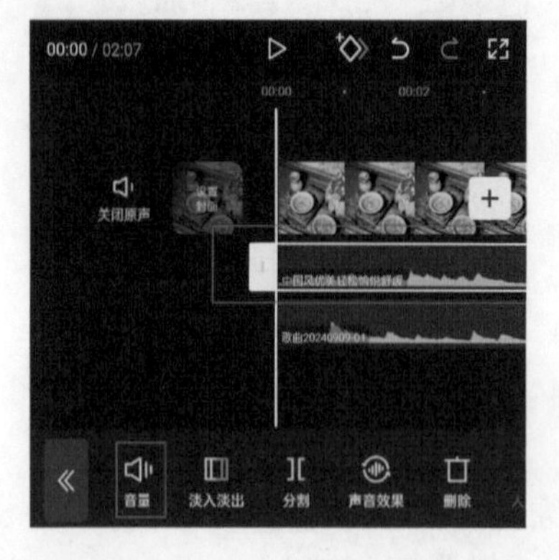

图3-44 点击“音量”按钮

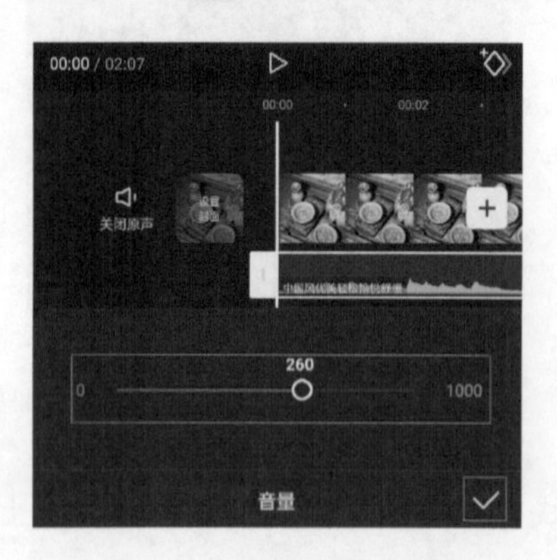

图3-45 调节音效音量

通过此种方法，实现单独调整音轨音量的操作，让声音更加具有层次感。需要强调的是，用户不仅能单独调整每条音频轨道的音量，还能在需要时，通过点击“关闭原声”按钮关闭视频素材的原声，如图 3-46 所示。

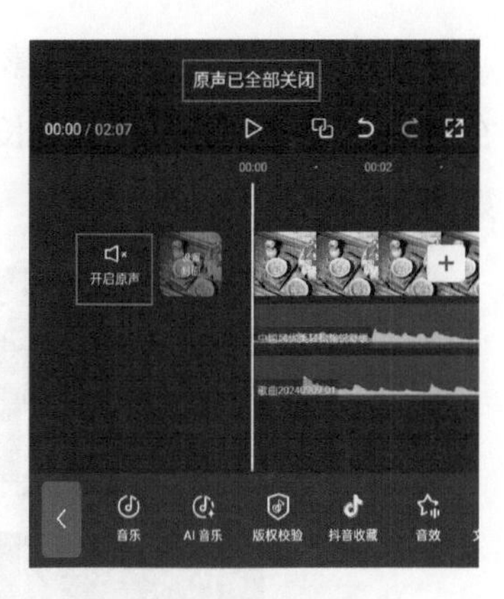

图 3-46 关闭视频原声

3.2.2 音频的淡入淡出

对于一些没有前奏和尾声的音频素材，在其前后添加淡化效果，可以有效降低音乐出入场的突兀感；而在两个衔接音频之间加入淡化效果，则可以令音频之间的过渡更加自然。

在轨道区域选中音频素材，点击底部工具栏中的“淡化”按钮，如图 3-47 所示。在底部浮窗中滑动“淡入时长”滑块，将其调整为 0.6s，点击右下角的按钮保存操作，如图 3-48 所示。

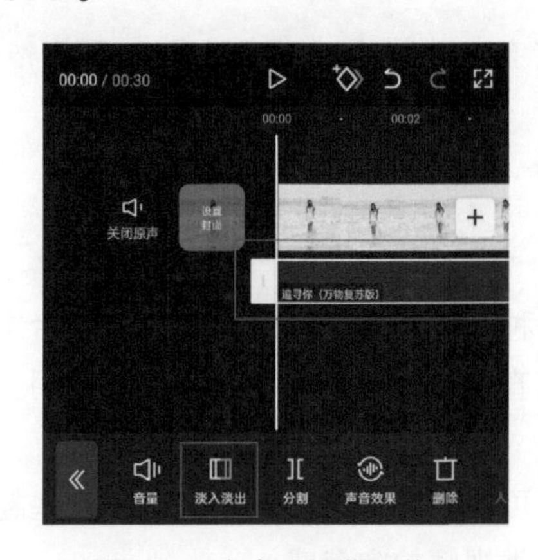

图 3-47 点击“淡化”按钮

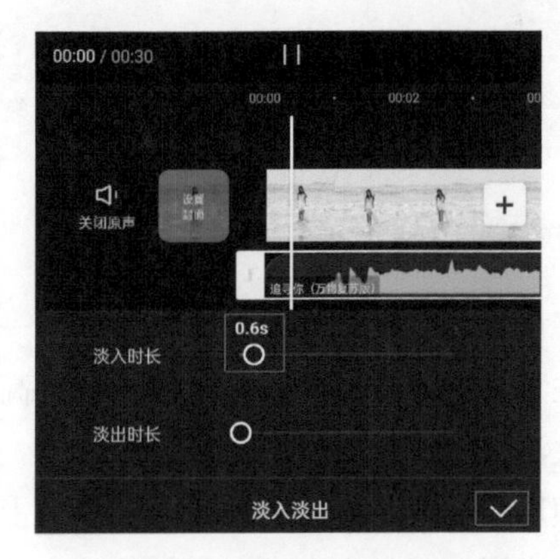

图 3-48 调节音乐淡入时长

将时间轴移动至视频的结尾处，选中音频素材，点击底部工具栏中的“分割”按钮，再点击“删除”按钮，即可将多余部分分割并删除，如图 3-49 和图 3-50 所示。

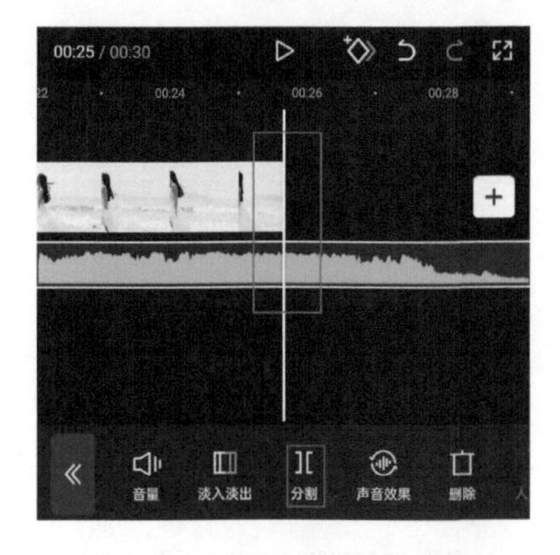

图 3-49 对多余片段进行分割

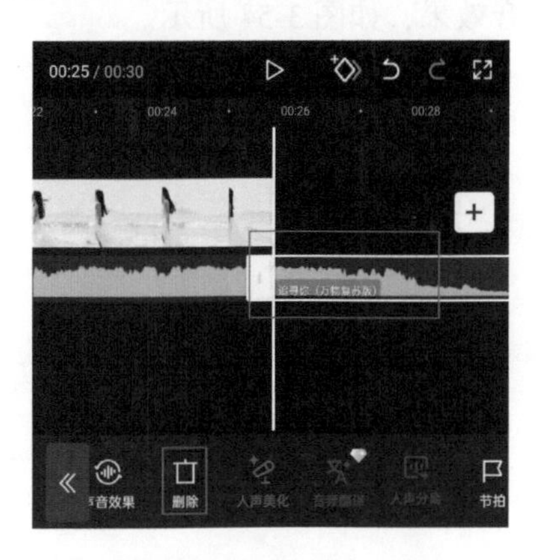

图 3-50 将后续片段删除

在时间线区域选中音频素材，点击底部工具栏中的“淡化”按钮▥，如图 3-51 所示。在底部浮窗中滑动“淡出时长”滑块，将其调整为 0.6s，点击右下角的✓按钮保存操作，如图 3-52 所示。

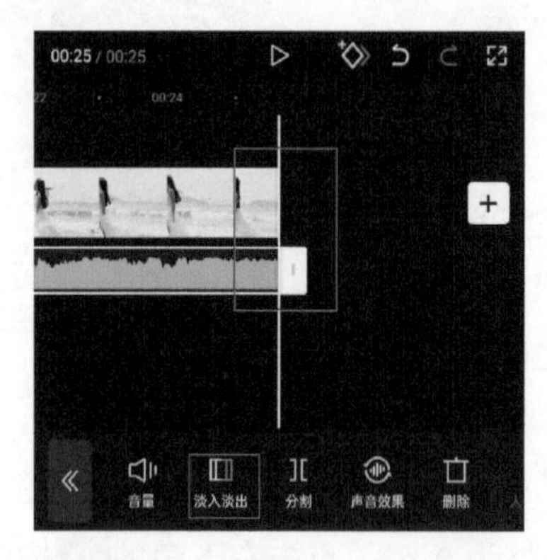

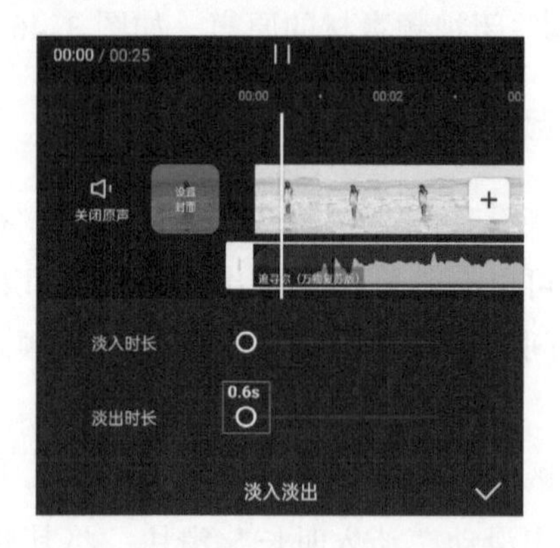

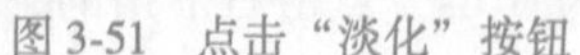
图 3-51 点击“淡化”按钮　　图 3-52 调节音乐淡出时长

提示

淡入是指背景音乐开始响起的时候，声音会缓缓变大；淡出是指背景音乐即将结束的时候，声音会渐渐消失。

3.2.3 音频变声效果

在数字世界的浪潮中，游戏直播已成为一种全新的娱乐形式。无数的平台主播为了抓住观众的注意力各显神通，用尽各种方法提高直播的人气。而变声软件的使用，可以说是主播的一大法宝。

对视频原声进行变声处理，在一定程度上可以强化人物的情绪。对于一些趣味性或恶搞类短视频来说，音频变声可以很好地放大这类视频的幽默感。

使用“录音”功能完成旁白的录制后，在时间线区域选中音频素材，点击底部工具栏中的“声音效果”按钮◉，如图 3-53 所示。在打开的变声选项栏中，用户可以根据实际需求选择声音效果，如图 3-54 所示。

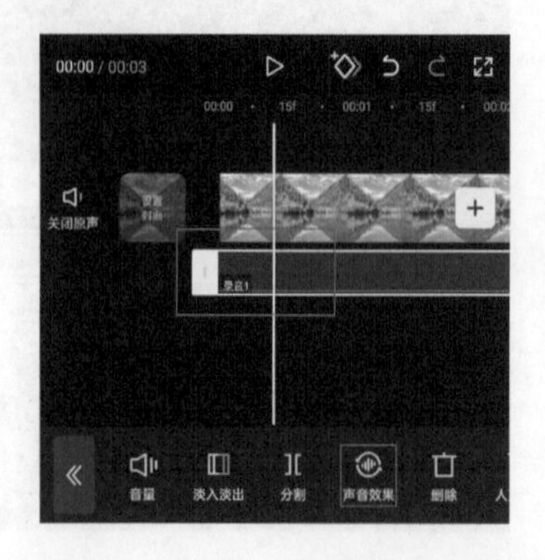

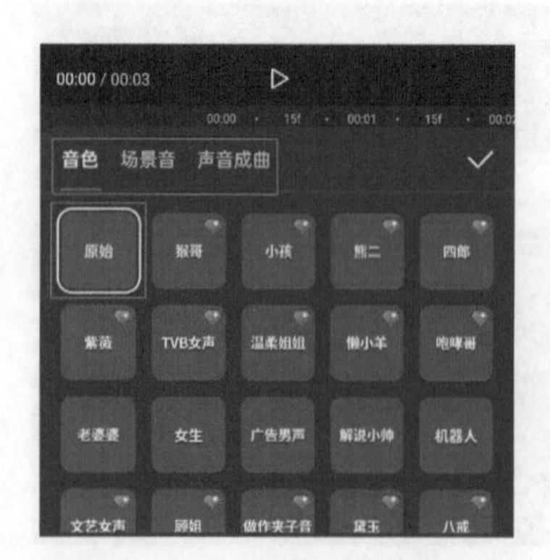

图 3-53 点击“声音效果”按钮　　图 3-54 选择声音效果

在最新版本的剪映 App 中，原来的“变声”按钮更新为了“声音效果”按钮。

3.2.4 应用案例：将人声和音乐调出层次感

本案例将介绍如何调出人声和音乐的层次感，主要使用的是“录音”和“音量”功能。下面介绍具体的操作方法。

01 打开剪映专业版软件，在主界面单击“开始创作”按钮[+]，导入一段“歌唱”视频素材至视频编辑界面，如图 3-55 所示。

02 由于导入的“歌唱”视频素材本身自带声音，所以我们需要单击轨道上方的关闭原声按钮，如图 3-56 所示。

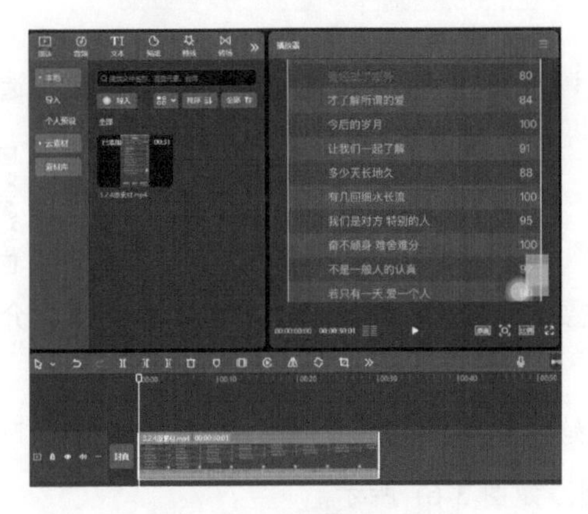

图 3-55 导入视频素材

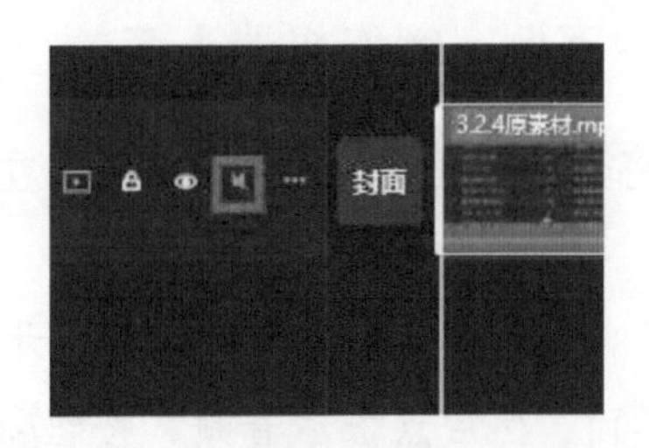

图 3-56 单击关闭原声按钮

03 单击“音频”|“音频提取”按钮，将“歌唱”视频素材中的音频素材提取出来，得到音频素材 1，如图 3-57 所示。

04 将音频素材 1 拖动至轨道并复制，得到音频素材 2 和音频素材 3，分别拖动复制的音频素材，使它们与音频素材 1 对齐，如图 3-58 所示。

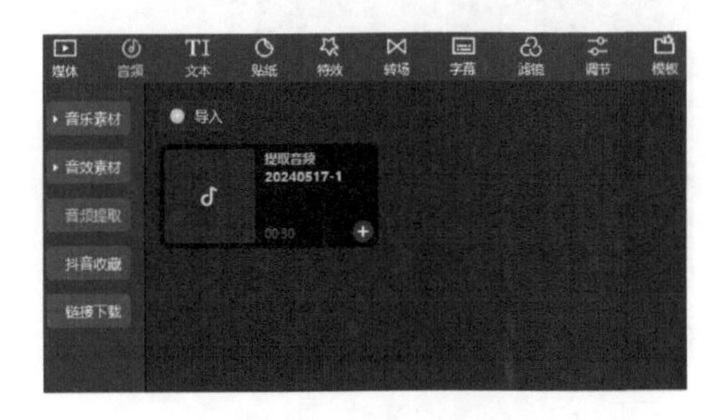

图 3-57 提取音频素材

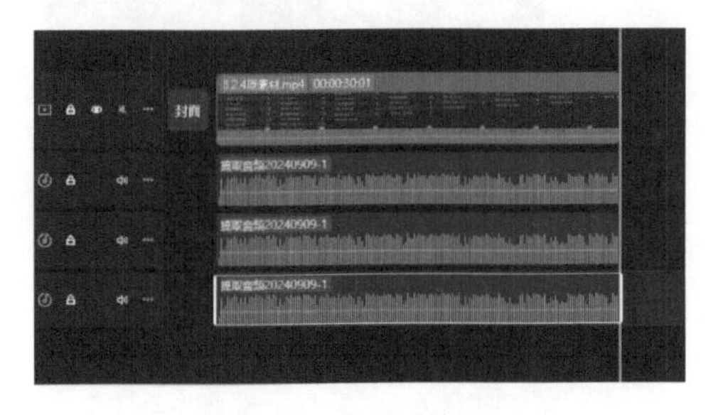

图 3-58 复制音频素材

05 选中音频素材 2，单击工具栏中的“声音效果”|“场景音”|“水下”按钮，并将“深度”数值调整至 15，如图 3-59 所示。

06 选中音频素材3，单击工具栏中的“声音效果”|“场景音”|“麦霸”按钮，并将“强弱”数值调整至30，如图3-60所示。

图3-59 选择“水下”声音效果

图3-60 选择“麦霸”声音效果

07 完成上述操作，即可将人声和音乐调出层次感。用户可以根据需要自行选择人声和背景音乐。

3.2.5 应用案例：制作机器人音效

本案例将介绍如何制作机器人音效，主要使用的是“声音效果”功能。下面介绍具体的操作方法。

01 打开剪映App，在主界面点击“开始创作”按钮[+]，导入一段视频素材至视频编辑界面，然后点击“音频”按钮，如图3-61所示。

02 在打开的音频选项栏中，点击“音效”按钮，如图3-62所示。

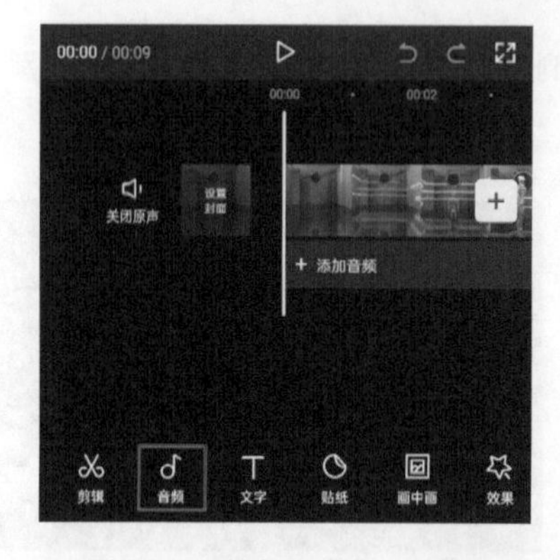

图3-61 点击“音频”按钮

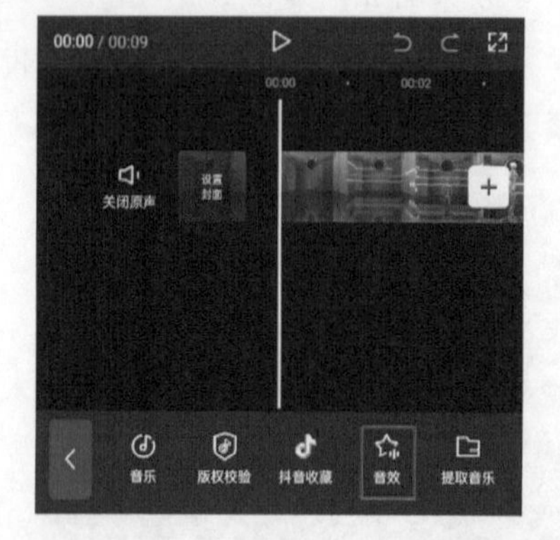

图3-62 点击“音效”按钮

03 进入音效功能选择界面后，在文本框中输入并搜索“机器人启动程序”，点击第一个音效右侧的“使用”按钮，如图3-63所示。将此音效添加至音效轨道的开头，如图 3-64 所示。

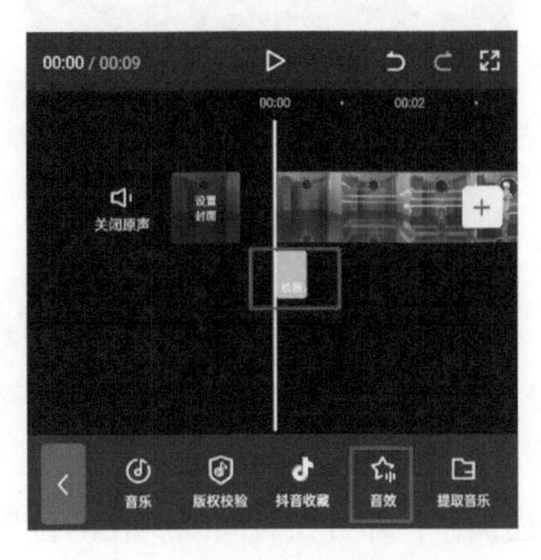

图 3-63　选择音效素材　　图 3-64　添加音效素材

04 重复步骤 03，搜索并添加“机器人出场音效声音”“电子机器人”“机械运转”“科幻按钮音”等音效至轨道中，如图 3-65 所示。效果展示如图 3-66 所示。

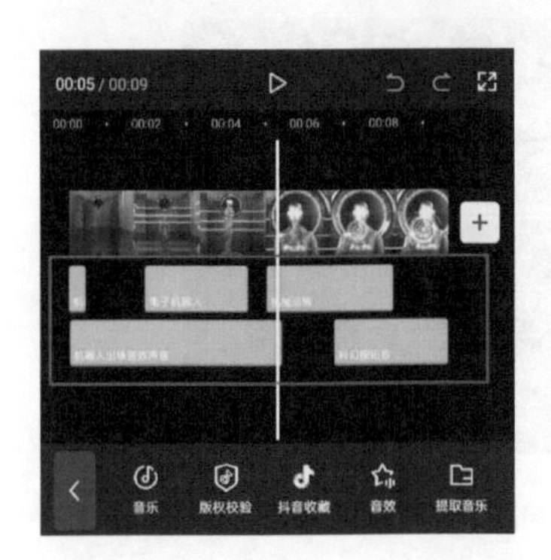

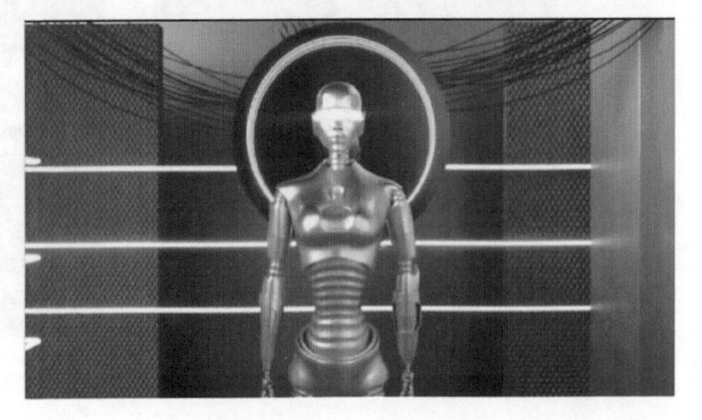

图 3-65　重复添加音效素材　　图 3-66　案例效果展示

完成上述操作，即完成了机器人音效的制作。

3.3 音乐的卡点操作

在视频剪辑中，音乐的卡点操作是一项重要的技巧。通过准确地将音乐节奏与视频动作相匹配，能够营造出更加动感的视频氛围，同时也能提升观众的视听体验。在本节中，我们将深入探讨音乐的卡点操作，帮助用户掌握这一关键技能。

3.3.1 手动踩点

在时间线区域添加音乐素材后，选中音乐素材，点击底部工具栏中的“节拍”按钮，如图 3-67 所示。在打开的踩点选项栏中，将时间轴移动至需要进行标记的时间点，然后点击“添加点”按钮［+ 添加点］，如图 3-68 所示。

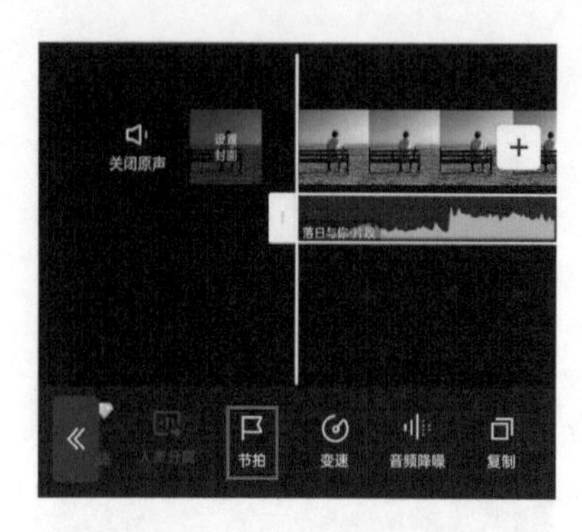

图 3-67　点击“节拍”按钮

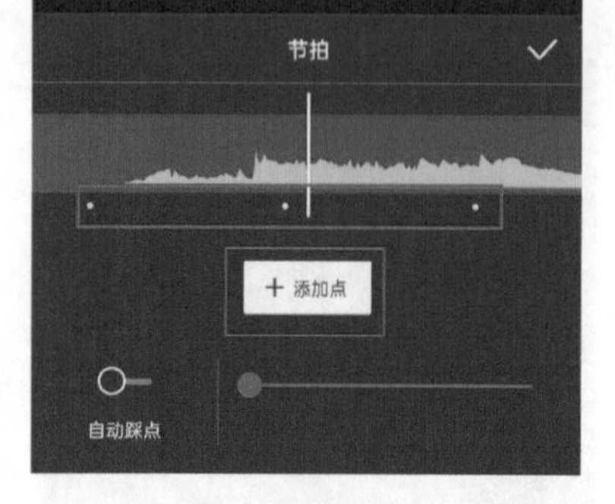

图 3-68　点击“添加点”按钮

完成上述操作，即可在时间线所在的位置添加一个黄色的标记，如图 3-69 所示。如果对添加的标记不满意，点击“删除点”按钮即可将标记删除。

标记添加完成后，点击按钮即可保存操作，此时可以在轨道中看到刚刚添加的标记点，如图 3-70 所示。用户根据标记点的位置可以轻松地对视频进行剪辑，完成卡点视频的制作。

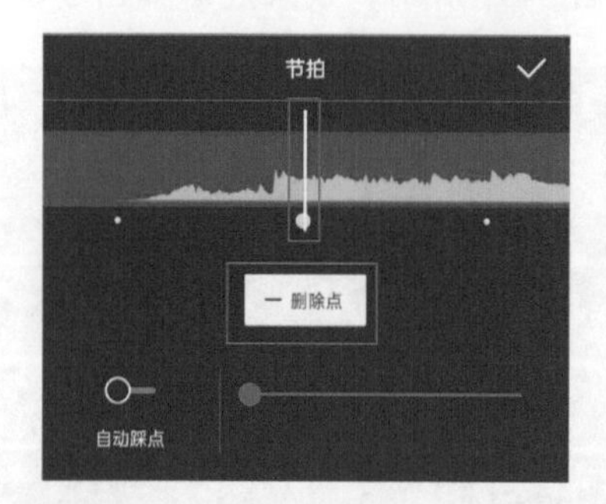

图 3-69　点击“删除点”按钮

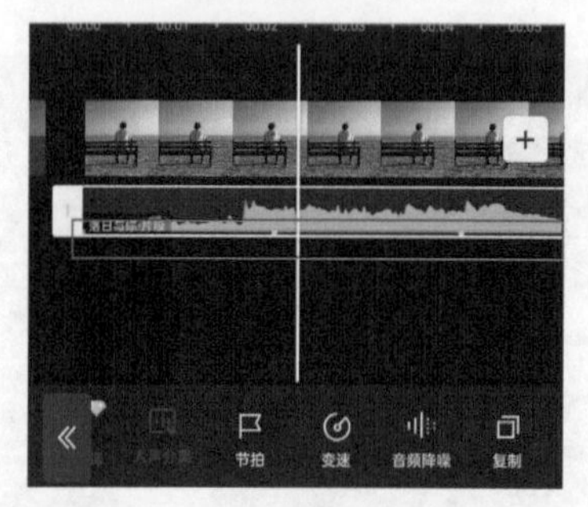

图 3-70　添加节拍点后的音频

3.3.2　自动踩点

在时间线区域添加音乐素材后，选中音乐素材，点击底部工具栏中的“节拍”按钮。在打开的踩点选项栏中，打开“自动踩点”开关，如图 3-71 所示。用户可以根据需求选择节拍的“快”和“慢”，通过调节节拍的快慢可以增加或减少节拍点的数量。这里选择“快”节拍，如图 3-72 所示。

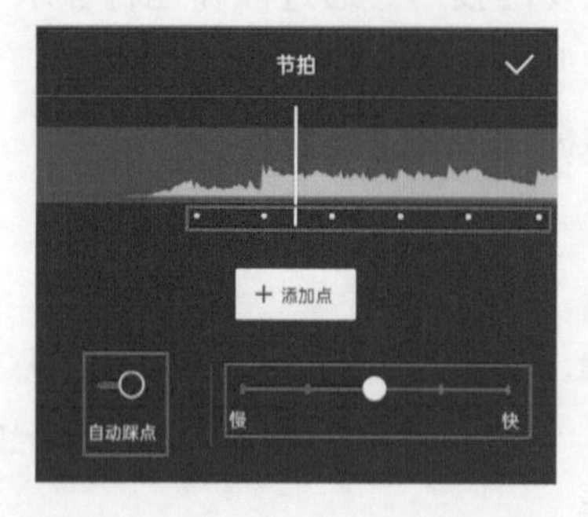

图 3-71　打开“自动踩点”开关

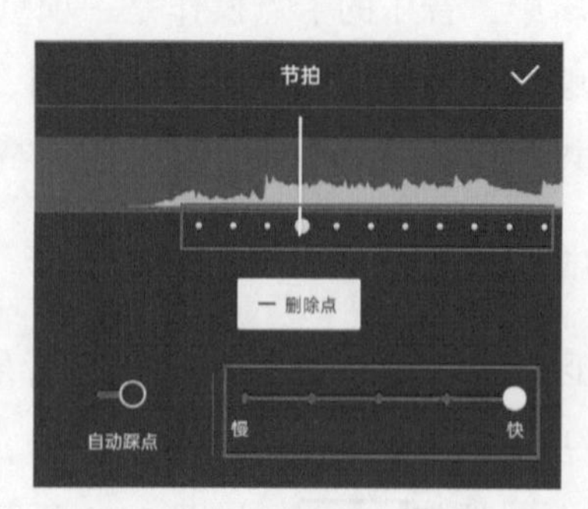

图 3-72　选择“快”节拍

完成操作后点击按钮保存操作，此时音乐素材下方会自动生成黄色的标记点，如图 3-73 所示。

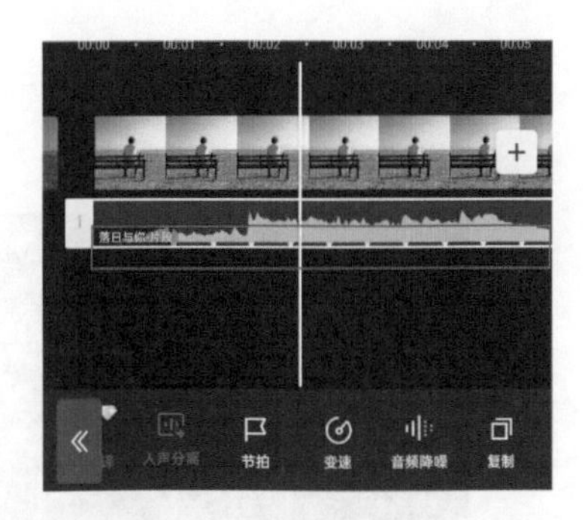

图 3-73　自动生成标记点

提示　自动踩点和手动踩点功能不是必须二选一，可以搭配着使用。

3.3.3　应用案例：制作音乐卡点视频

本案例将介绍如何制作音乐卡点视频，主要使用的是“节拍”和“关键帧”功能。下面介绍具体的操作方法。

01 打开剪映 App，在主界面中点击“开始创作”按钮，进入素材添加界面，依次选择 16 段人物背影的视频素材，点击“添加”按钮，如图 3-74 所示。进入视频编辑界面，点击底部工具栏中的“音频”按钮，如图 3-75 所示。

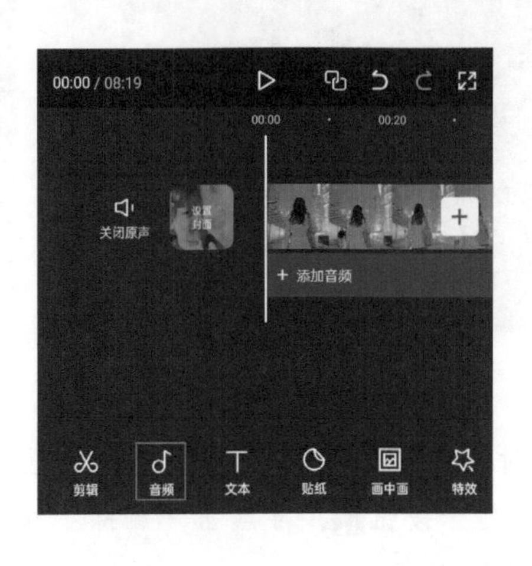

图 3-74　添加视频素材　　图 3-75　点击“音频”按钮

02 打开音频选项栏，点击“抖音收藏”按钮，如图 3-76 所示。选择图 3-77 中的音乐，点击“使用”按钮。

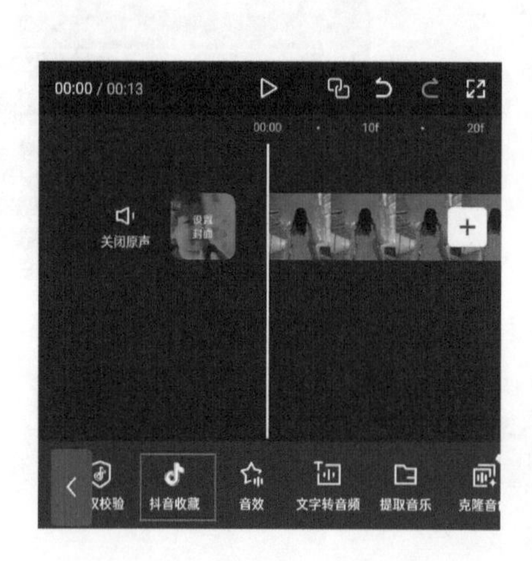

图 3-76　点击“抖音收藏”按钮

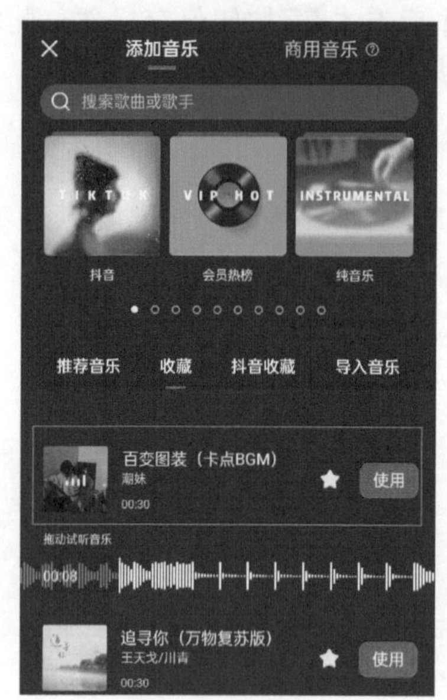

图 3-77　点击“使用”按钮

03 在时间线区域选中音乐素材，点击底部工具栏中的“踩点”按钮，如图 3-78 所示。在底部浮窗中打开“自动卡点”开关，选择“踩节拍Ⅱ”选项，完成后点击右下角的按钮保存操作，如图 3-79 所示。

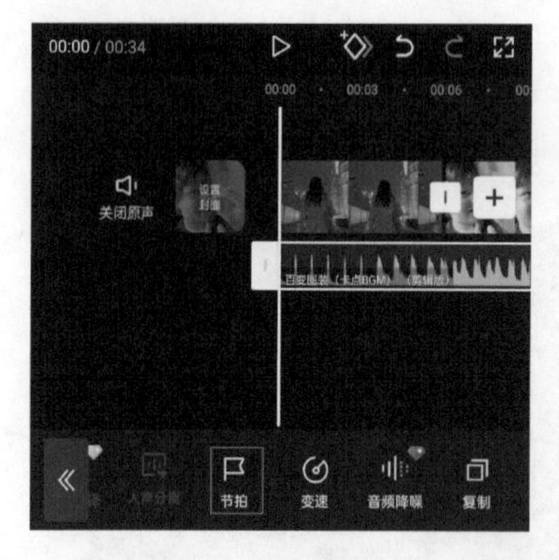

图 3-78　点击“踩点”按钮

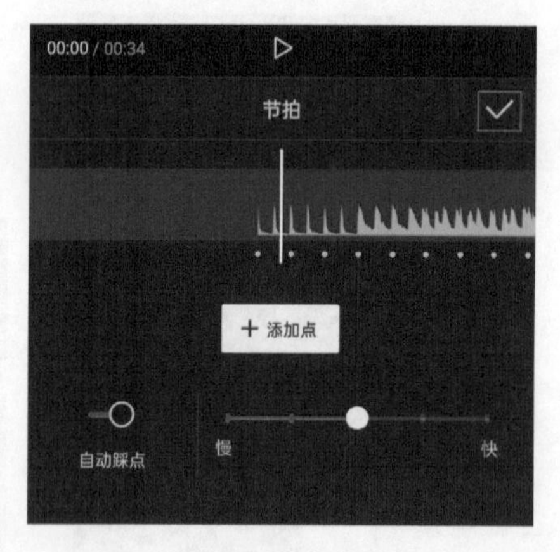

图 3-79　给音频添加节拍点

04 将时间轴移动至第二个节拍点的位置，选中第一段素材，点击底部工具栏中的“分割”按钮，再点击“删除”按钮，将多余的素材删除，如图 3-80 和图 3-81 所示。

05 参照步骤 04 的操作方法，根据音乐素材上的节拍点，对余下的视频素材进行同样的处理。将时间轴移动至视频的起始位置，选中第一段素材，在预览区域中，双指捏合将画面缩小，点击界面中的按钮，添加一个关键帧，如图 3-82 所示。

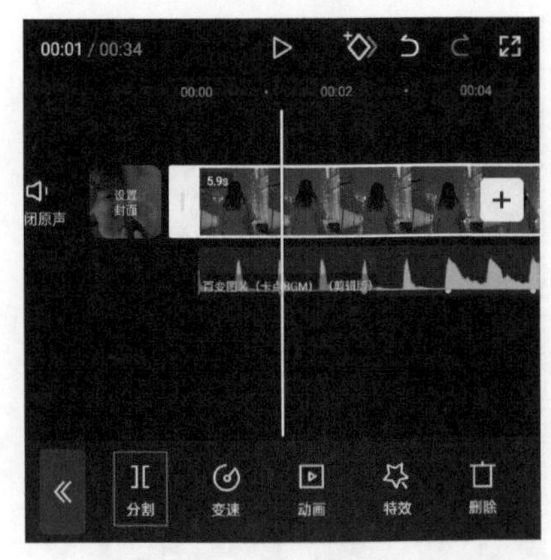

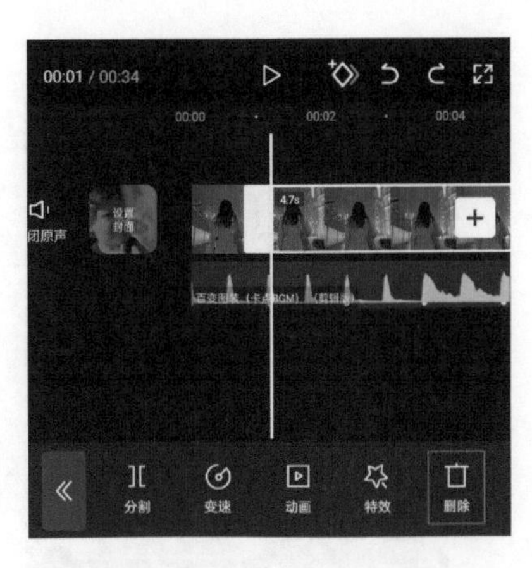

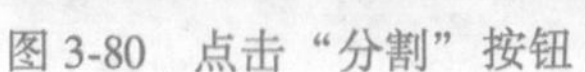
图 3-80 点击“分割”按钮

图 3-81 点击“删除”按钮

06 将时间轴移动至第一段素材的结尾处，在预览区域中，双指张开将画面放大，此时在时间轴所在的位置会自动再添加一个关键帧，如图 3-83 所示。

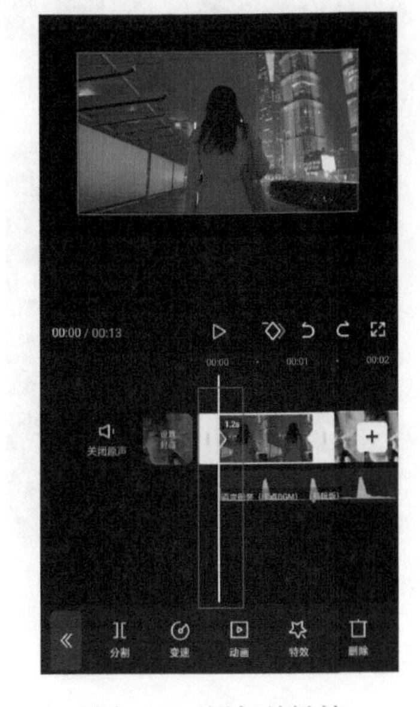

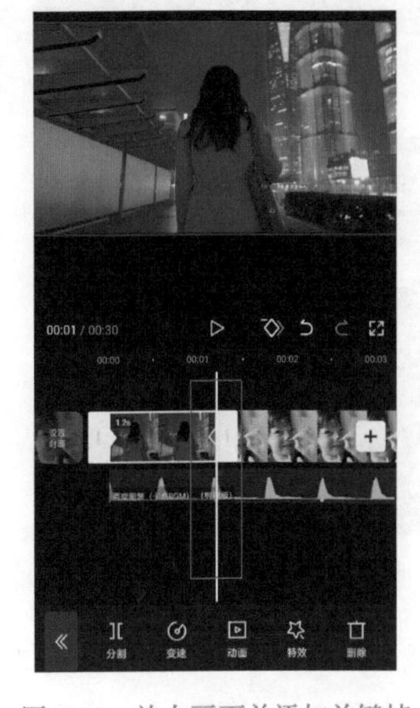

图 3-82 添加关键帧

图 3-83 放大画面并添加关键帧

07 参照步骤 05 和步骤 06 的操作方法，为第二段至第六段素材添加关键帧。将时间轴移动至第七段素材的起始位置，选中素材，点击界面中的按钮，添加一个关键帧，如图 3-84 所示。

08 将时间轴移动至第七段素材的结尾处，在预览区域中，双指捏合将画面缩小，此时时间轴所在的位置会自动再添加一个关键帧，如图 3-85 所示。

09 参照步骤 07 和步骤 08 的操作方法为第七段至第十六段素材添加关键帧。将时间轴移动至视频的结尾处，选中音乐素材，点击底部工具栏中的“分割”按钮，再点击“删除”按钮，将多余的音乐素材删除，如图 3-86 和图 3-87 所示。

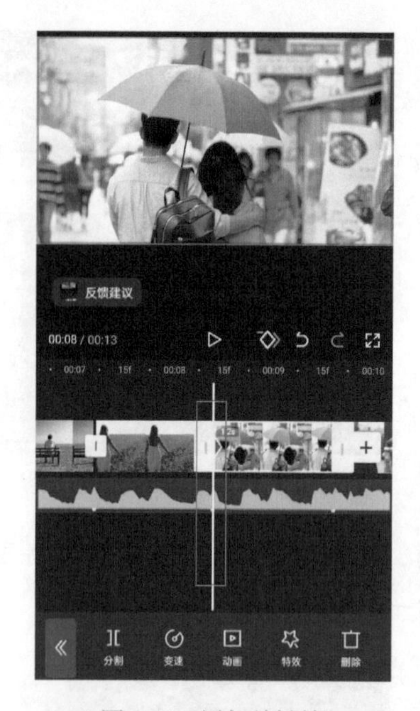

图 3-84　添加关键帧

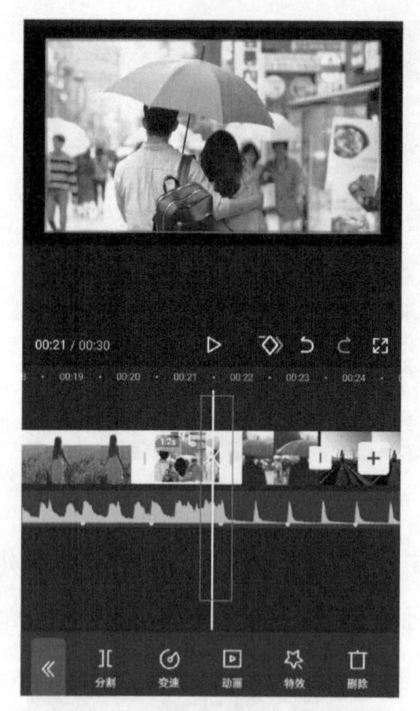

图 3-85　缩小画面并添加关键帧

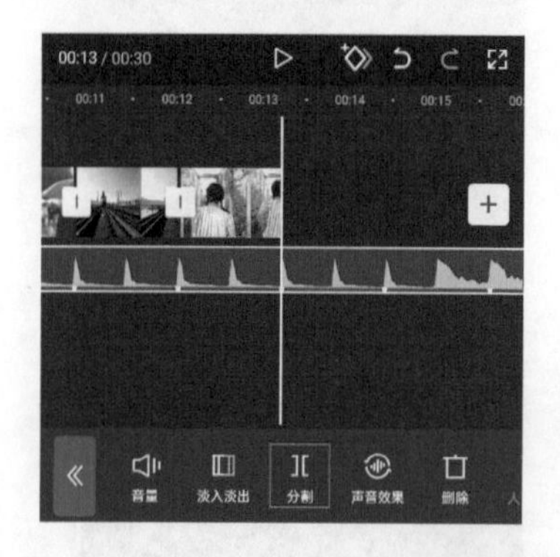

图 3-86　点击“分割”按钮

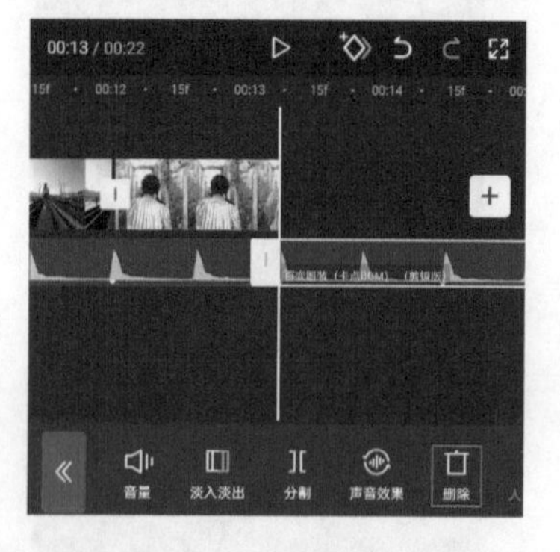

图 3-87　点击“删除”按钮

10 在时间线区域选中片尾，点击底部工具栏中的“删除”按钮，将剪映自带的片尾去除，如图 3-88 和图 3-89 所示。

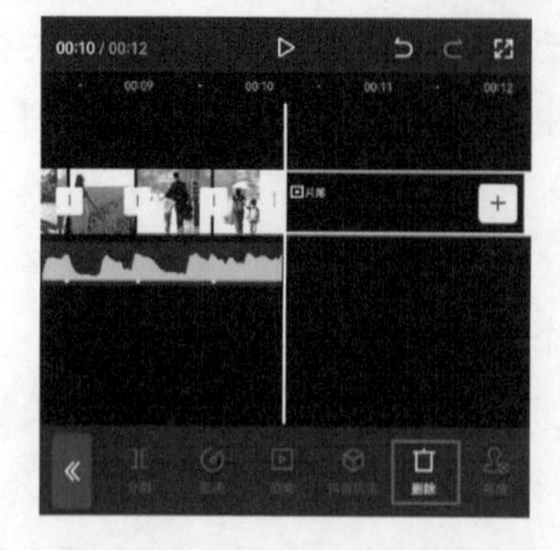

图 3-88　点击“删除”按钮

图 3-89　删除视频片尾

11 完成所有操作后，即可点击界面右上角的“导出”按钮导出，将视频保存至相册，效果如图 3-90 和图 3-91 所示。

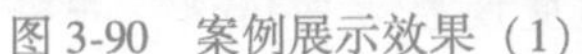

图 3-90　案例展示效果（1）

图 3-91　案例展示效果（2）

3. 4　拓展练习：制作抽帧卡点效果

所谓抽帧，就是将视频中的一部分画面删除。当删除的帧属于原本用来实现推镜或者拉镜效果的画面，就会形成景物突然放大或缩小的效果。而这种效果随着音乐的节拍出现时，就形成了抽帧卡点效果。下面是使用剪映 App 制作抽帧卡点效果的具体操作步骤。

1. 制作要点

01 导入一段音频素材，并使用“自动卡点”功能对其进行卡点。

02 在节拍点处，使用“分割”和“删除”功能对素材进行分割并删除，制作抽帧效果。然后在剩余节拍点处重复进行同样的操作，即可完成抽帧卡点效果。

03 在节拍处适当添加转场效果，使画面整体效果更为炫酷。

2. 最终效果展示

抽帧卡点的最终效果，如图 3-92 和图 3-93 所示。

图 3-92　案例展示效果（1）

图 3-93　案例展示效果（2）

3.5 拓展案例：制作回忆快闪视频

本案例将介绍如何制作回忆快闪视频，主要使用剪映 App 的“混合模式”“画中画”“特效”等功能，下面介绍具体操作。

1. 制作要点

01 上传一段“底图”素材，将剩余视频素材全都添加至“画中画”。

02 对所有画中画视频素材使用“变速”功能，将速度调整至两倍速，并将其时长调整至 1 秒。

03 依次选中所有画中画素材，点击“混合模式”|“叠加”按钮，制作底图素材和画中画素材的叠加效果。

04 使用“蒙版”|“线性蒙版”功能将不需要叠加的部分变实。

2. 最终效果展示

完成所有操作后，点击视频编辑界面右上角的 导出 按钮，将视频导出到手机相册。视频效果如图 3-94 和图 3-95 所示。

图 3-94　案例展示效果（1）

图 3-95　案例展示效果（2）

3.6 拓展案例：为口播视频配音

本案例将介绍如何为口播视频配音，主要使用的是“录音”功能。下面介绍具体的操作方法。

1. 制作要点

01 添加视频素材，点击“音频”|“录音”按钮为视频录音。

02 使用“声音效果”功能，给声音增添特色。

03 也可以通过“文本”|“朗读”为口播视频配音。

2. 最终效果展示

为口播视频配音的最终效果，如图 3-96 至图 3-98 所示。

图 3-96　案例效果展示（1）

图 3-97　案例效果展示（2）

图 3-98　案例效果展示（3）

App篇

第4章 添加并编辑字幕

Chapter 4

字幕作为视频内容的重要组成部分，能够起引导观众、解释内容、突出重点的作用。本章将介绍如何添加和编辑字幕，以增强视频观看体验。

4.1 添加视频字幕

通过剪映App，用户可以便捷地为视频添加字幕，这不仅使视频内容更加易于观众的理解，还能极大地提升观看体验。本节将引导用户逐步掌握使用剪映App添加字幕的实用技巧，确保字幕能够恰到好处地辅助视频内容的呈现。

4.1.1 新建文本

“新建文本”功能允许用户在剪映的编辑界面上快速创建新的文本层，并在该文本层上输入、编辑和格式化文字内容，下面是具体介绍。

创建剪辑项目后，在未选中素材的状态下，点击底部工具栏中的“文本”按钮，在打开的文字选项栏中，点击“新建文本”按钮，如图4-1和图4-2所示。

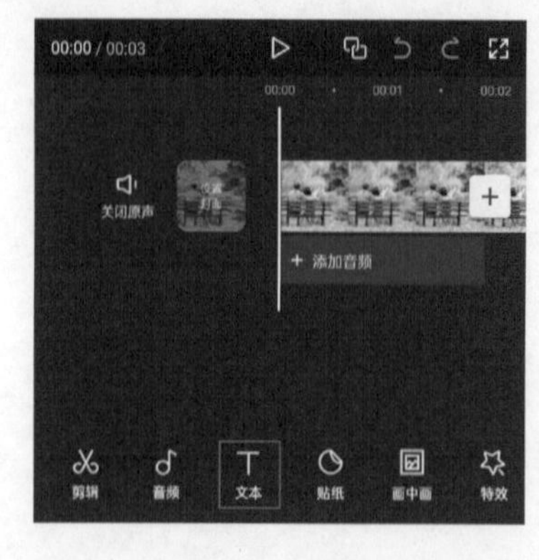

图4-1　点击“文本”按钮

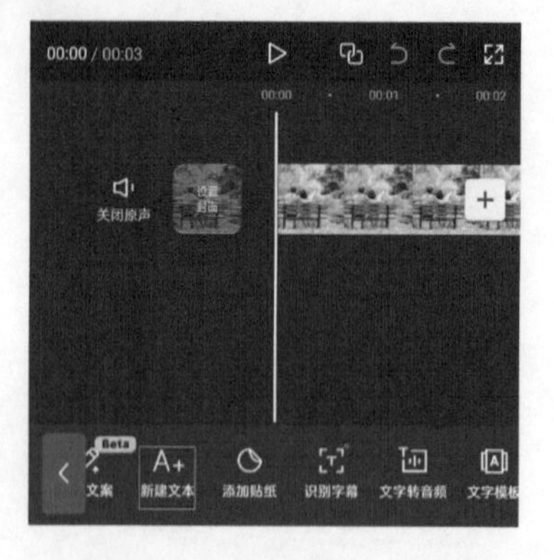

图4-2　点击“新建文本”按钮

此时界面底部弹出键盘，用户可以根据实际需求输入文字，文字将同步显示在预览区域，如图 4-3 所示。完成操作后点击按钮，即可在时间线区域生成文字素材，如图 4-4 所示。

图 4-3　输入所需文字

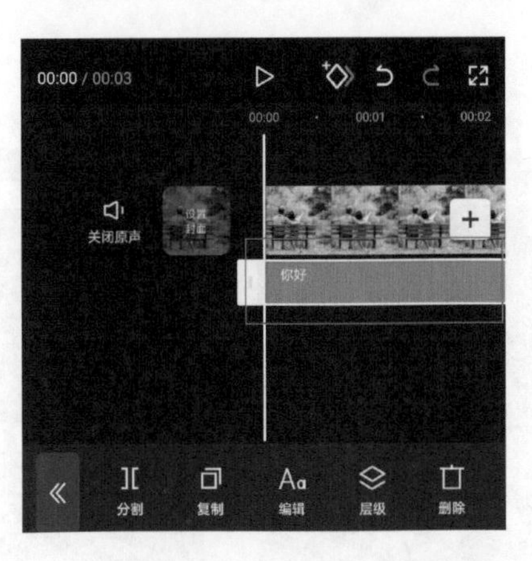

图 4-4　在时间线区域生成文字素材

4. 1. 2　涂鸦笔

涂鸦笔即手绘笔，用于在视频上添加各种图案、线条、文字等。通过使用涂鸦笔，用户可以将自己的创意和想法直接呈现在视频中，使视频内容更加丰富和个性化。

创建剪辑项目后，在未选中素材的状态下，点击底部工具栏中的“文本”按钮，在打开的文字选项栏中，点击“涂鸦笔”按钮，如图 4-5 和图 4-6 所示。

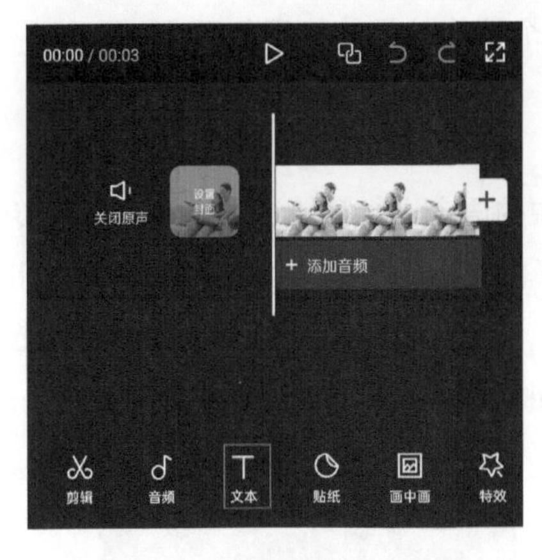

图 4-5　点击“文本”按钮

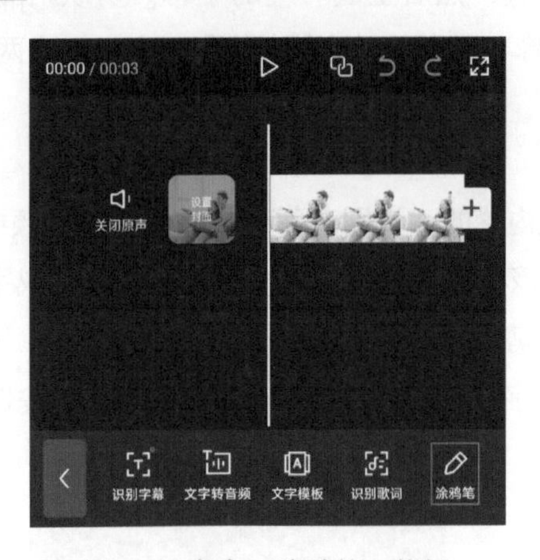

图 4-6　点击“涂鸦笔”按钮

随后弹出涂鸦笔功能界面，用户可以根据实际需求设置书写文字的“颜色”“大小”“硬度”“不透明度”“连贯度”等，书写的内容将同步显示在预览区域。用基础笔选择文字颜色为“红色”，应用其他默认基础值，写出的“你好”字体效果如图 4-7 所示。

再点击“素材笔”按钮，进入素材笔功能界面，选择素材笔中的“星星”效果，如图 4-8 所示。完成操作后点击按钮，即可在时间线区域生成涂鸦笔素材，如图 4-9 所示。

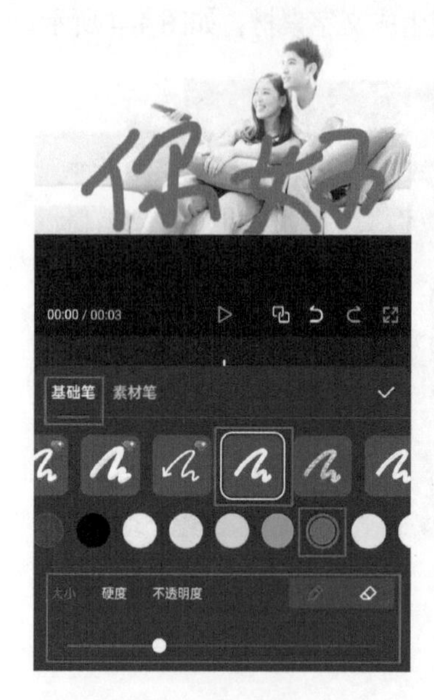

图 4-7　字体效果

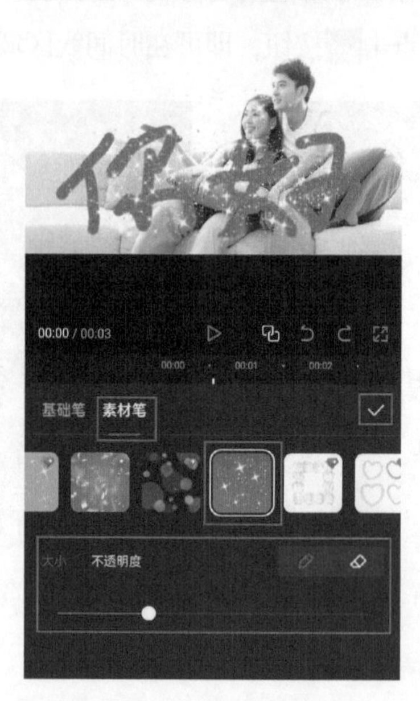

图 4-8　增添字体效果

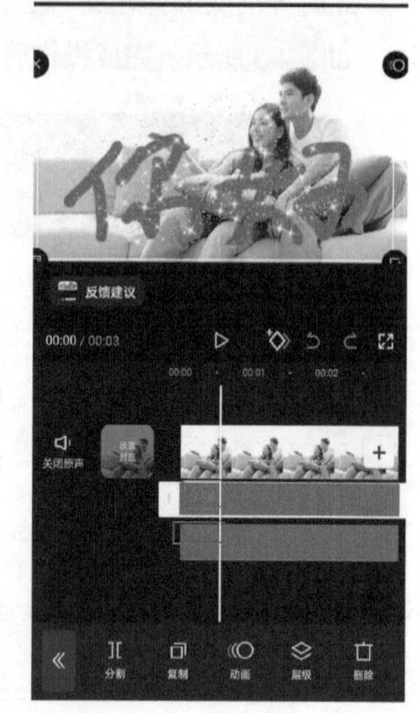

图 4-9　生成涂鸦笔素材

4.1.3 “识别”功能

剪映的识别功能即自动识别字幕功能，可以自动分析视频中的音频内容，并将其转化为文字形式，然后生成对应的字幕。剪映 App 为用户提供了两种非常方便的识别功能，为“识别字幕”功能和“识别歌词”功能。这两个功能的具体作用如下。

1. 识别字幕

剪映内置的“识别字幕”功能可以对视频中的语言进行智能识别，然后自动转化为字幕。通过使用该功能，用户可以快速且轻松地完成字幕的添加工作，达到节省工作时间的目的。

创建剪辑项目后，在未选中素材的状态下，点击底部工具栏中的“文本”按钮，在打开的文字选项栏中，点击“识别字幕”按钮，如图 4-10 和图 4-11 所示。

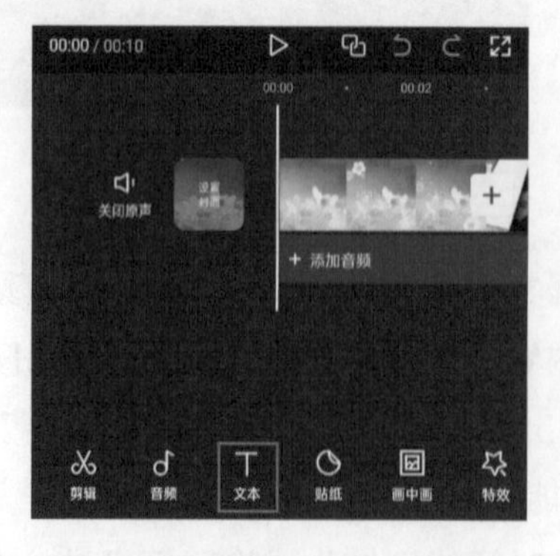

图 4-10　点击“文本”按钮

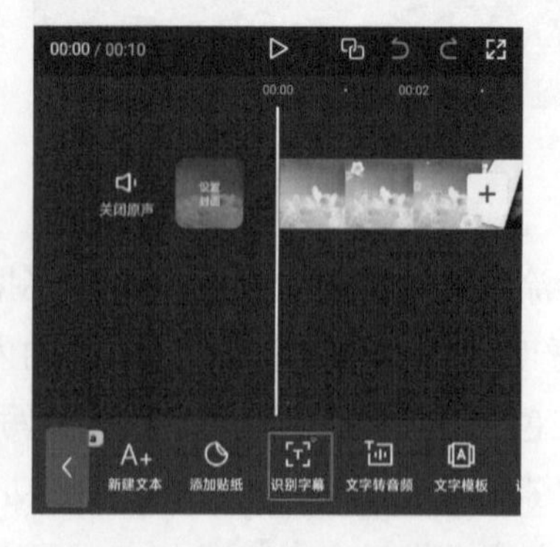

图 4-11　点击“识别字幕”按钮

在底部浮窗中点击“开始识别”按钮，如图 4-12 所示。等待片刻，识别完成后，将在时间线区域自动生成文字素材并添加至文字轨道中，如图 4-13 所示。

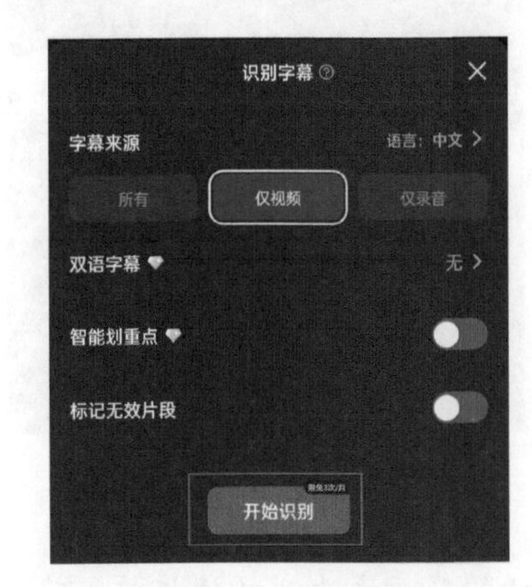

图 4-12 点击“开始识别”按钮

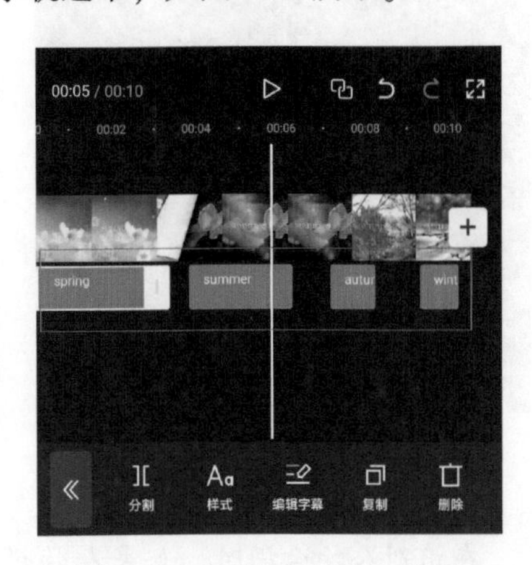

图 4-13 自动生成文字素材

2. 识别歌词

在剪辑项目中添加背景音乐后，通过“识别歌词”功能，可以对音乐的歌词进行自动识别，并生成相应的文字素材。这对于一些想要制作音乐 MV、卡拉 OK 视频效果的用户来说，是一项省时省力的功能。

在剪辑项目中添加视频后，在未选中素材的状态下，点击底部工具栏中的“文本”按钮，如图 4-14 所示。在打开的文字选项栏中，点击“识别歌词”按钮，如图 4-15 所示。

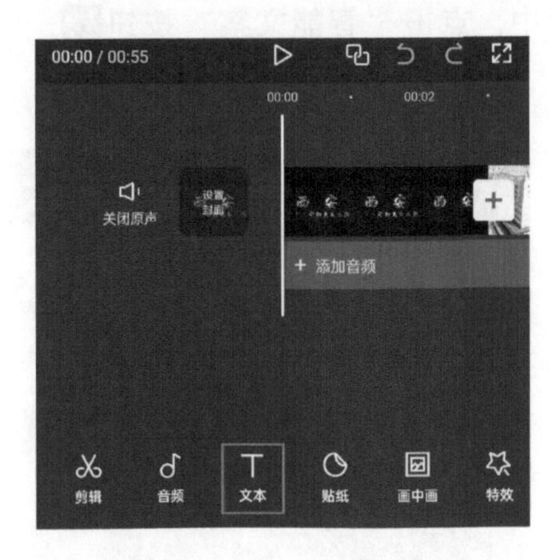

图 4-14 点击“文本”按钮

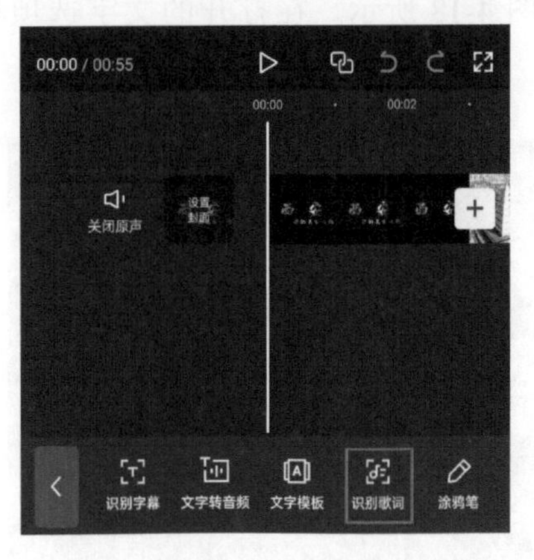

图 4-15 点击“识别歌词”按钮

在底部浮窗中点击“开始匹配”按钮，如图 4-16 所示。等待片刻，识别完成后，将在时间线区域自动生成多段文字素材，并且生成的文字素材将自动匹配相应的时间点，如图 4-17 所示。

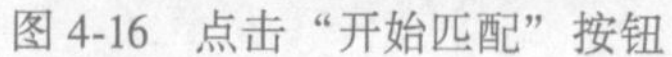
图 4-16 点击“开始匹配”按钮

图 4-17 自动生成多段文字素材

在识别人物台词时，如果人物说话的声音太小或语速过快，就会影响字幕自动识别的准确性。此外，在识别歌词时，受演唱时的发音影响，也容易造成字幕的出错。因此我们在完成字幕和歌词的自动识别工作后，一定要检查一遍，及时对错误的文字内容进行修改。

4.1.4 智能文案

“智能文案”功能可以根据用户的需求，自动生成文案并添加至视频轨道中，下面介绍操作方法。

在剪辑项目中添加视频后，在未选中素材的状态下，点击底部工具栏中的“文本”按钮T，如图 4-18 所示。在打开的文字选项栏中，点击“智能文案”按钮，如图 4-19 所示。

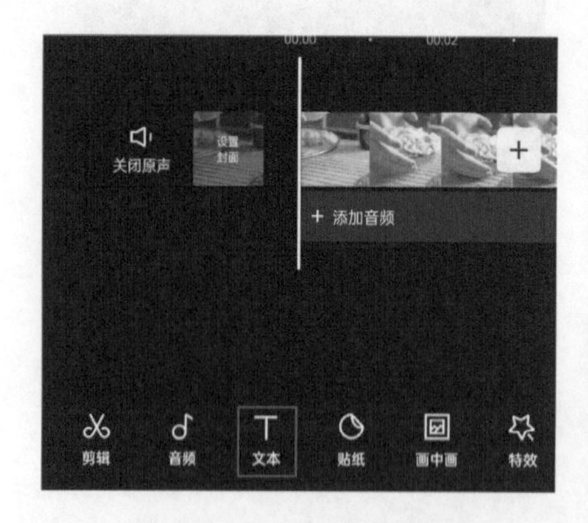

图 4-18 点击“文本”按钮

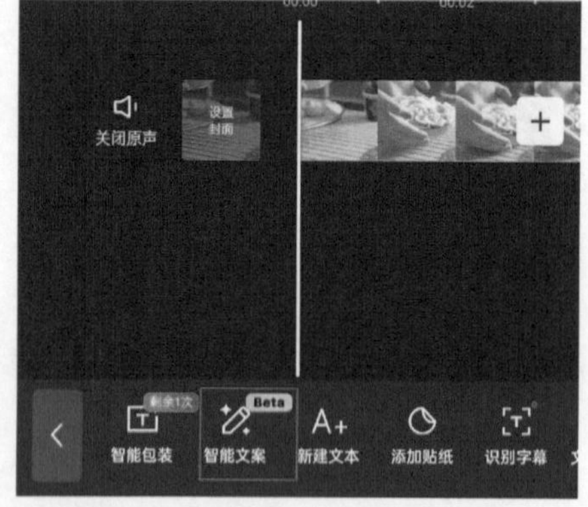

图 4-19 点击“智能文案”按钮

在弹出的底部浮窗中的文本框中输入“过年”，然后点击下一步按钮，如图 4-20 所示。智能文案功能就会根据用户提供的关键词自动生成文案，用户可以进行查看并修改，确认无误后，再点击“确认”按钮，如图 4-21 所示。

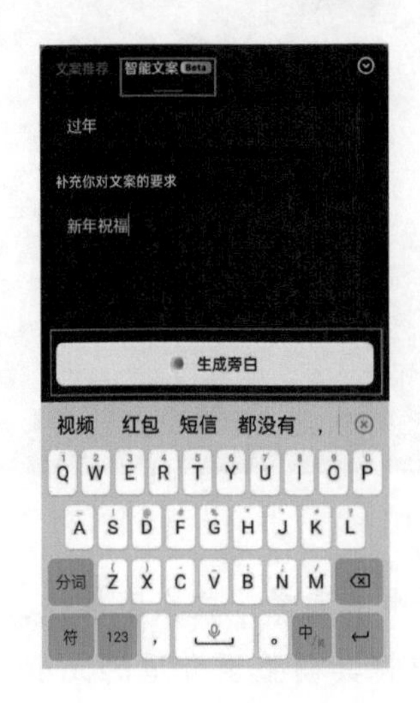

图 4-20　输入所需文字　　　　图 4-21　点击“确认”按钮

在弹出的文本添加选项功能界面，点击“添加至轨道”按钮，如图 4-22 所示。智能添加文案后的效果如图 4-23 所示。

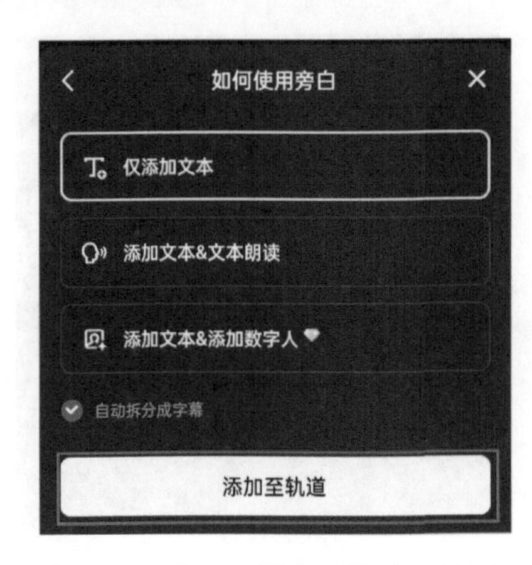

图 4-22　点击“添加至轨道”按钮　　图 4-23　智能添加文案的效果展示

4.1.5　应用案例：使用模板制作开场字幕

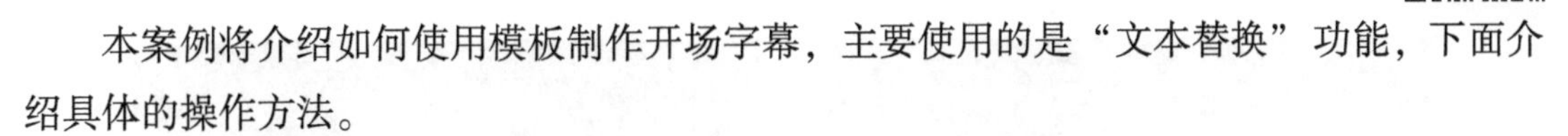

本案例将介绍如何使用模板制作开场字幕，主要使用的是“文本替换”功能，下面介绍具体的操作方法。

01 打开剪映 App，在主界面中点击“开始创作”按钮，进入素材添加界面，将素材添加至剪辑项目。进入视频编辑界面，点击底部工具栏中的“文本”按钮，如图 4-24 所示。

02 进入文字功能界面后，点击“文字模板”按钮，如图 4-25 所示。

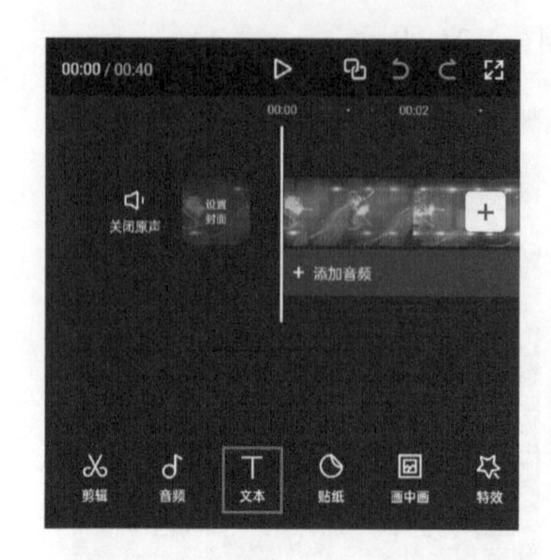

图 4-24 点击“文本”按钮

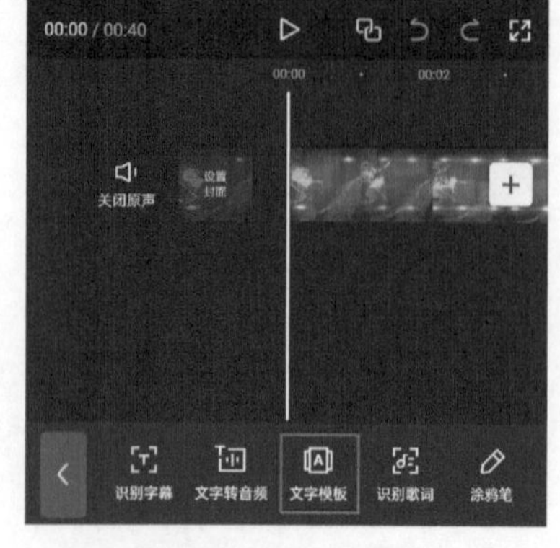

图 4-25 点击“文字模版”按钮

03 打开文字模板选项栏，在“热门”中下滑，选择一款文字模板，并在输入框中输入“新闻 24 小时”，然后在视频画面中将其调整至合适的大小，完成后点击按钮保存操作，如图 4-26 所示。

04 将文字模板素材拉至与主视频同等长度，如图 4-27 所示。

图 4-26 选择文字模版

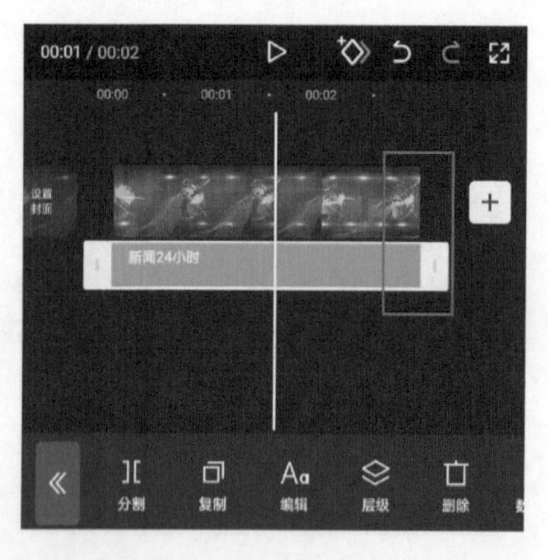

图 4-27 调整模版素材

05 完成上述所有操作后，为视频选择一段合适的背景音乐，即可点击界面右上角的“导出”按钮，将视频保存至相册，效果如图 4-28 和图 4-29 所示。

图 4-28 案例效果展示（1）

图 4-29 案例效果展示（2）

4.1.6 应用案例：制作音乐 MV

本案例将介绍如何制作音乐 MV，主要使用的是“文本”“变速”“剪辑”功能，下面介绍具体的操作方法。

01 打开剪映 App，在主界面点击“开始创作”按钮+，选取一段视频素材，然后点击“添加”按钮 添加(4)，将视频素材添加至剪辑项目中后，点击“音频”按钮，为视频添加背景音乐，如图 4-30 和图 4-31 所示。

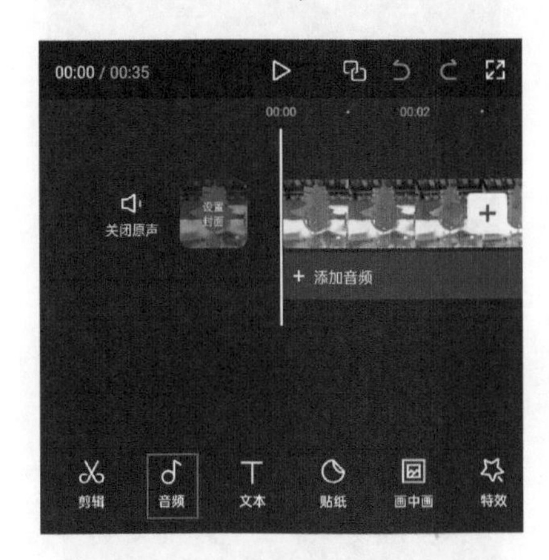

图 4-30　点击“音频”按钮

图 4-31　选择并添加背景音乐

02 将音乐素材的左端后移至视频素材的 4 秒处，点击底部工具栏中的“文本”按钮，进入文字功能界面后，点击“识别歌词”按钮，如图 4-32 和图 4-33 所示。

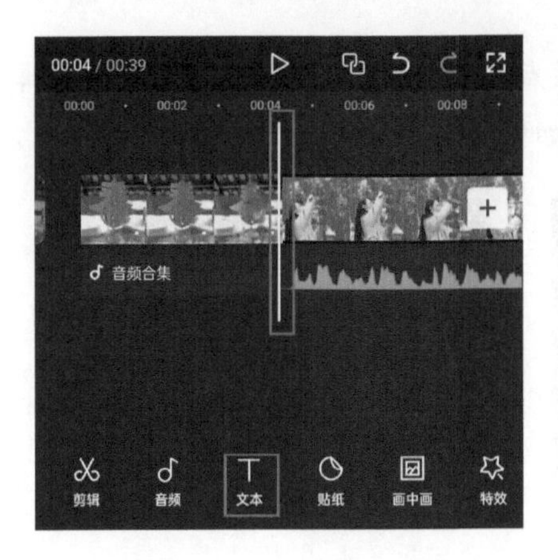

图 4-32　点击“文本”按钮

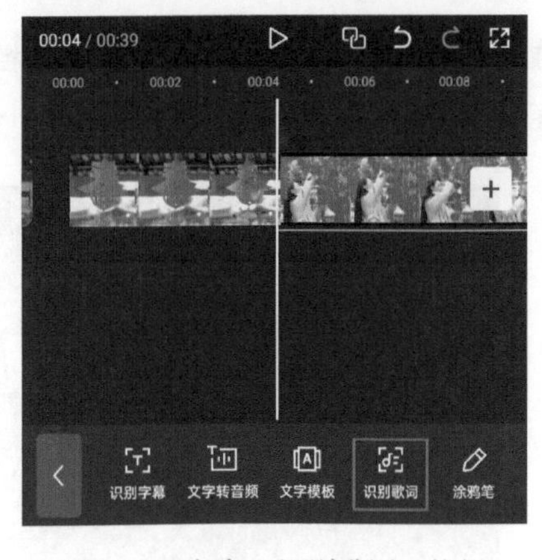

图 4-33　点击“识别歌词”按钮

03 歌词识别完成后，返回文字功能界面，将时间轴拉至最前端，再点击“新建文本”按钮A+，如图 4-34 所示。为音乐 MV 添加开场字幕，如图 4-35 所示。

04 点击视频中新添加的“新年好”文本，点击“文字模板”按钮，下滑并选择“平安喜乐”文字模板。随后点击视频中新添加的“演唱：小蓓蕾组合”文本，下滑并选择“可爱简单”文字模板，然后点击✓按钮保存设置，如图 4-36 和图 4-37 所示。

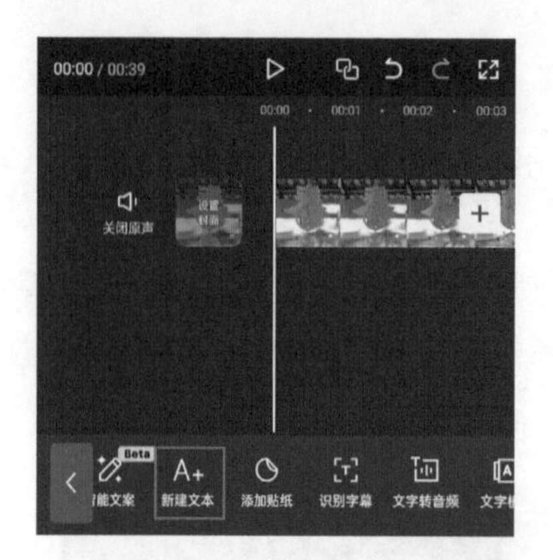

图 4-34 点击“新建文本”按钮

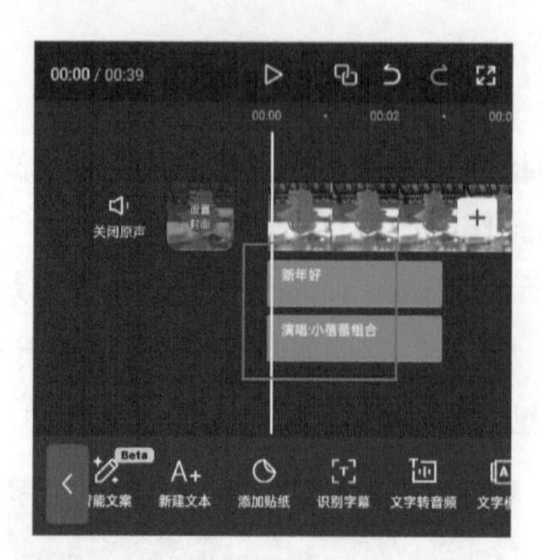

图 4-35 添加开场字幕

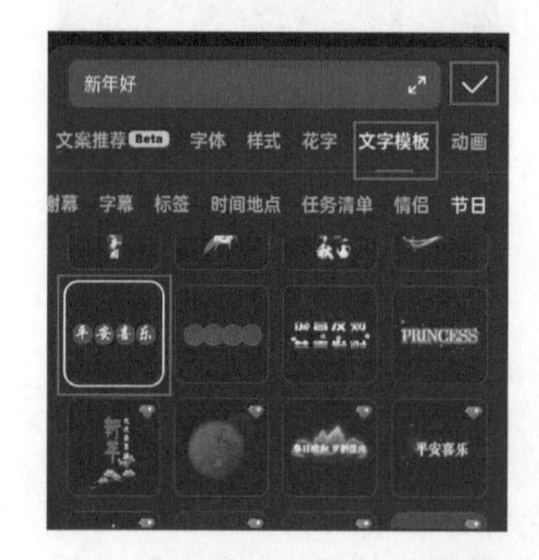

图 4-36 添加“平安喜乐”文字模版

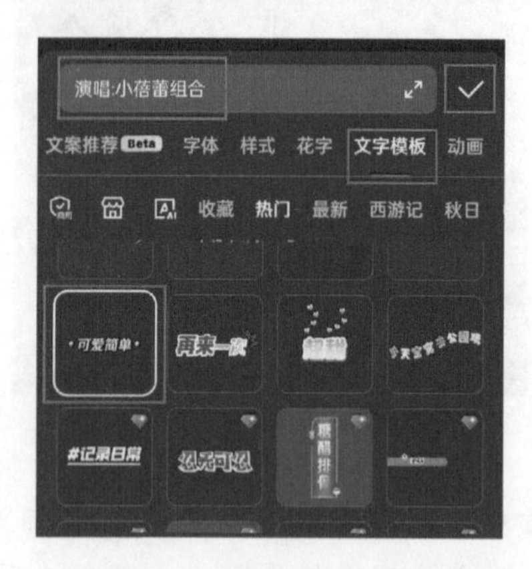

图 4-37 添加“可爱简单”文字模版

05 在选中歌词的前提下，在底部工具栏点击“批量编辑”按钮 批量编辑歌词，如图 4-38 所示。点击“选择”按钮，如图 4-39 所示。

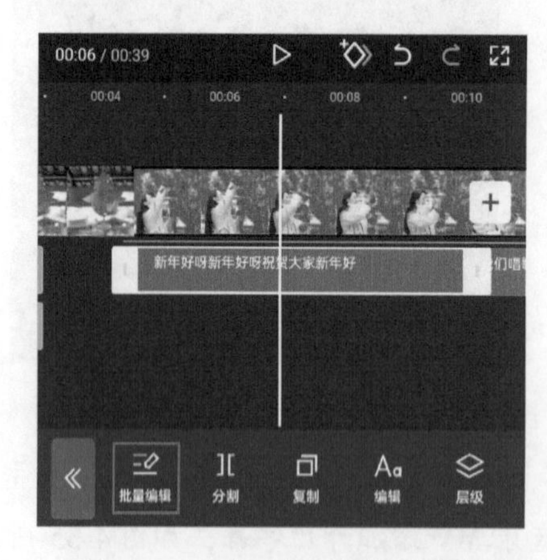

图 4-38 点击“批量编辑”按钮

图 4-39 点击“选择”按钮

06 在随后打开的功能界面，点击“全选”按钮，再点击亮起来的“编辑样式”按钮 ，选择“样式”为粉色立体，如图 4-40 和图 4-41 所示。

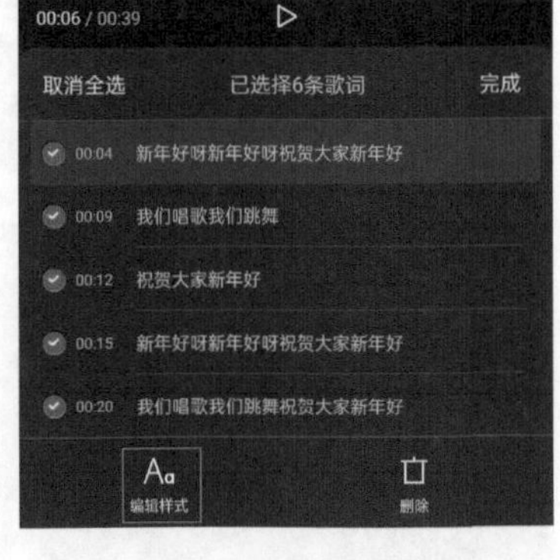

图 4-40 点击“全选”按钮

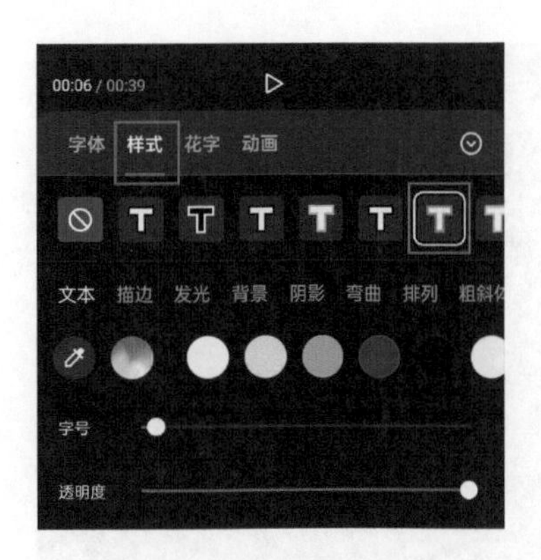

图 4-41 选择文字样式

07 完成上述所有操作步骤后，即可点击界面右上角的“导出”按钮导出，将视频保存至相册，效果如图 4-42 和图 4-43 所示。

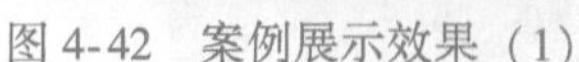

图 4-42 案例展示效果（1）

图 4-43 案例展示效果（2）

提示 本案例因篇幅限制，只讲述了常见的制作音乐 MV 的教程，用户可以根据需要自行为制作的音乐 MV 添加更多如“花字”“边框”等效果。

4.2 编辑视频字幕

编辑视频字幕是剪辑视频中一个不可或缺的步骤。在本节中，用户将深入了解如何为视频添加、编辑和美化字幕，以增强视频的视觉效果和信息传递能力。无论是为家庭视频、旅游 Vlog 还是专业影片添加字幕，本节都提供了详尽的指导和实用的技巧。

4.2.1 “文字编辑”功能

剪映中的文字编辑功能是用来为视频添加、编辑和管理文字的工具集。创建剪辑项目后，在未选中素材的状态下，点击底部工具栏中的“文本”按钮，如图 4-44 所示。在打开的文本素材中，点击一段文字素材，随后在更新的底部工具栏中，点击“编辑”按钮，如图 4-45 所示。

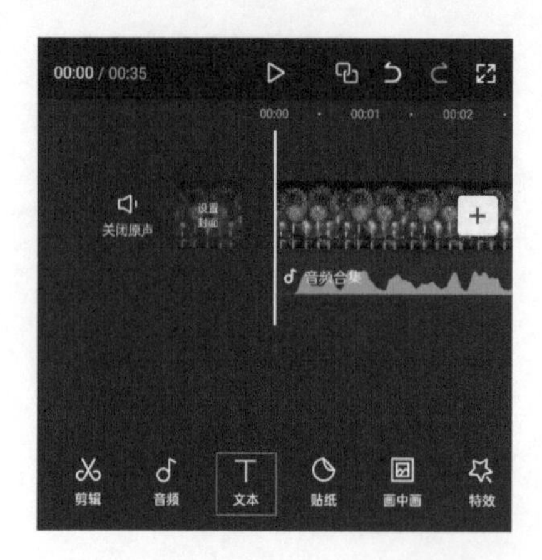

图 4-44　点击“文本”按钮

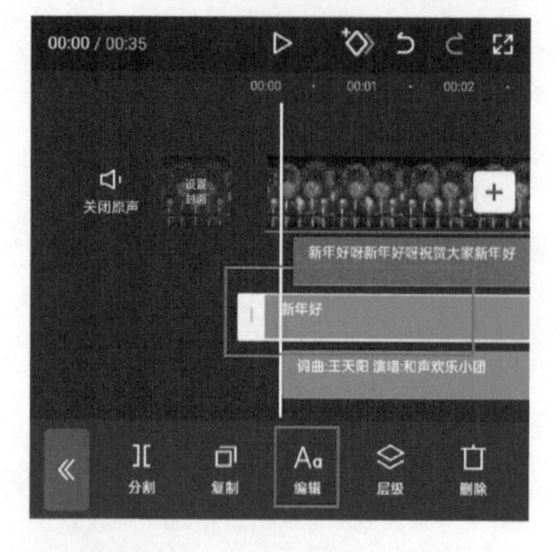

图 4-45　点击“编辑”按钮

进入文字编辑功能界面后，可设置文字的“字体”“样式”“花字”“文字模板”“动画”等。在样式功能界面，选择文本颜色为红色，其他为默认设置，效果如图 4-46 所示。点击“字体”按钮，进入字体功能界面，选择字体为“甜甜圈”，效果如图 4-47 所示。

图 4-46　添加文本样式

图 4-47　添加文本字体

文字编辑功能样式丰富，本节只带领用户简单了解，用户可根据实际需要使用文字编辑功能。

4.2.2　花字效果

剪映 App 中内置了很多花字模板，可以帮助用户一键制作出各种精彩的艺术字效果，其应用方法如下。

在文本框中输入符合短视频主题的文字内容，在预览区域中按住文字素材并拖拽，调整文字的位置，如图 4-48 所示。

点击文本输入栏下方的“花字”选项，切换至“花字”选项栏，然后选择相应的花字样式，即可快速为文字应用花字效果，如图 4-49 所示。

图 4-48　调整文字位置

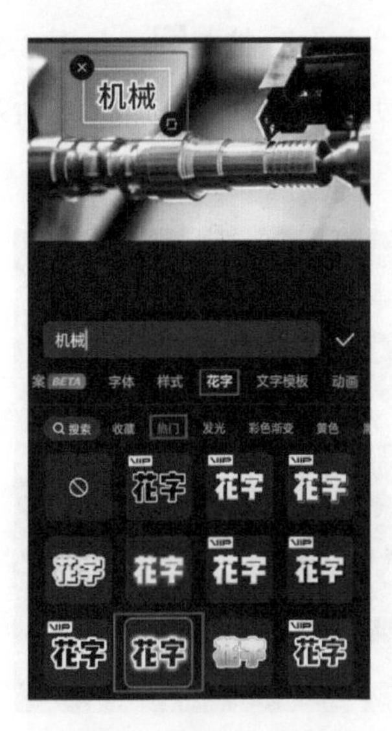

图 4-49　添加花字效果

4.2.3　添加贴纸

“贴纸”功能是许多短视频编辑类软件中都具备的一项特殊功能，在视频画面上添加动画贴纸，不仅可以起到较好的遮挡作用（类似于马赛克），还能让视频效果更加酷炫。

在剪映 App 的剪辑项目中添加了视频或图像素材后，在未选中素材的状态下，点击底部工具栏中的“贴纸”按钮，如图 4-50 所示。在打开的贴纸选项栏中可以看到几十种不同类别的贴纸素材，并且贴纸的内容还在不断更新，如图 4-51 所示。

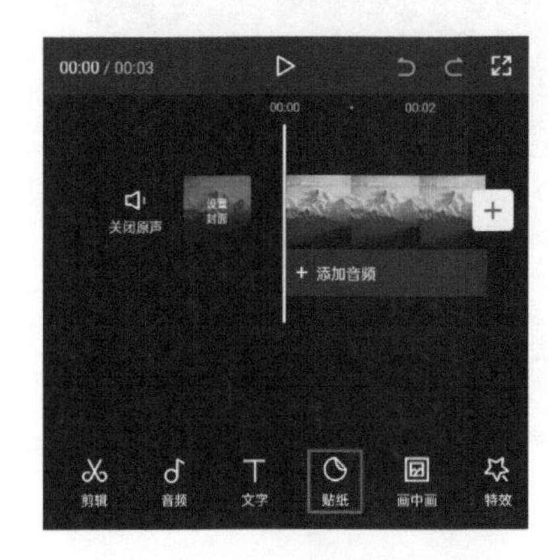

图 4-50　点击“贴纸”按钮

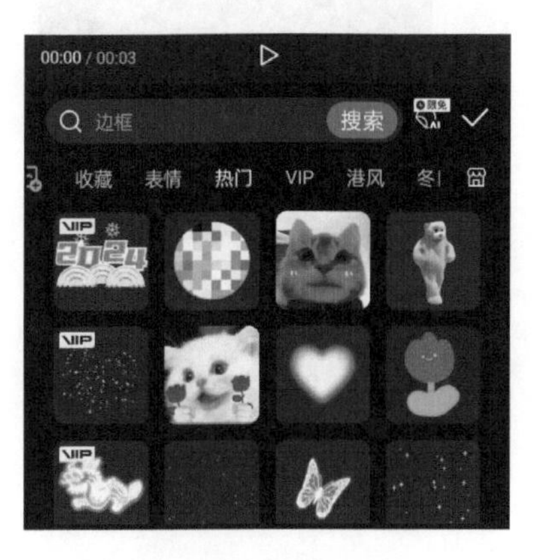

图 4-51　贴纸选项栏

4.2.4 应用案例：设置字幕样式

本案例将介绍如何设置字幕样式，主要使用的是“文字”“编辑”功能，下面介绍具体的操作方法。

01 打开剪映 App，在主界面点击“开始创作”按钮[+]，导入一段素材至视频编辑界面，点击“文本”按钮[T]，如图 4-52 所示。

02 进入文字功能选择界面，点击“新建文本”按钮，如图 4-53 所示。

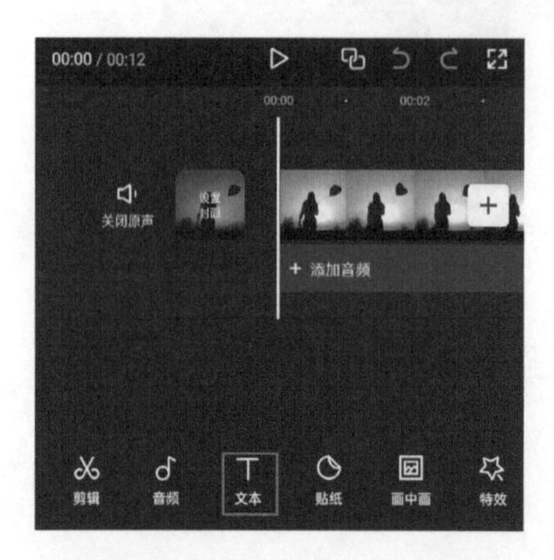

图 4-52 点击“文本”按钮

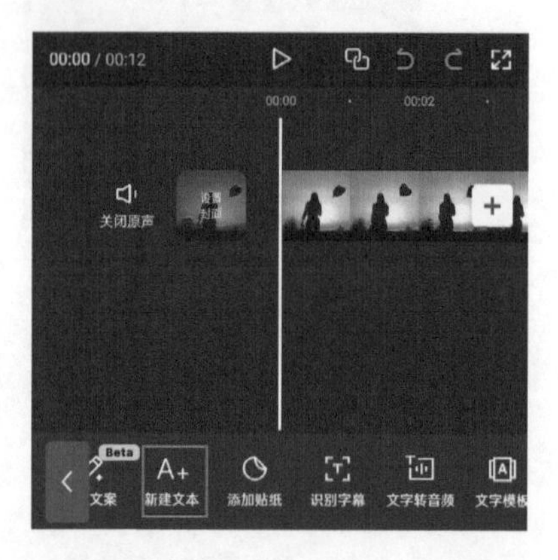

图 4-53 点击“新建文本”按钮

03 在文本框中输入“好好生活 慢慢相遇”，再在视频中调整文字至合适的大小，如图 4-54 所示。在字体功能界面中，下滑并点击“宋体”字体，再点击“样式”按钮，效果如图 4-55 所示。

图 4-54 输入所需文字

图 4-55 给文本添加字体

04 进入样式功能界面后，点击“排列”中的第二个按钮，将“字间距”设置为 8，点击✓按钮保存设置，如图 4-56 所示。

05 将文字拉至与视频同等长度后，选中文字并点击“复制”按钮，如图 4-57 所示。

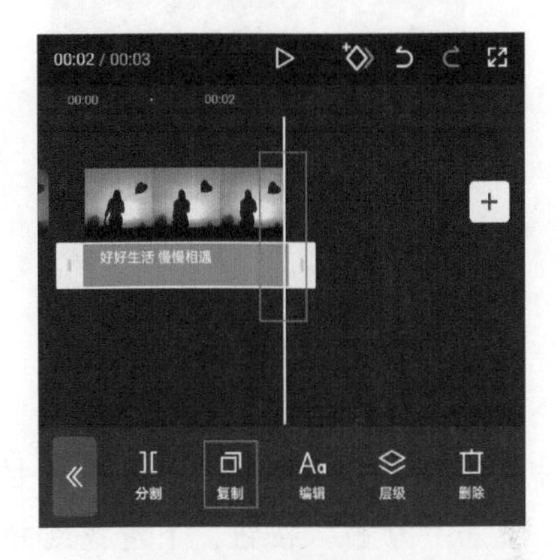

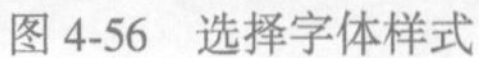

图 4-56 选择字体样式　　图 4-57 调整字体长度并复制

06 在视频画面中，将新复制的文字移至下方，点击“编辑”按钮，如图 4-58 所示。

07 将新复制的文字改为“-Have a good life meet slowly-”，并在视频画面中手动调整其大小，再点击“样式”按钮，如图 4-59 所示。

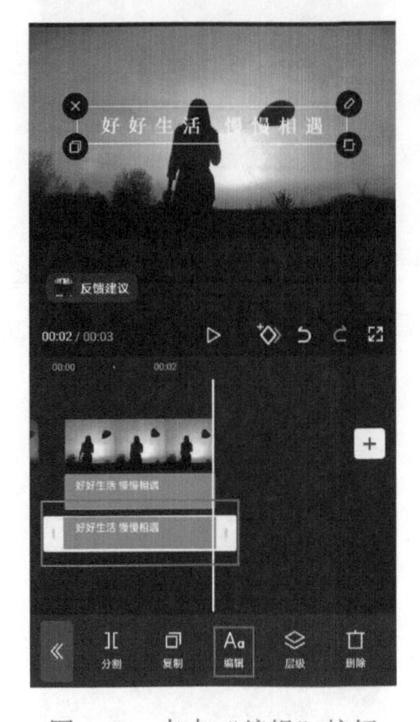

图 4-58 点击“编辑”按钮　　图 4-59 更改文本内容

08 将“透明度”调整为 70%，再点击“排列”按钮，如图 4-60 所示。

09 在样式功能界面，将“字间距”调整为 8，然后点击按钮保存设置，如图 4-61 所示。

图 4-60 调整文本透明度

图 4-61 调节文本字间距

10 选中汉字文字素材，滑动底部工具栏，找到并点击“动画”按钮，如图 4-62 所示。点击“动画”按钮，下滑找到并点击“向上露出”动画，设置时长为 1.9s，然后点击按钮保存设置，如图 4-63 所示。

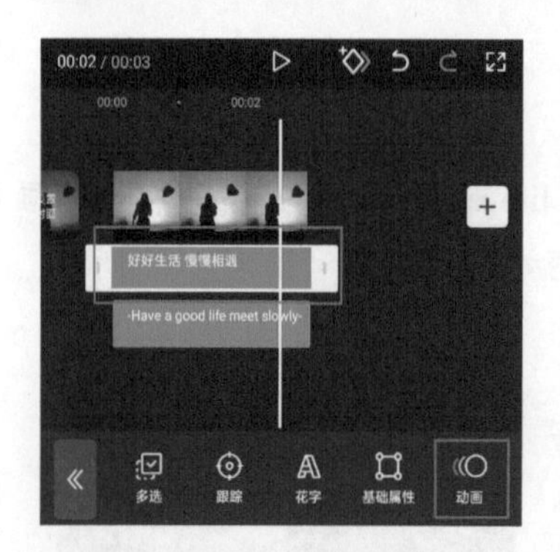

图 4-62 点击“动画”按钮

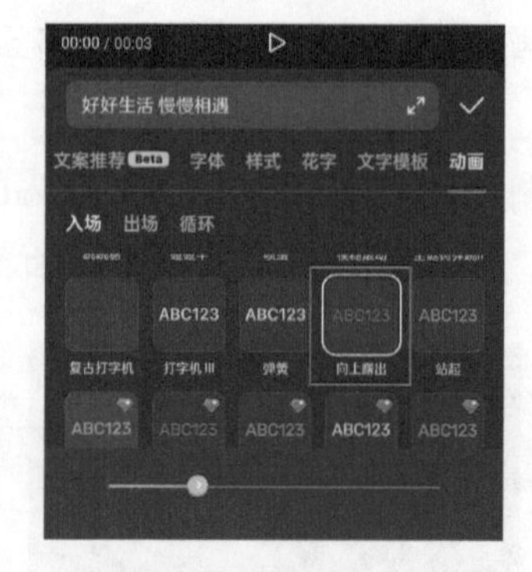

图 4-63 设置入场动画

11 选中英文文字素材，滑动底部工具栏，找到并点击“动画”按钮，如图 4-64 所示。下滑找到并点击“向下露出”动画，设置时长为 1.9s，然后点击按钮保存设置，如图 4-65 所示。

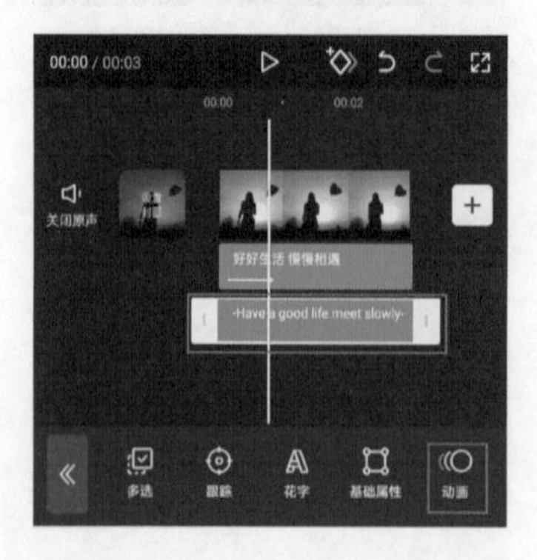

图 4-64 点击“动画”按钮

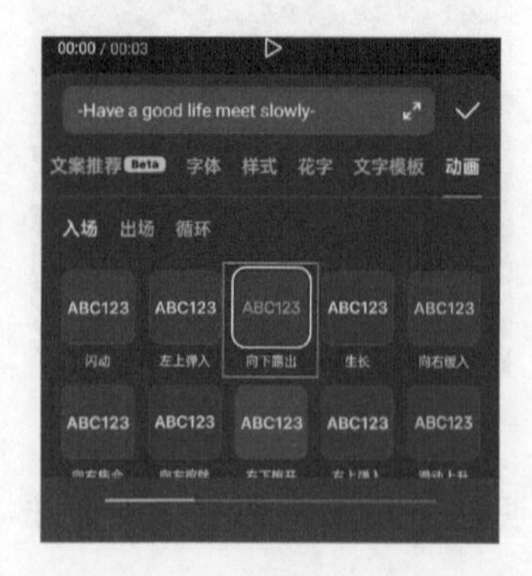

图 4-65 设置入场动画

12 完成上述所有步骤即可点击界面右上角的“导出”按钮导出，将视频保存至相册，效果如图 4-66 和图 4-67 所示。

图 4-66 案例效果展示（1）

图 4-67 案例效果展示（2）

提示 打开字幕样式栏后，用户可以对文字的“文本”“描边”“发光”“背景”“阴影”“阴影”“弯曲”“排列”“粗斜体”等属性进行设置。

4.2.5 应用案例：制作综艺花字效果

本案例将介绍综艺花字的制作方法，主要使用的是“花字”和“贴纸”功能，下面介绍具体的操作方法。

01 打开剪映，在主界面中点击“开始创作”按钮[+]，进入素材添加界面，选择一段背景视频素材，点击“添加”按钮，将素材添加至剪辑项目。

02 进入视频编辑界面后，点击底部工具栏中的“文字”按钮[T]，打开文字选项栏，点击其中的“新建文本”按钮[A+]，如图 4-68 和图 4-69 所示。

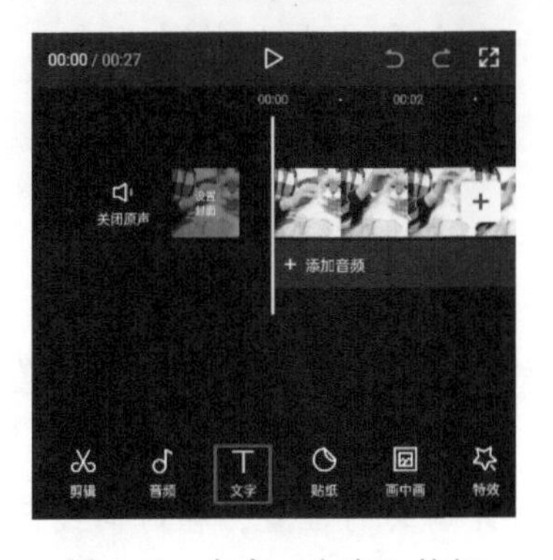

图 4-68 点击“文字”按钮

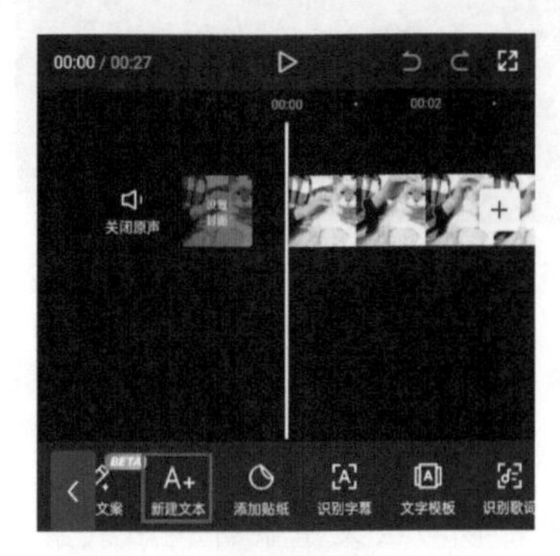

图 4-69 点击“新建文本”按钮

03 在文本框中输入需要添加的文字内容，点击文本框下方的“花字”选项，切换至花字选项栏，然后选择图 4-70 中的花字样式，在预览区域调整文字的大小和位置，点击[✓]按钮保存操作，再点击底部工具栏中的返回按钮[«]，如图 4-71 所示。

04 点击底部工具栏中的“添加贴纸”按钮，打开贴纸选项栏，在搜索框中输入关键词，点击键盘中的“搜索”按钮，如图 4-72 和图 4-73 所示。

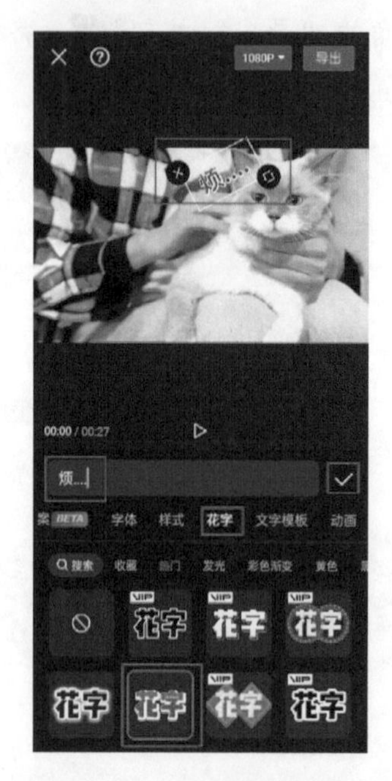

图 4-70　为文本添加花字

图 4-71　点击返回按钮

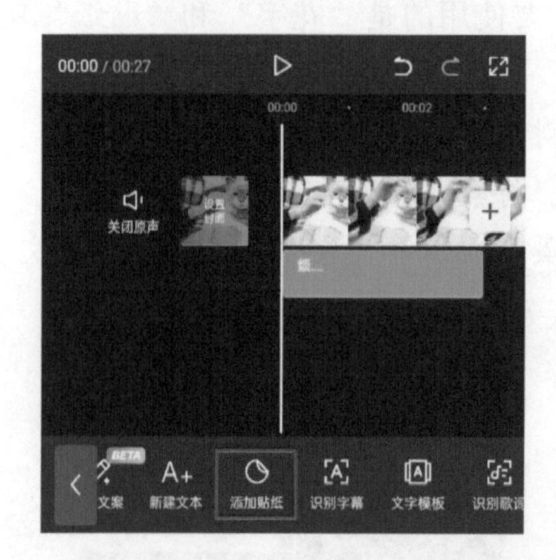

图 4-72　点击“添加贴纸”按钮

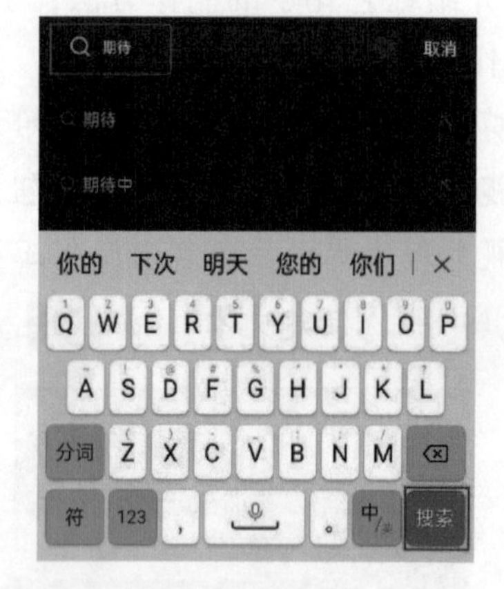

图 4-73　搜索所需贴纸的名称

05 在搜索出的贴纸选项中选择图 4-74 中的贴纸，并在预览区域中调整贴纸的大小和位置。

06 将时间轴移动至文字素材和贴纸素材预计消失的位置，在时间线区域调整字幕轨道和贴纸轨道的长度，如图 4-75 所示。

07 参照步骤 02 至步骤 06 的操作方法，根据视频的内容为视频添加字幕和贴纸，如图 4-76 所示。再结合“音效”“音乐”功能，为视频添加适配的音效和背景音乐，如图 4-77 所示。

08 完成所有操作后，即可点击界面右上角的“导出”按钮 导出 ，将视频保存至相册，效果如图 4-78 和图 4-79 所示。

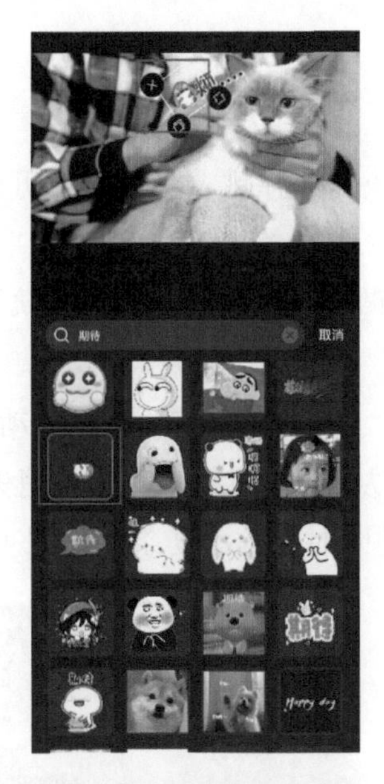

图 4-74　选择所需贴纸

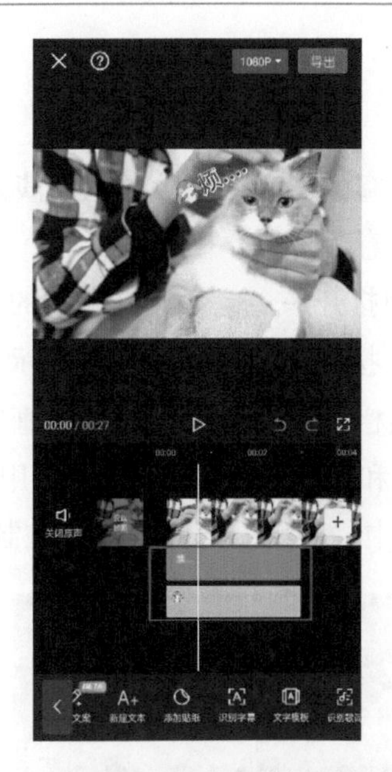

图 4-75　调整字幕和贴纸的长度

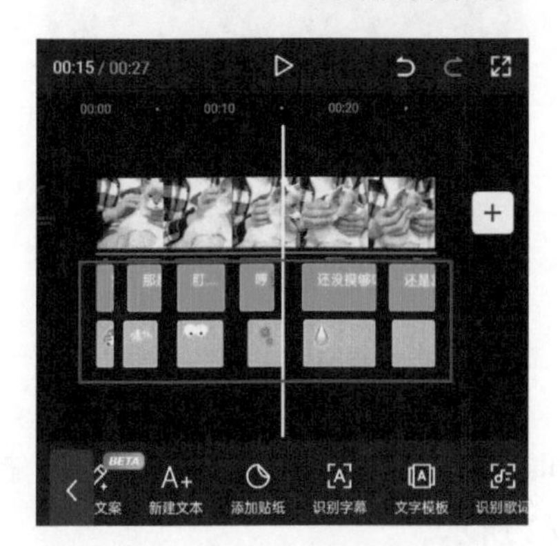

图 4-76　重复上述操作添加字幕和贴纸

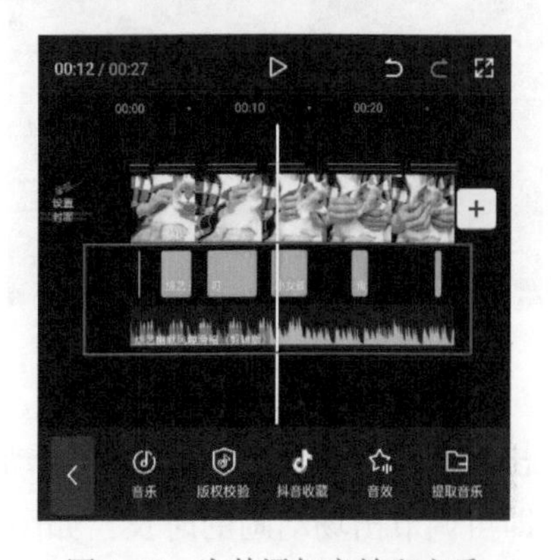

图 4-77　为其添加音效和音乐

图 4-78　案例效果展示（1）

图 4-79　案例效果展示（2）

4.3 制作字幕动画

创建基本字幕后，用户可以通过为文字素材添加动画，让画面中的文字呈现出更加引人入胜的视觉效果。精心设计的动画效果，可以增强字幕的视觉冲击力，使其更加突出、醒目，同时也可以使整个视频更显生动有趣。

4.3.1 动画效果

剪映提供了丰富的文字动画效果，如淡入淡出、弹跳、缩放等，可以为文字添加动态效果，吸引观众注意力。

在剪映 App 中打开一个包含文字素材的剪辑草稿，选中一段文本轨道，并在底部工具栏中点击“动画”按钮，如图 4-80 所示。

打开动画选项栏，可以看到“入场动画”“出场动画”和“循环动画”等 3 个选项。“入场动画”往往和“出场动画”一同使用，从而让文字的出现和消失都更自然。选中“入场动画”的其中一种后，下方会出现控制动画时长的滑动条，如图 4-81 所示。

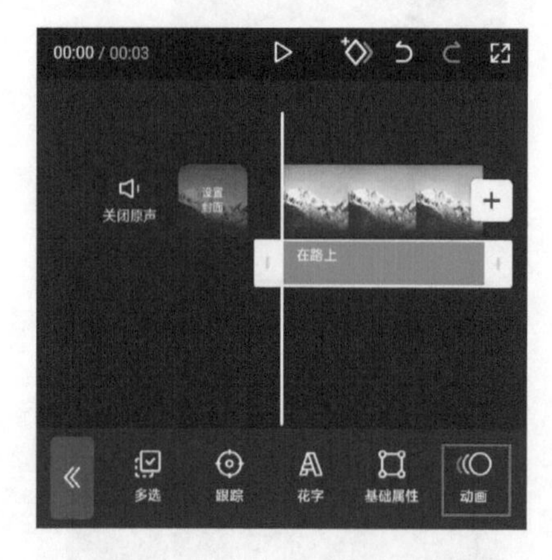

图 4-80　点击“动画”按钮

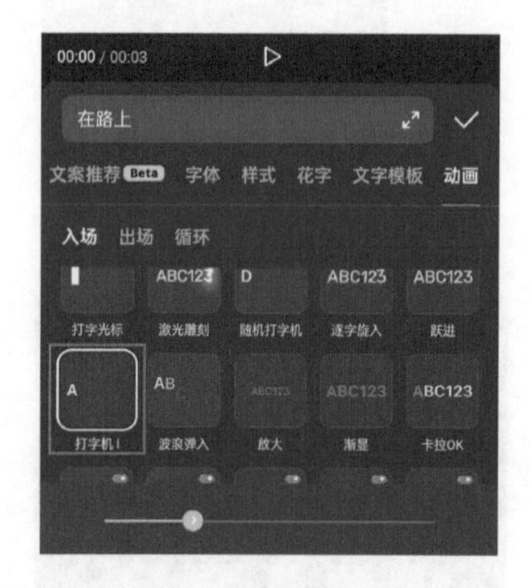

图 4-81　选择入场动画

选择“出场动画”中的一种后，控制动画时长的滑动条会出现红色线段。控制红色线段的长度，即可调节出场动画的时长，如图 4-82 所示。

“循环动画”往往需要文字在画面中长时间停留，且在希望其处于动态效果时才会使用。在设置了“循环动画”后，界面下方的“动画时长”滑动条将更改为“动画速度”滑动条，用于调节动画效果速度的快慢，如图 4-83 所示。

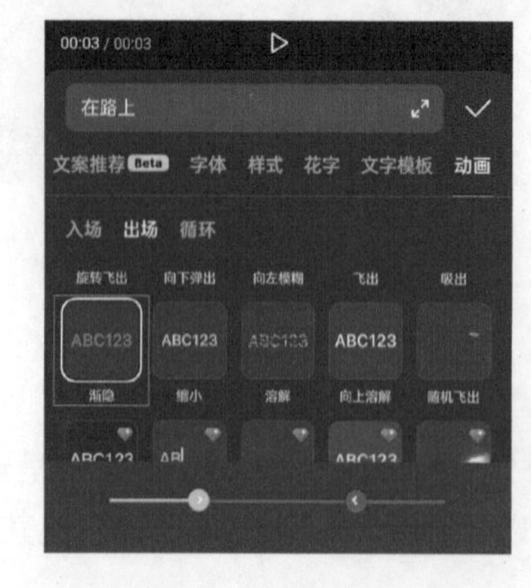

图 4-82　选择出场动画

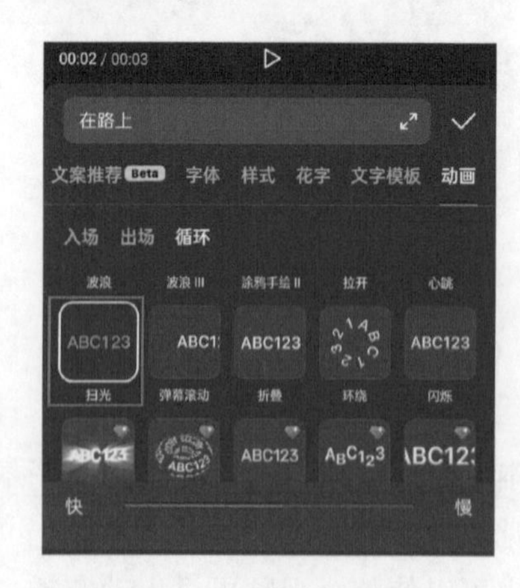

图 4-83　选择循环动画

4.3.2 “跟踪”功能

剪映中的“跟踪”功能是视频编辑中非常实用的工具，允许用户在视频中选定一个对象并跟踪其运动轨迹，然后将另一个图像、文字或效果应用到该对象上。

在剪映 App 中打开一个包含文字素材的剪辑草稿，选中一段文本轨道，并在底部工具栏中点击“跟踪”按钮，如图 4-84 所示。

打开跟踪功能栏，可以看到“开始跟踪”按钮，并且视频中间会出现跟踪圆形框，如图 4-85 所示。

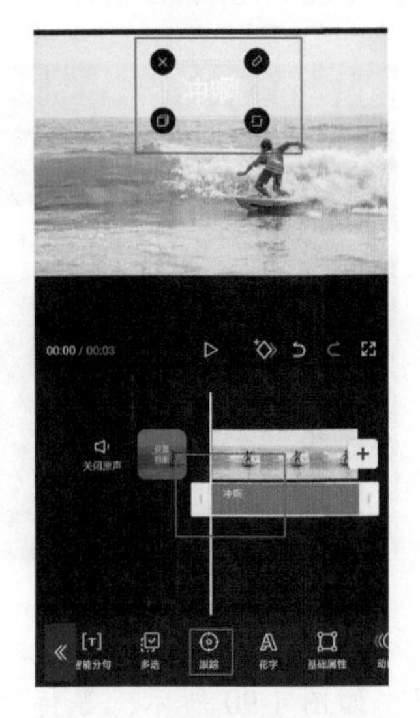

图 4-84　点击“跟踪”按钮　　图 4-85　出现跟踪圆形框

将文字移动至合适的位置，再拖拽视频中的跟踪圆形框至人物上，将其调整为合适的大小，然后点击“开始跟踪”按钮开始跟踪，如图 4-86 所示。即可开始进行跟踪处理，如图 4-87 所示。

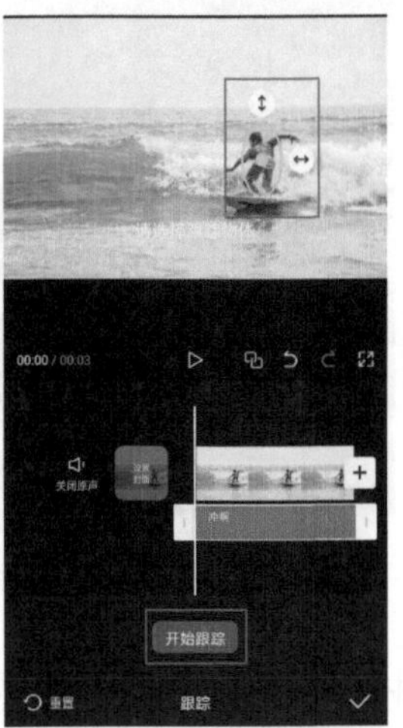

图 4-86　点击“开始跟踪”按钮　图 4-87　开始跟踪处理

4.3.3 应用案例：制作卡拉 OK 字幕

本案例将介绍卡拉 OK 字幕效果的制作方法，主要使用的是“识别歌词”和“动画”功能，下面介绍具体的操作方法。

01 打开剪映 App，在主界面中点击“开始创作”按钮，进入素材添加界面，选择一段带有背景音乐的视频素材，点击“添加”按钮，将素材添加至剪辑项目。

02 进入视频编辑界面后，点击底部工具栏中的“文字”按钮，打开文字选项栏，点击其中的“识别歌词”按钮，如图 4-88 和图 4-89 所示。

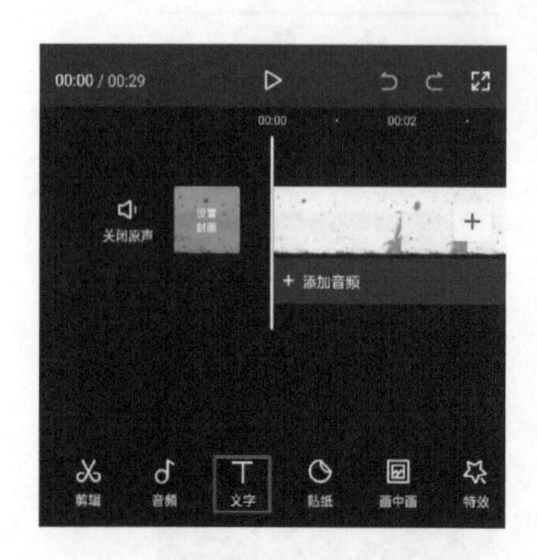

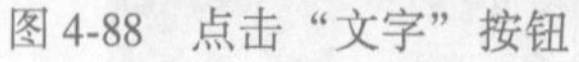

图 4-88 点击“文字”按钮

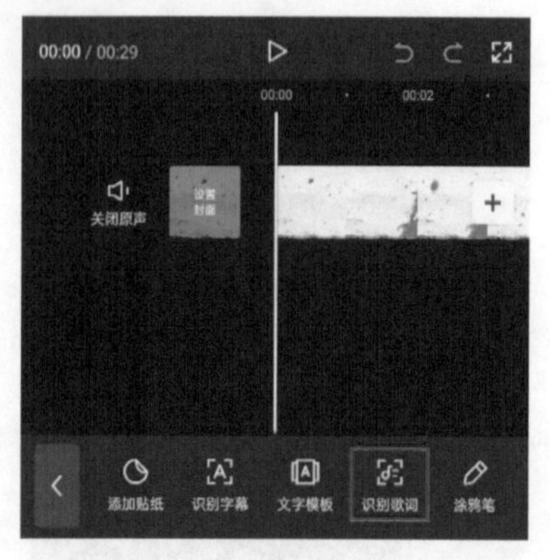

图 4-89 点击“识别歌词”按钮

03 在底部浮窗中点击“开始匹配”按钮，如图 4-90 所示，等待片刻，识别完成后，时间线区域中将自动生成歌词的字幕，点击底部工具栏中的“批量编辑”按钮，如图 4-91 所示。

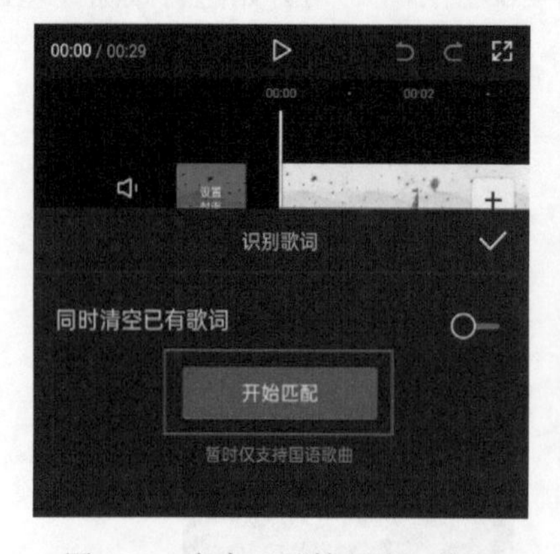

图 4-90 点击“开始匹配”按钮

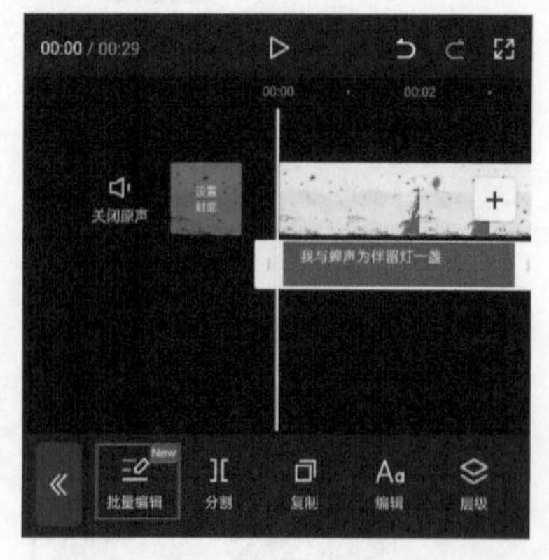

图 4-91 点击“批量编辑”按钮

04 将文本框中的线条定位至第一句歌词中的“伴”字后方，点击键盘中的“换行”按钮，并对歌词进行审校，完成后点击编辑按钮，如图 4-92 和图 4-93 所示。

图 4-92　对歌词进行批量编辑

图 4-93　点击编辑按钮

05 在“字体”选项栏中将“字体”设置为“江湖体”，如图 4-94 所示。切换至“样式”选项栏，将“字号”的数值设置为 8，如图 4-95 所示。

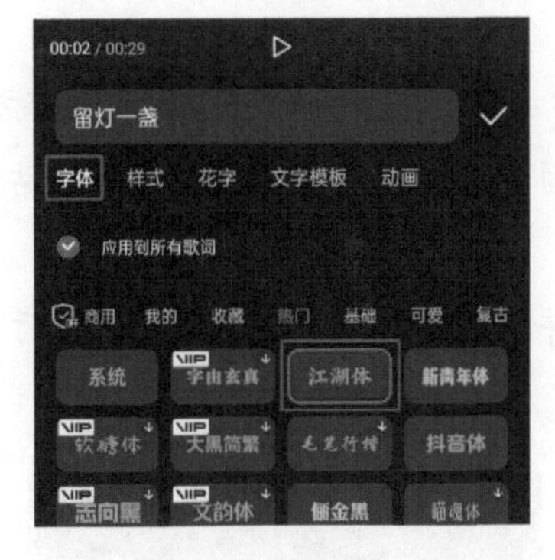

图 4-94　选择“江湖体”字体样式

图 4-95　调整文本字号

06 切换至“排列”选项栏，将字幕的排列方式设置为横排，将“字间距”的数值设置为 1，并在预览区域将文字素材移动至画面的底部，完成后点击✓按钮保存操作，如图 4-96 所示。

07 切换至“动画”选项栏，选择“入场”动画中的“卡拉 OK”效果，将“动画时长”滑块拉至最大值，并将颜色设置为红色，完成后点击✓按钮保存操作，如图 4-97 所示。

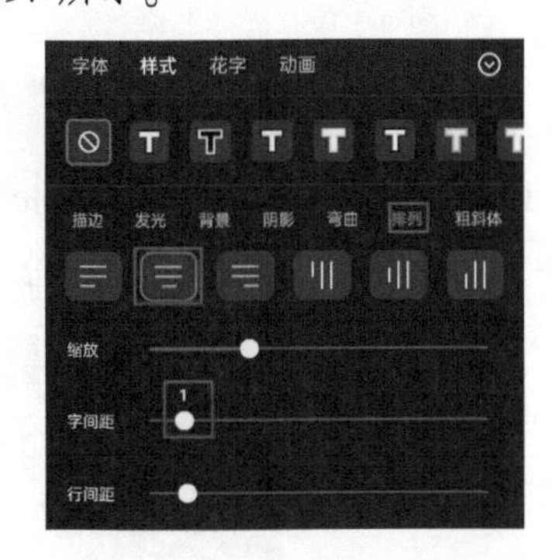

图 4-96　设置文本字间距及排列方式

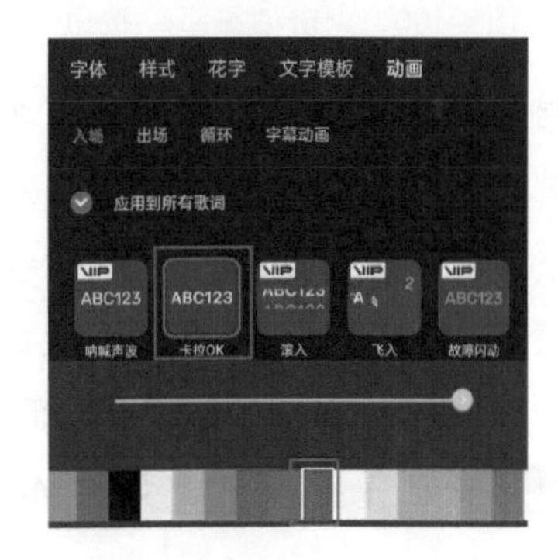

图 4-97　添加入场动画并设置颜色

08 完成所有操作后，即可点击界面右上角的“导出”按钮导出，将视频保存至相册，效果如图 4-98 和图 4-99 所示。

图 4-98 案例效果展示（1）

图 4-99 案例效果展示（2）

4.3.4 应用案例：制作跟踪字幕效果

本案例将介绍跟踪字幕的制作方法，主要使用的是“跟踪”功能，下面介绍具体的操作方法。

01 打开剪映 App，在主界面中点击“开始创作”按钮，进入素材添加界面，将素材添加至剪辑项目。进入视频编辑界面，点击底部工具栏中的“贴纸”按钮，如图 4-100 所示。

02 打开贴纸选项栏，在“热门”中下滑并选择添加一款贴纸，完成后点击按钮保存操作，如图 4-101 所示。

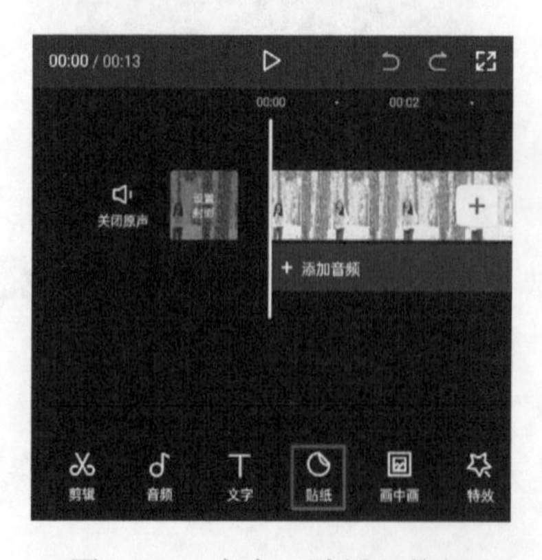

图 4-100 点击“贴纸”按钮

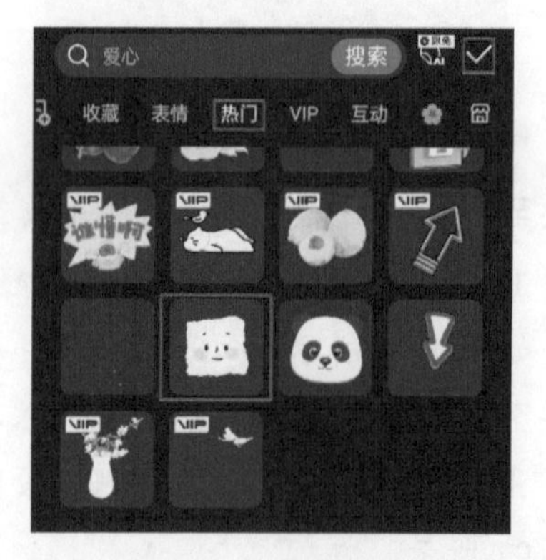

图 4-101 选择贴纸

03 将新添加的贴纸拉至与主视频同等长度后，在底部工具栏点击“跟踪”按钮，如图 4-102 所示。

04 将贴纸移动至人物面部，再拖拽视频中的跟踪圆形框至人物上，将其调整为合适的大小，然后点击“开始跟踪”按钮开始跟踪，在跟踪处理完成后，点击按钮保存操作，如图 4-103 和图 4-104 所示。

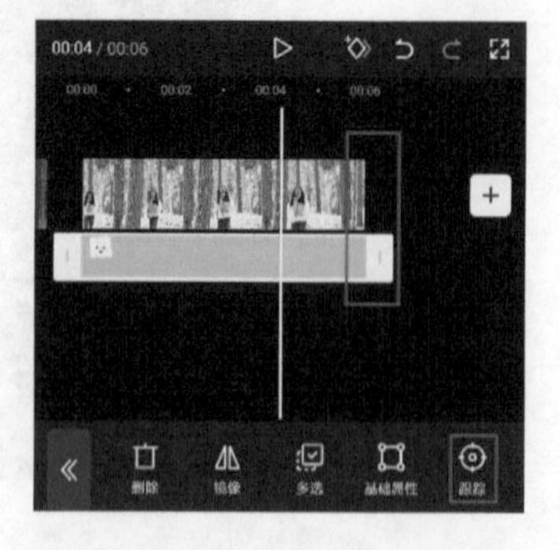

图 4-102 点击“跟踪”按钮

图 4-103　将贴纸移动至人物面部

图 4-104　点击“开始跟踪”按钮

完成上述所有操作，即可点击界面右上角的“导出”按钮导出，将视频保存至相册，效果如图 4-105 和图 4-106 所示。

图 4-105　案例效果展示（1）

图 4-106　案例效果展示（2）

4.4　拓展练习：制作粒子文字消散效果

本案例将介绍粒子文字消散效果的制作方法，下面是具体介绍。

1. 制作要点

01 使用“文本”工具添加文字内容，并调整文字内容的字体、样式、间距。

02 使用“画中画”功能添加“粒子”素材，并使用“混合模式”|“滤色”功能，使粒子素材融入画面中。

03 为文本和粒子素材添加“出场动画”|“羽化向右擦除”效果，营造文字随风飘散的效果。

2. 最终效果

粒子文字消散的最终效果如图 4-107 和图 4-108 所示。

图 4-107　案例效果展示（1）

图 4-108　案例效果展示（2）

4.5　拓展练习：制作打字机效果

本案例将介绍使用剪映 App 制作打字机效果的方法，下面是具体介绍。

1. 制作要点

01 准备三段及以上的视频素材。

02 使用“文本”功能，输入与视频素材相匹配的文字，选择“入场动画”分类下的“打字机”效果。

03 为文本添加“音效”分类下的“打字声”音效，并调节入场动画时长，使其和打字音效时长相匹配。

2. 最终效果

最终效果如图 4-109 至图 4-112 所示。

图 4-109　案例效果展示（1）

图 4-110　案例效果展示（2）

图 4-111　案例效果展示（3）

图 4-112　案例效果展示（4）

4.6 拓展练习：制作数字人的口播视频

本案例将介绍使用剪映 App 制作数字人的口播视频的方法，下面是具体介绍。

1. 制作要点

01 准备一段背景视频素材。

02 使用“文本”功能添加有关视频的文字内容。

03 选中文本，使用“数字人”功能，并调整数字人的形象、音频、音色等。

2. 最终效果

最终效果如图 4-113 至图 4-116 所示。

图 4-113　案例效果展示（1）

图 4-114　案例效果展示（2）

图 4-115　案例效果展示（3）

图 4-116　案例效果展示（4）

第5章

Chapter 5

制作转场及特效

在剪映 App 中，熟练掌握转场及特效的制作方法对提高短视频的质量至关重要。本章将介绍剪映 App 中的转场效果，以及视频特效的制作方法。

5.1 剪映自带的转场效果

剪映 App 自带的转场效果非常丰富，包括但不限于基础转场、特效转场、动态转场、形态转场、液态转场、粒子转场、飞行转场等。这些转场效果各具特色，用户可以根据不同场景选择相应的效果，增加视频的视觉效果和故事性。通过合理使用这些转场效果，可以提升视频的观感，为观众带来更好的观看体验。

5.1.1 添加转场效果

剪映中的转场效果是指在视频剪辑过程中，两段相邻视频片段之间的过渡或转换效果。这些转场效果可以使视频片段之间的切换更加流畅、自然，并增加视频的观赏性和艺术性。以下是对剪映中转场效果的具体介绍。

打开剪映 App，导入素材后，点击素材之间的转场按钮，进入转场功能列表，如图 5-1 和图 5-2 所示。进入转场功能列表后，可以在列表上方选择转场特效的种类，选中特效后，拖动列表下方的滑块可以设置特效持续时间，点击“全局应用”按钮可将选中的特效应用至各个素材的转场中，参数设置结束即可点击按钮保存特效。

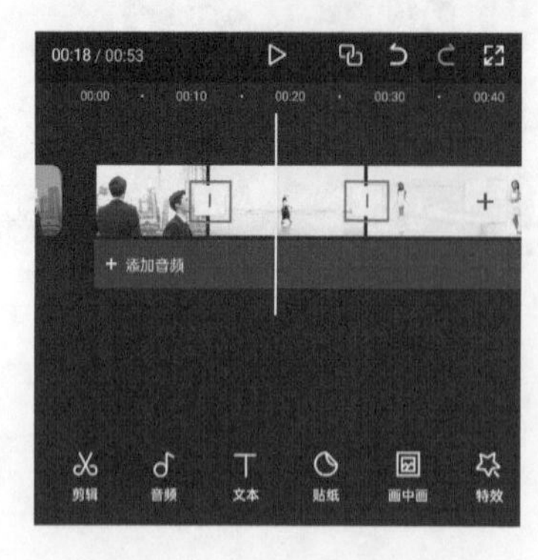

图 5-1　点击转场按钮

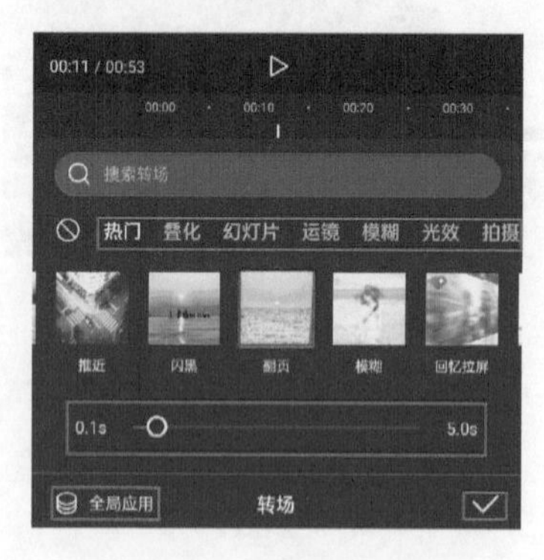

图 5-2　转场功能列表

在剪映 App 中常见的转场效果有“叠化”“运镜”“模糊”“幻灯片”“光效”“拍摄”“扭曲”“分割”“自然”等，如图 5-3 和图 5-4 所示。

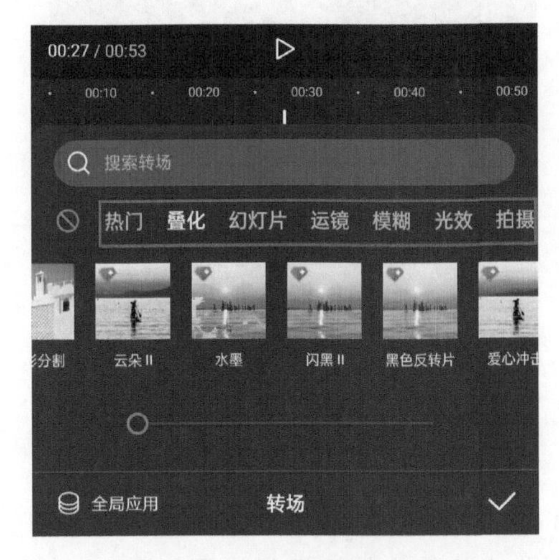

图 5-3　转场效果（1）

图 5-4　转场效果（2）

- **叠化转场**：使前一个场景渐渐淡出，后一个场景渐渐显现，能起到更加自然的过渡效果。
- **运镜转场**：通过镜头的运动来转换场景或画面。
- **模糊转场**：通过在转场时将前一个场景的某些部分模糊处理，然后逐渐过渡到下一个场景，从而产生一种梦幻、迷离的效果。
- **幻灯片转场**：在幻灯片切换过程中，通过添加动画效果来过渡两个不同的幻灯片。
- **光效转场**：在视频转场过程中，通过添加光效来增强视觉冲击力，使画面更加炫丽、生动。
- **拍摄转场**：通过不同的拍摄手法和技巧来实现场景的转换。
- **扭曲转场**：通过将画面进行扭曲变形来连接两个不同的场景。
- **自然转场**：在两个场景之间，通过自然过渡的方式来连接画面。

5.1.2　应用案例：制作叠化转场

本案例将介绍如何制作叠化转场效果，主要使用的是“转场”功能，下面介绍具体的操作方法。

01 打开剪映 App，在素材添加界面选择 3 段视频素材并添加至剪辑项目中。点击素材之间的转场按钮，如图 5-5 所示。

02 进入转场功能列表后，选择“叠化”转场，设置特效时长为 1.2s，点击“全局应用”按钮，将选中的特效应用至各个素材的转场中。参数设置结束点击按钮保存特效，如图 5-6 所示。

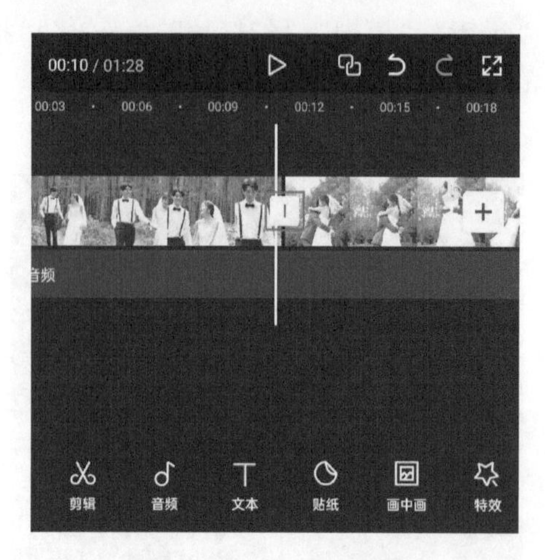

图 5-5　点击转场按钮

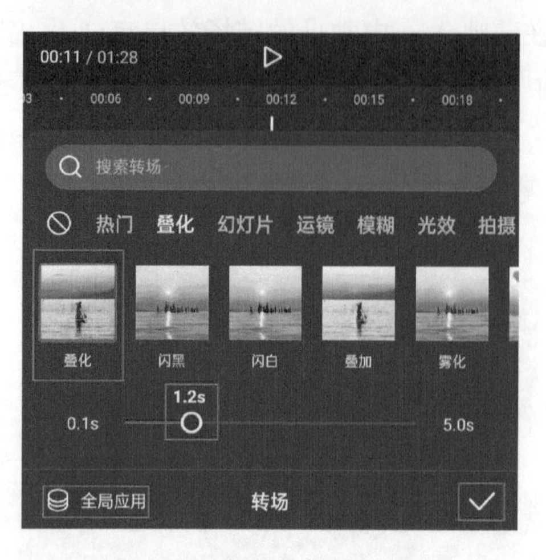

图 5-6　选择并编辑转场效果

03 完成上述操作后为视频选择合适的背景音乐，然后即可点击界面右上角的“导出”按钮导出，将视频保存至相册，制作出的叠化转场视频效果如图 5-7 和图 5-8 所示。

图 5-7　案例效果展示（1）

图 5-8　案例效果展示（2）

5.1.3　应用案例：制作光效转场

本案例将介绍如何制作光效转场效果，主要使用的是“素材叠加”功能，下面介绍具体的操作方法。

01 打开剪映 App，在素材添加界面选择两段夜景的视频添加至剪辑项目中。在时间线区域点击底部工具栏中的“画中画”按钮，如图 5-9 所示。然后点击“新增画中画”按钮，如图 5-10 所示。

02 将光效素材移动至主视频轨道上两段素材连接的地方，使光效素材的中间部位与按钮对齐。

03 在预览区域双指张开放大光效素材，使之铺满整个画框，如图 5-11 所示。

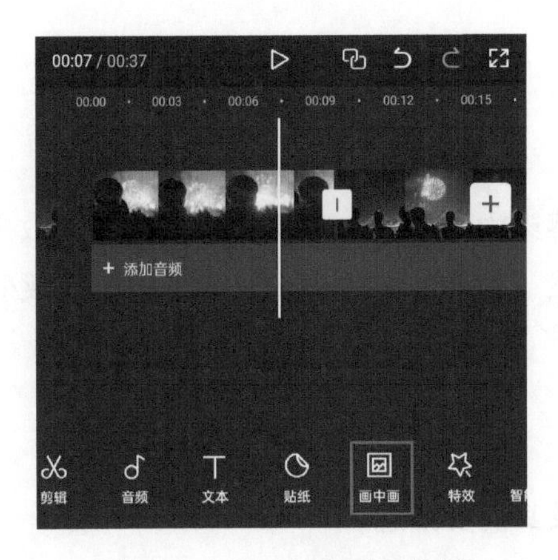

图 5-9 点击“画中画”按钮

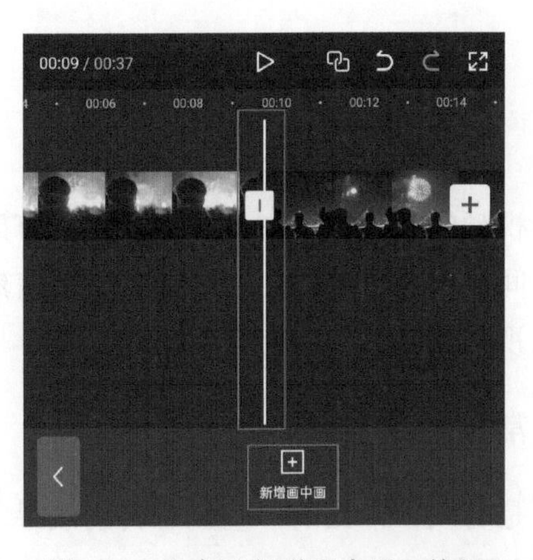

图 5-10 点击“新增画中画”按钮

04 选中光效素材，点击底部工具栏中的“混合模式”按钮，如图 5-12 所示。选择“滤色”模式，如图 5-13 所示。然后点击按钮保存效果。

05 完成所有操作后，即可点击“导出”按钮，将视频保存至相册，效果如图 5-14 和图 5-15 所示。

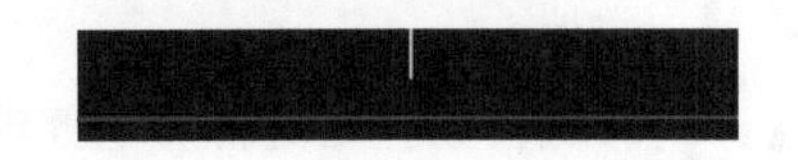

图 5-11 放大光效素材

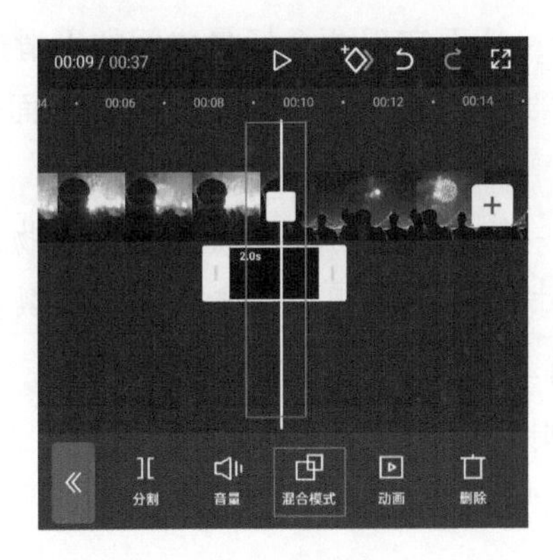

图 5-12 点击“混合模式”按钮

图 5-13 选择“滤色”模式

图 5-14 案例效果展示（1）

图 5-15 案例效果展示（2）

5.2 制作创意转场效果

在短视频的后期编辑中，除了需要富有感染力的音乐，还需要巧妙的转场效果。在两个片段之间插入转场可以使视频衔接得更自然、有趣，并且令人赏心悦目的过渡效果可以大大增强视频作品的艺术感染力。

5.2.1 常见的创意转场效果

以下是剪映中常见的一些创意转场效果及其简要描述。

01 **遮罩转场**：通过遮罩的逐渐显露实现场景间的平滑转换，增强视频的连贯性和观赏性。

02 **无缝转场**：通过精确地剪辑使两个场景之间的过渡自然、流畅，实现视觉上的连续性和完整性。

03 **瞳孔转场**：利用类似瞳孔缩放的动画效果连接两个场景，创造神秘或引人入胜的视觉体验。

5.2.2 应用案例：制作遮罩转场

遮罩转场是通过使用遮罩物在两个场景或视频片段之间实现转换的转场方式，遮罩物覆盖在第一个场景上，并逐渐显露第二个场景，从而实现两个场景之间的平滑过渡。

本案例将介绍如何制作遮罩转场效果，主要使用的是“蒙版”功能，下面介绍具体的操作方法。

01 打开剪映 App，在素材添加界面选择一段含有转场的视频和一段人物的视频并添加至剪辑项目中。在时间线区域选中书柜转场的视频，点击底部工具栏中的“切画中画”按钮，如图 5-16 所示。将其切换至主视频轨道的下方。

02 选中画中画素材，观察预览区域，将时间轴移动至 00：01 秒处，点击“关键帧”按钮之后，在底部工具栏找到并点击“蒙版”按钮，如图 5-17 所示。

图 5-16 点击“切画中画”按钮

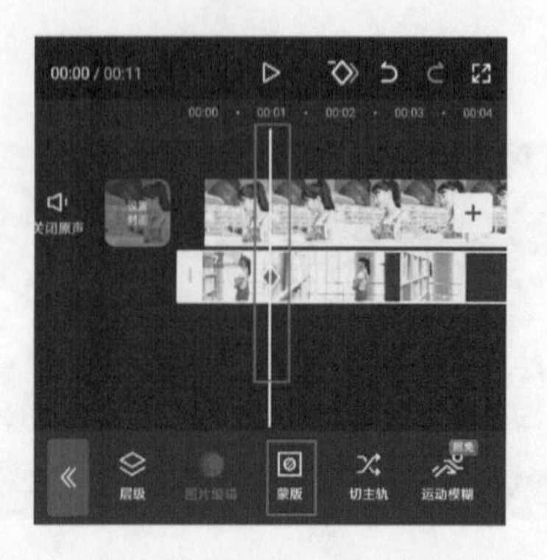

图 5-17 添加关键帧并点击“蒙版”按钮

03 进入蒙版功能界面，选择“圆形”蒙版，将其放大并覆盖主视频，如图5-18所示。

04 先将时间线往后移1秒，再调整蒙版大小，并将其移至视频右侧，然后点击✓按钮保存效果，如图5-19所示。

05 完成所有操作后，为视频选择一段合适的背景音乐，如图5-20所示。然后即可点击“导出”按钮导出，将视频保存至相册，效果如图5-21和图5-22所示。

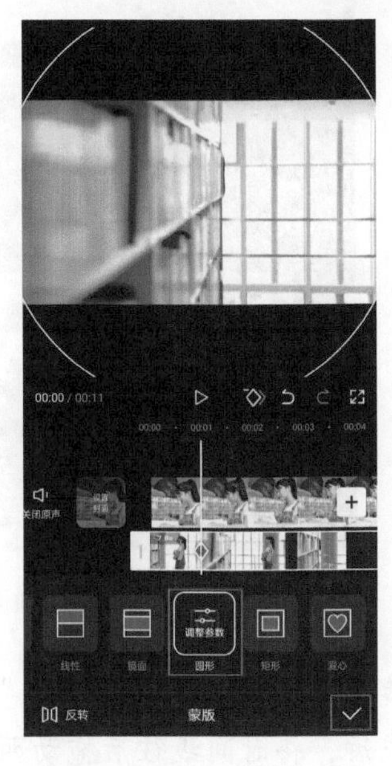

图5-18 选择“圆形”蒙版

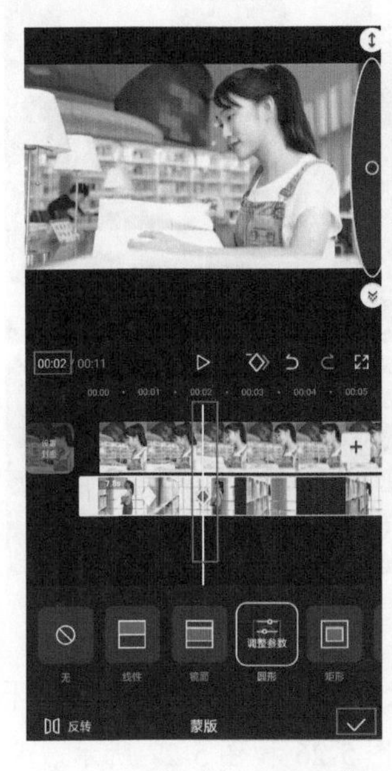

图5-19 调整蒙版大小及位置

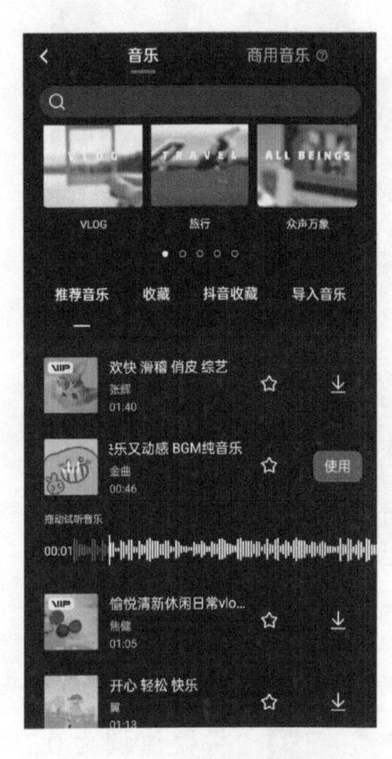

图5-20 添加背景音乐

图5-21 案例效果展示（1）

图5-22 案例效果展示（2）

5.2.3 应用案例：制作无缝转场

无缝转场是指不体现剪辑技巧的操作，使视频的过渡更自然流畅。

本案例将介绍“无缝转场”的制作方法，主要使用的是“不透明度”和“关键帧”功能，下面介绍具体的操作方法。

01 打开剪映App，点击“开始创作”按钮+，导入视频素材“01”。将时间线移动至2秒处，在未选中素材的状态下点击下方工具栏中的“画中画”按钮，然后点击“新增画中画”按钮，添加视频素材“02”，如图5-23和图5-24所示。

02 选中视频素材“02”，在预览区双指张开将其放大，直至覆盖原画面，如图5-25所示。

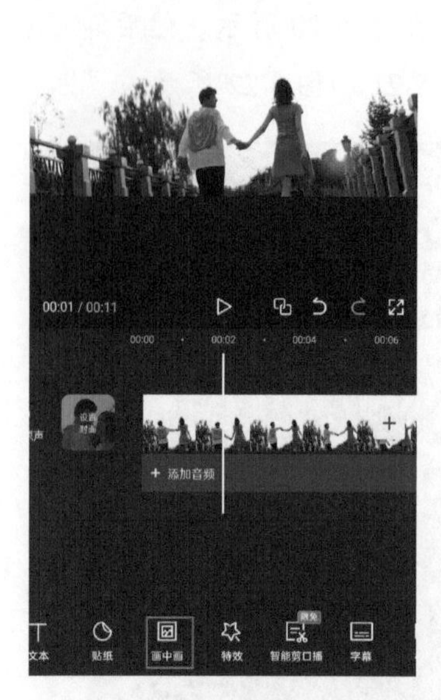

图5-23 点击“画中画”按钮

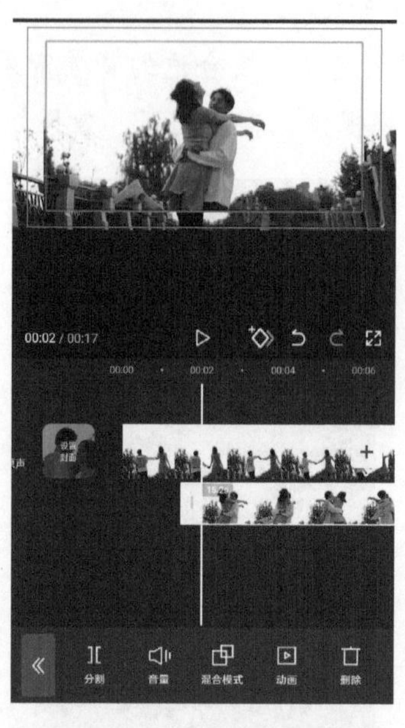

图5-24 添加素材

图5-25 放大并覆盖原画面

03 在视频素材“02”开头处添加关键帧，然后点击下方工具栏中的“不透明度”按钮，将数值调为0，如图5-26和图5-27所示。完成后，将时间线往后拖动两秒，并将“不透明度”值调到100，如图5-28所示。

图5-26 在开头位置添加关键帧

图5-27 调整“不透明度”为0

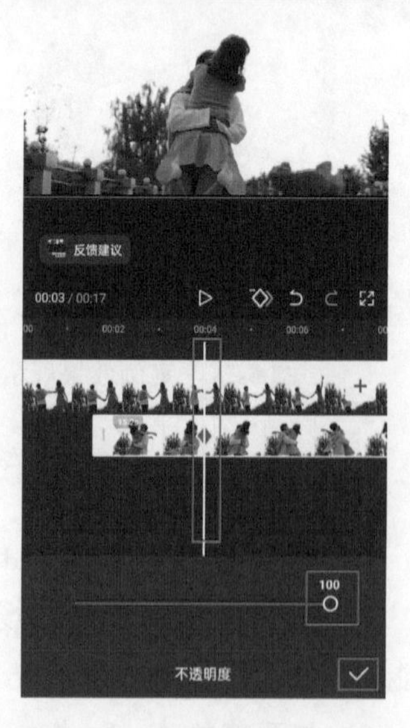

图5-28 拖动时间线，将“不透明度”值调整为100

04 点击“新增画中画”按钮，重复步骤02与步骤03，如图5-29所示。

05 点击“音频”按钮，在音频选项栏中点击“音乐”按钮，然后在音乐库中选择一首合适的音乐，将其添加至时间轴中，并适当调整音频素材的持续时长，使其和视频素材的长度保持一致，如图5-30和图5-31所示。

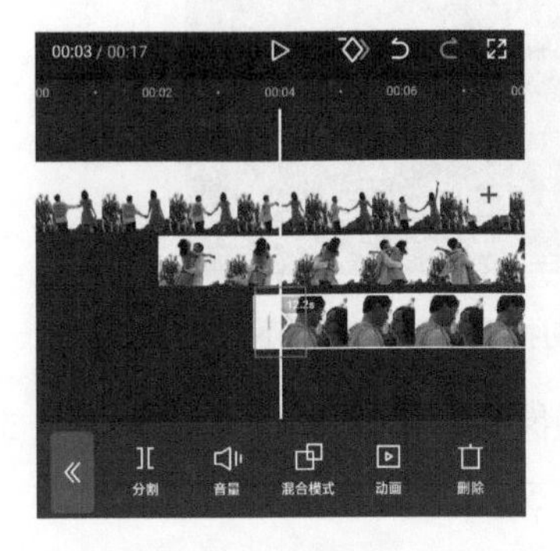

图5-29 重复操作

图5-30 点击“音频”按钮

图5-31 调整音频时长

06 完成所有操作后，点击视频编辑界面右上角的导出按钮，将视频导出到手机相册，效果如图5-32和图5-33所示。

图5-32 案例效果展示（1）

图5-33 案例效果展示（2）

5.2.4 应用案例：制作瞳孔转场

瞳孔转场是指通过模拟眼睛的瞳孔收缩或扩大来切换场景，这种效果具有独特的视觉冲击力和戏剧性，常用于表达人物的内心变化、情感转折或场景转移等情节。

本案例介绍的是一种“瞳孔转场”的制作方法，主要使用剪映的蒙版功能，下面介绍具体的操作方法。

01 打开剪映，在素材添加界面选择一段人物脸部特写和一段人物视频添加至剪辑项目中。在时间线区域选中人物脸部特写素材，将时间轴移动至素材末端，点击底部工具栏中的“定格”按钮，得到一段定格片段。

02 选中定格片段，点击底部工具栏中的“切画中画”按钮，如图5-34所示，将其切换至第二段素材下方，如图5-35所示。

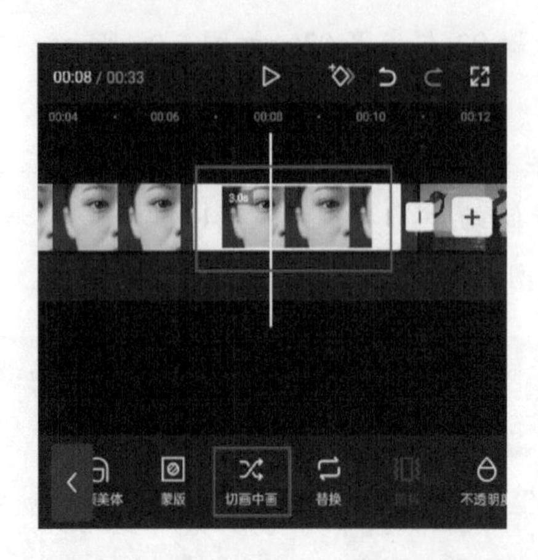

图 5-34 点击“切画中画”按钮

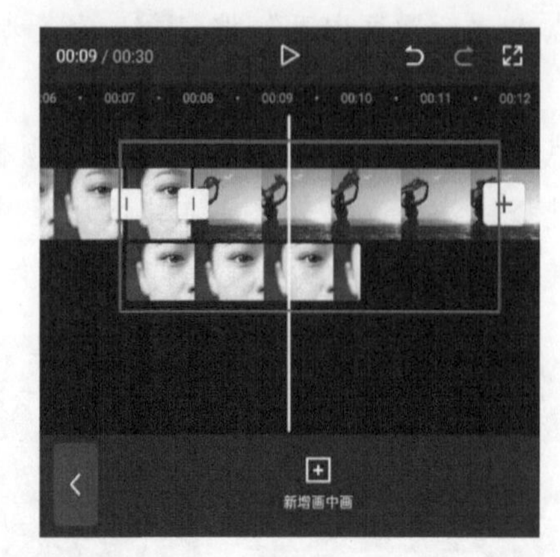

图 5-35 切换至第二段素材下

03 双指张开，拉长时间线区域，分割并点击选中第一段素材右侧多余的画面，点击底部工具栏中的“删除”按钮，将其删除，如图 5-36 所示。

04 点击选中定格片段，向左移动其右侧的滑块，缩短该素材至 1.5s，如图 5-37 所示。

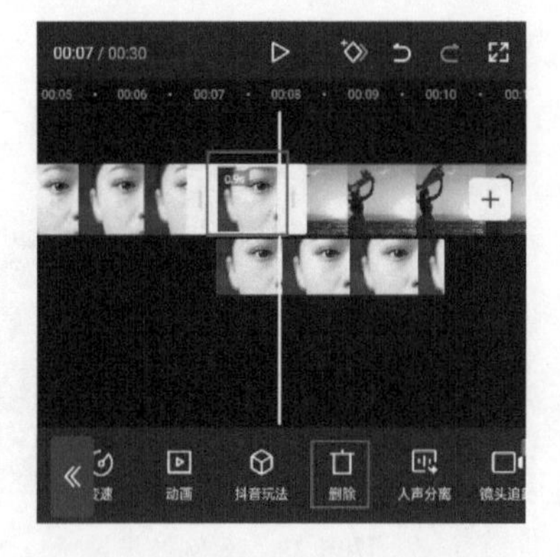

图 5-36 点击“删除”按钮

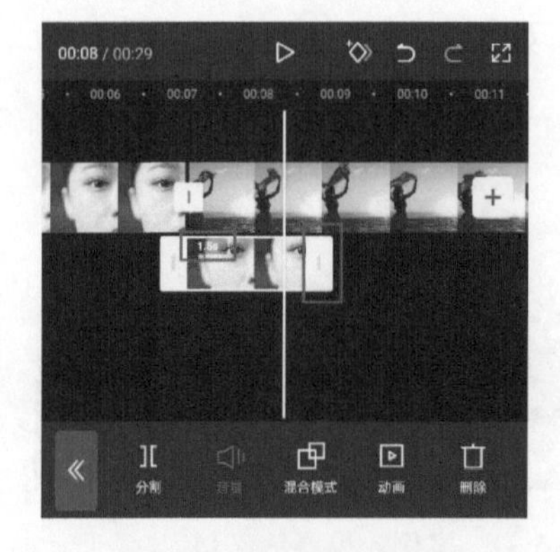

图 5-37 缩短画中画素材

05 选中定格片段，将时间线移动至该素材的起始处。点击按钮，在此处添加一个关键帧，并点击底部工具栏中的“蒙版”按钮，如图 5-38 所示。

06 选择“圆形”蒙版，如图 5-39 所示。移动圆形蒙版选框至画中画人物素材眼睛上，如图 5-40 所示。

07 在预览区域双指捏合，缩小圆形蒙版选框，使之和人物瞳孔的大小相同，如图 5-41 所示。

08 在底部工具栏中点击反转按钮，此时预览区域的画面效果如图 5-42 所示。然后点击按钮保存效果。

09 将时间轴移动至定格片段的末端，点击按钮，在此处添加一个关键帧，如图 5-43 所示。

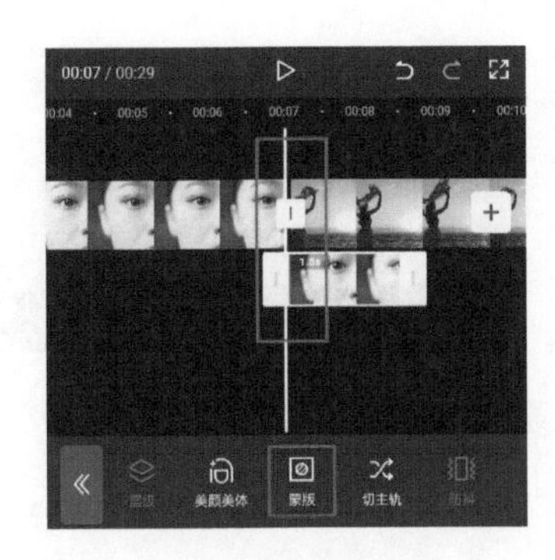

图 5-38 添加关键帧并点击“蒙版”按钮

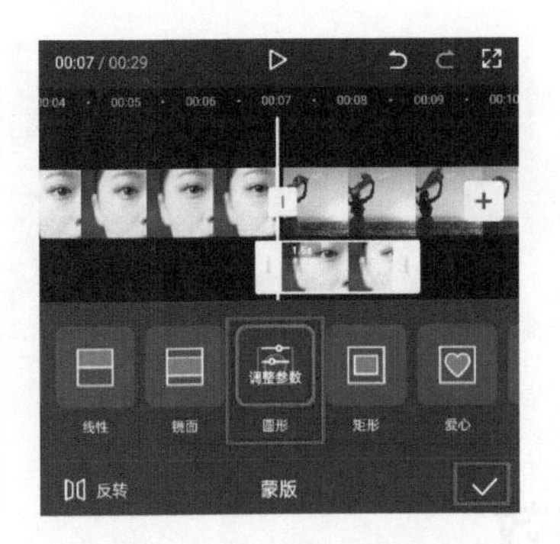

图 5-39 选择“圆形”蒙版

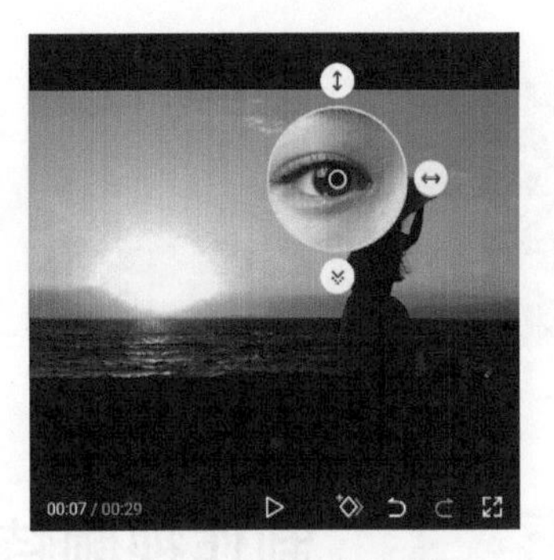

图 5-40 移动圆形蒙版选框

图 5-41 缩小圆形蒙版选框

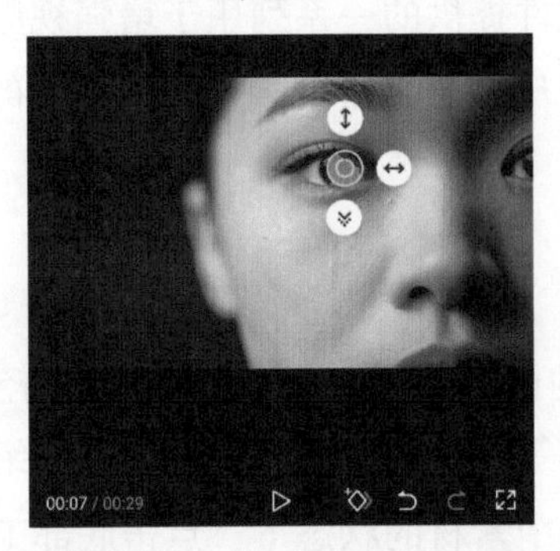

图 5-42 点击反转按钮的画面效果

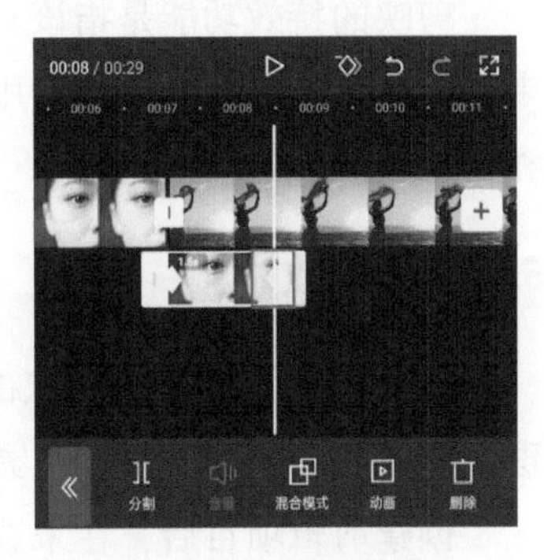

图 5-43 添加关键帧

10 保持时间轴位置不变，在预览区域双指张开，放大画面，直至圆形蒙版覆盖整个画面，使蒙版下方的画面全部显露出来，如图 5-44 所示。

11 将时间轴移动至定格片段的中间部分，点击按钮，在此处添加一个关键帧，如图 5-45 所示。

12 保持时间轴位置不动，点击底部工具栏中的“蒙版”按钮，在预览区域向外拖动按钮，调整蒙版选框边缘的羽化程度，使画面看起来更自然，如图 5-46 所示。

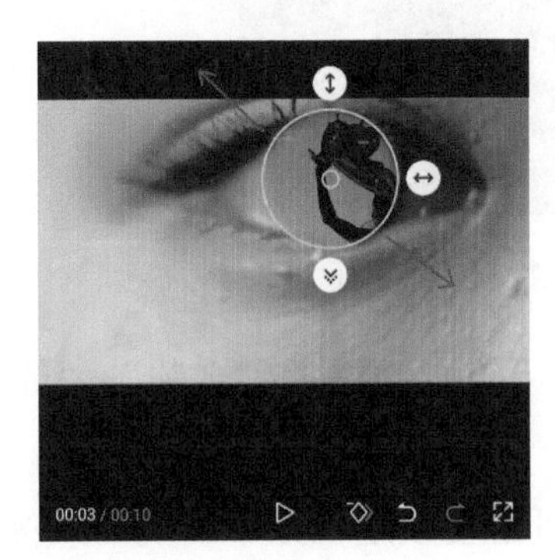

图 5-44 放大圆形蒙版覆盖整个画面

图 5-45 添加关键帧

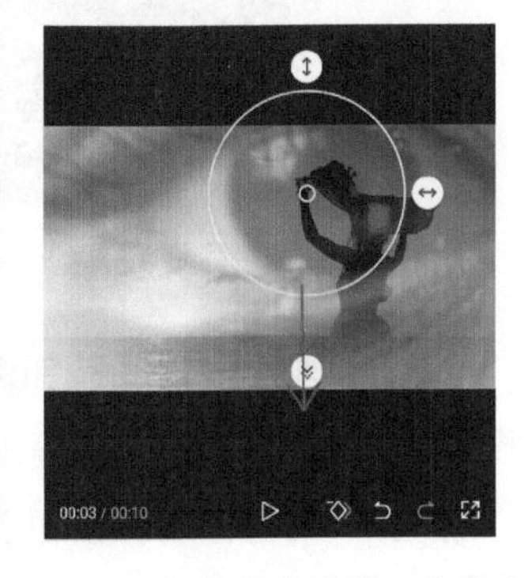

图 5-46 调整蒙版边缘羽化程度

13 完成所有操作后，再为视频添加一首合适的背景音乐，即可点击“导出”按钮，将视频保存至相册，效果如图 5-47 至图 5-49 所示。

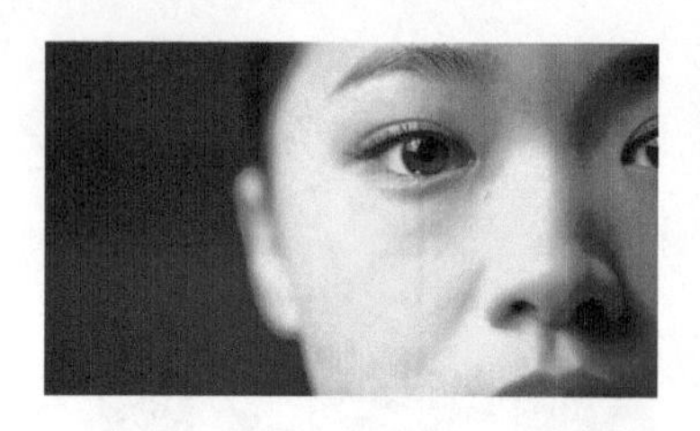
图 5-47　案例效果展示（1）

图 5-48　案例效果展示（2）

图 5-49　案例效果展示（3）

5.3　制作视频特效

剪映的特效功能是指该软件提供的一系列用于增强视频的视觉和听觉体验的工具和效果。这些特效功能可以帮助用户快速制作出具有专业水准的视频作品，提升视频的观赏性和创意性。

5.3.1　特效

剪映提供了丰富且酷炫的画面特效，能够帮助用户轻松展现开幕、闭幕、模糊、纹理、炫光、分屏、下雨、浓雾等视觉效果，下面是详细介绍。

创建剪辑项目后，在未选中素材的状态下，点击底部工具栏中的“特效”按钮，如图 5-50 所示。可以看到特效功能界面中有“画面特效”“人物特效”“图片玩法”“AI 特效”等功能，如图 5-51 所示。

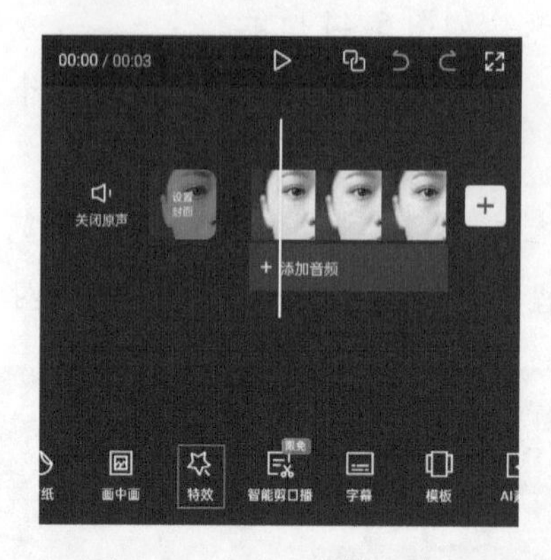

图 5-50　点击“特效”按钮

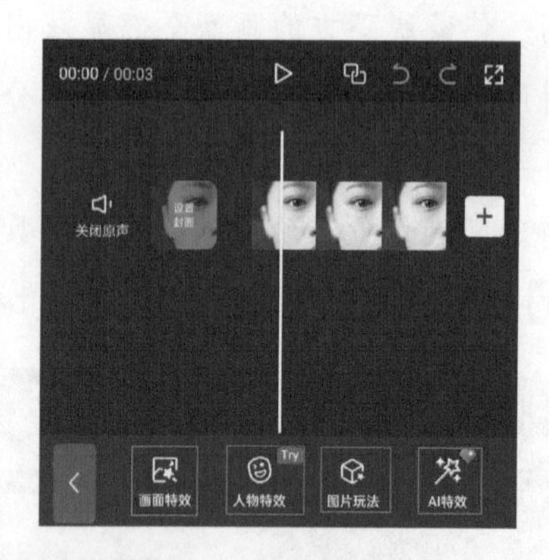

图 5-51　特效功能界面

点击“画面特效”按钮，进入画面特效功能界面，可给画面添加“金粉”“光”“投影”“纹理”“分屏”等画面特效效果，如图 5-52 所示。

点击“人物特效”按钮，进入人物特效功能界面，可自动锁定视频中出现的人像，并添加“春节”“身体”“克隆”“装饰”“环绕”等人物特效效果，如图 5-53 所示。

点击“图片玩法”按钮，进入图片玩法功能界面，可给图片素材添加“运镜”“表情”“AI 写真”“分割”等图片特效效果，如图 5-54 所示。

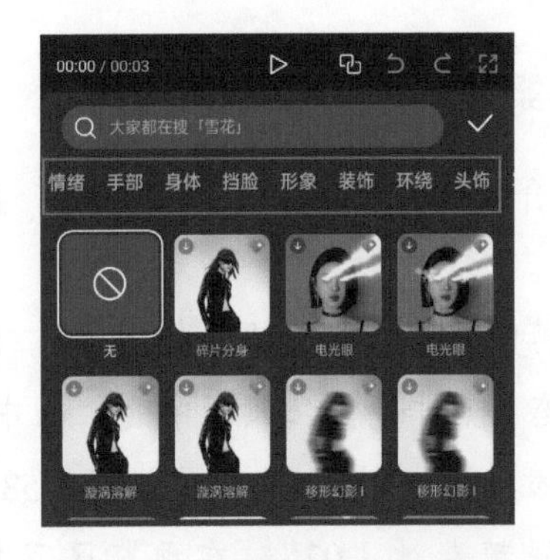

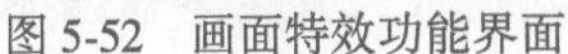

图 5-52 画面特效功能界面　　图 5-53 人物特效功能界面

点击“AI 特效”按钮，进入 AI 特效功能界面，用户可根据需要在文本框中输入描述词，并生成 AI 特效风格，如图 5-55 所示。

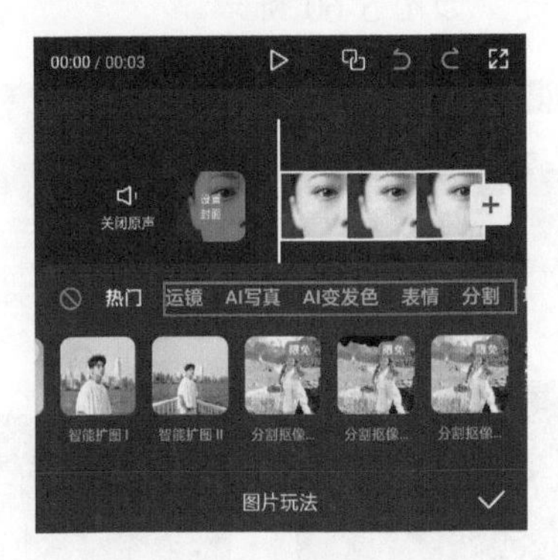

图 5-54 图片玩法功能界面　　图 5-55 AI 特效功能界面

5.3.2 抖音玩法

剪映的“抖音玩法”功能集合了抖音平台当下比较潮流的玩法，如智能扩图、时空穿越、婚纱照写真等，用户只要导入素材，即可一键应用效果并生成视频，下面是具体介绍。

创建剪辑项目后，在选中素材的状态下，点击底部工具栏中的“抖音玩法”按钮，如图 5-56 所示。进入抖音玩法功能界面，可以看到当下热门的“智能扩图”等玩法，用户可根据需要选择相应的功能，如图 5-57 所示。

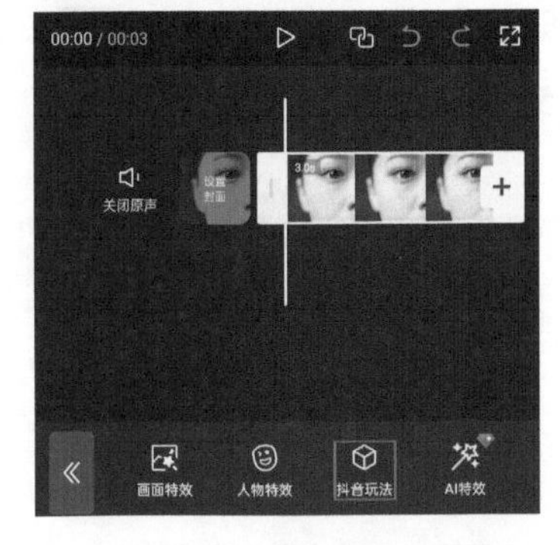

图 5-56 点击“抖音玩法”按钮　　图 5-57 抖音玩法功能界面

5.3.3 应用案例：制作人物大头特效

本案例将介绍如何制作人物大头特效，主要使用的是“蒙版”功能，下面介绍具体的操作方法。

01 打开剪映 App，点击“开始创作”按钮，导入视频素材“01”。在未选中素材的状态下点击下方工具栏中的“画中画”按钮，然后点击“新增画中画”按钮，添加视频素材“02”，如图 5-58 所示。

02 选中视频素材“02”，在预览区双指张开放大，直至其覆盖原画面，然后点击“蒙版”按钮，如图 5-59 所示。

03 将画中画后移至主视频的 00 : 02 秒处，再选择“圆形”蒙版，圈中人物的头部，调整参数，然后点击按钮保存设置，如图 5-60 所示。

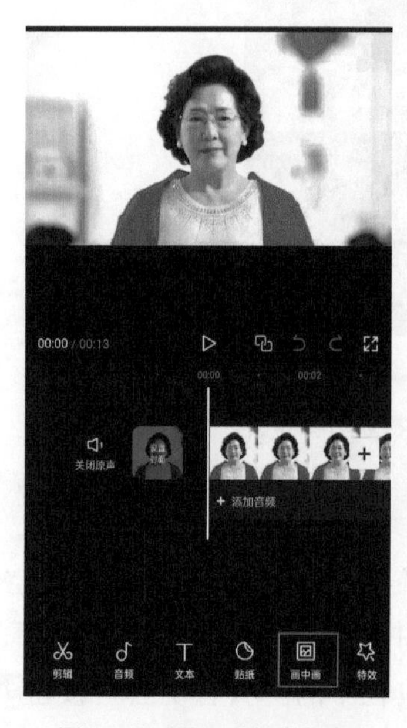

图 5-58 导入两段素材并切换至画中画

图 5-59 放大画中画素材并点击“蒙版”按钮

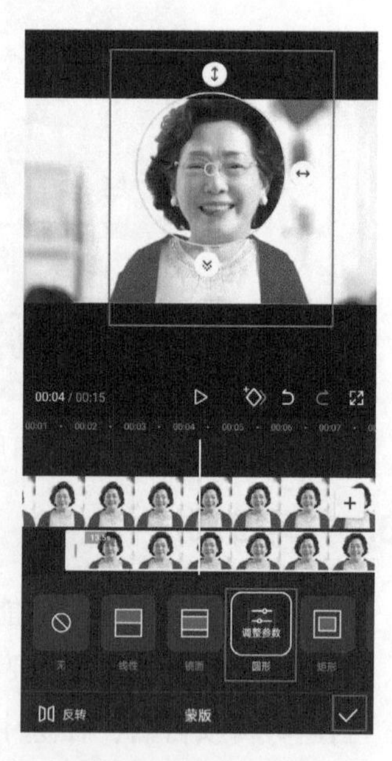

图 5-60 移动画中画素材并调整蒙版参数

完成所有操作后为视频配上合适的音效，即可点击“导出”按钮，将视频保存至相册，应用人物大头特效前后的效果对比如图 5-61 和图 5-62 所示。

图 5-61 案例效果展示（1）

图 5-62 案例效果展示（2）

5.3.4 应用案例：制作漫画分屏特效

本案例将介绍如何制作漫画分屏特效，主要使用的是“蒙版”和“画中画”功能，下面介绍具体的操作方法。

01 打开剪映 App，添加一段白场视频至视频素材的编辑界面，然后在底部工具栏点击“比例”按钮，如图 5-63 所示。选择“9：16”比例，再点击✓按钮保存设置，如图 5-64 所示。然后在底部工具栏点击“贴纸”按钮，如图 5-65 所示。

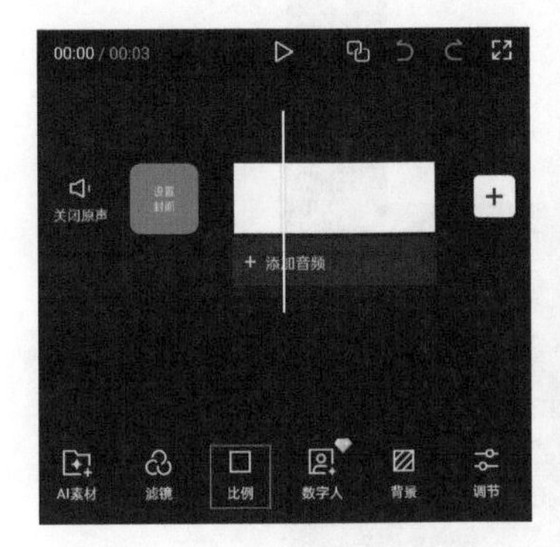

图 5-63 点击“比例”按钮

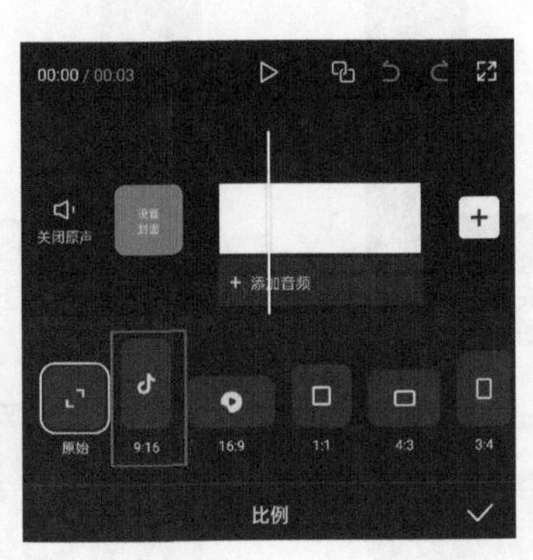

图 5-64 选择“9：16”比例

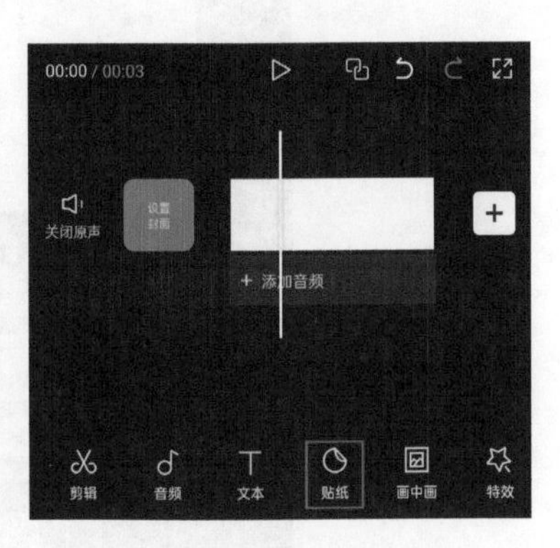

图 5-65 点击“贴纸”按钮

02 在打开的贴纸素材选择界面中，设置“边框”为漫画边框，再点击✓按钮保存设置，如图 5-66 所示。

03 在未选中任何素材的情况下，点击“画中画”按钮，给漫画边框新增图片，如图 5-67 所示。

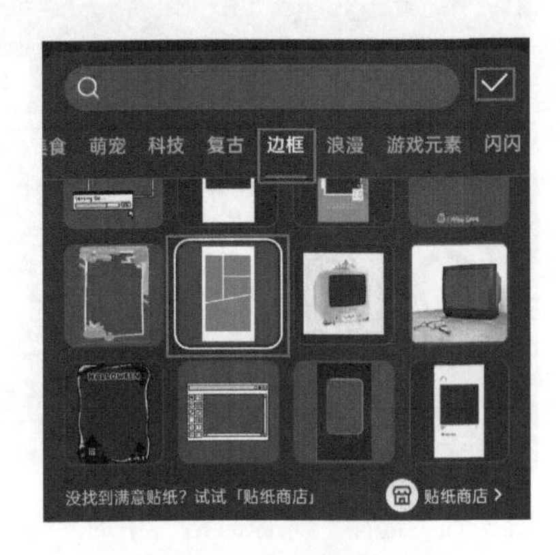

图 5-66 选择漫画边框

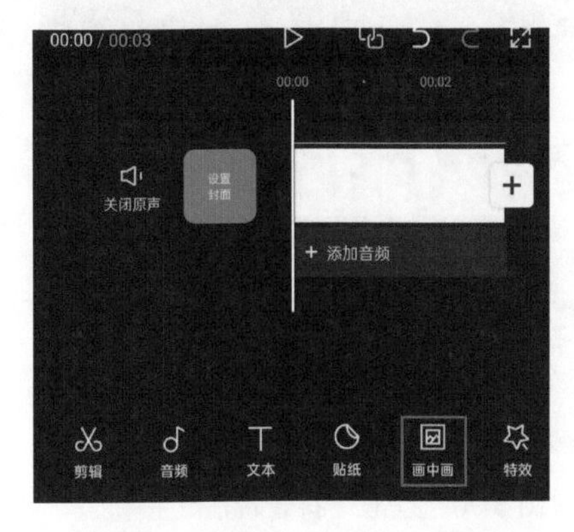

图 5-67 点击“画中画”按钮

04 手动调整新增照片的比例后，在下方工具栏点击“蒙版”按钮，如图 5-68 所示。选择“线性”蒙版，调整线性蒙版的方向和位置，再点击✓按钮保存设置，如图 5-69 所示。

05 随后重复步骤04，完成图片的填入，并调整至视频合适的位置，再点击“抖音玩法”按钮，如图5-70所示。在打开的抖音玩法界面，设置“人像风格”为“萌漫”，点击✓按钮保存设置，如图5-71所示。然后对剩下的图片重复此操作。

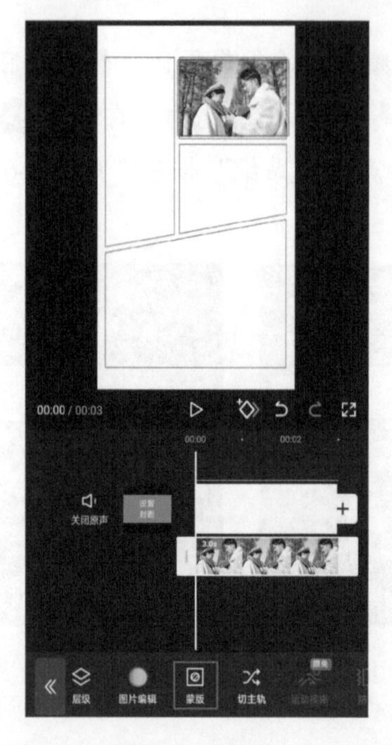

图5-68 调整画中画素材大小并点击“蒙版”按钮

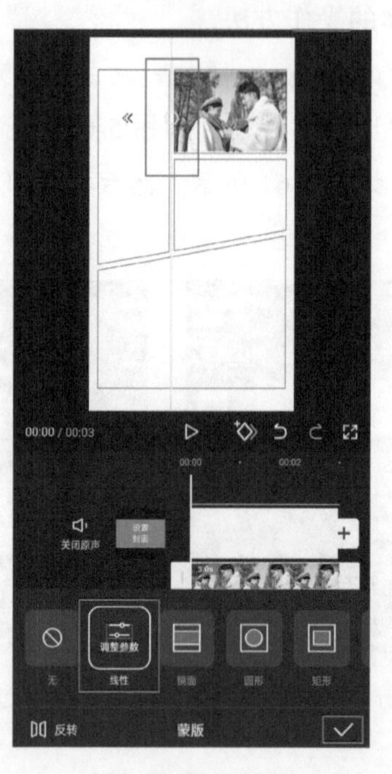

图5-69 选择“线性”蒙版并调整其方向和位置

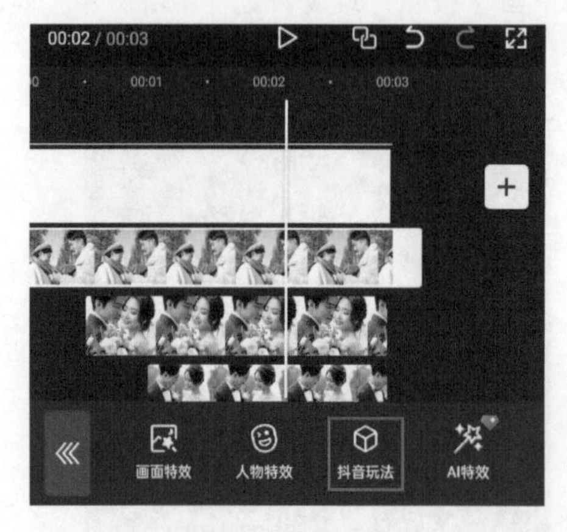

图5-70 点击“抖音玩法”按钮

图5-71 选择“人像风格”中的“萌漫”

06 完成所有操作后，使用音乐功能为视频搭配背景音乐“万有引力”，完成踩点操作后即可点击“导出”按钮导出，将视频保存至相册，制作出的漫画分屏特效效果如图5-72和图5-73所示。

图 5-72　案例效果展示（1）　　图 5-73　案例效果展示（2）

5.4　拓展练习：制作抠图转场效果

本案例将介绍如何使用剪映 App 制作抠图转场效果，下面是具体介绍。

1. 制作要点

01 准备两段及以上的视频素材。

02 使用“定格”功能将视频定格，然后使用“抠像”功能对定格图像进行抠像操作。

03 利用“关键帧”功能制作动画效果，并加上相应的转场效果，实现抠图转场。

2. 最终效果展示

抠图转场的最终效果展示如图 5-74 和图 5-75 所示。

图 5-74　案例效果展示（1）

图 5-75　案例效果展示（2）

5.5 拓展练习：制作时空穿越效果

本案例将介绍如何使用剪映 App 制作时空穿越效果，下面是具体介绍。

1. 制作要点

01 准备一段传送门素材和一段奔跑素材。

02 使用“画中画”和“混合模式”|“滤色”功能将两段素材展现在同一画面上。

03 使用“分割”和“删除”功能将穿越传送门后的图像进行删减，即可得到时空穿越效果。

2. 最终效果展示

最终效果如图 5-76 和图 5-77 所示。

图 5-76　案例效果展示（1）

图 5-77　案例效果展示（2）

5.6 拓展练习：制作冲刺人物定格

以下是使用剪映 App 制作冲刺人物定格方法的简要介绍。

1. 准备素材

首先准备一段包含冲刺人物的视频素材，这段视频应该清晰地展现出人物冲刺的动作。

2. 导入素材

打开剪映 App，点击“开始创作”按钮，导入准备好的视频素材。

3. 定位定格画面

在视频轨道上找到想要定格的画面，通常是人物冲刺到最高潮或者最具表现力的瞬间。

4. 使用定格功能

在编辑界面通常会找到一个“定格”按钮，点击这个按钮，剪映 App 会将当前选中的画面转换为一张静态图片。

5. 调整定格画面

用户可以对定格画面进行进一步的调整，比如调整图片的大小、位置，或者应用一些滤镜来增强视觉效果。

6. 导出成果

完成所有的编辑后，点击“导出”按钮，可以在相册或社交媒体上分享冲刺人物定格作品了。

通过以上步骤，用户就可以使用剪映 App 轻松制作出冲刺人物定格的效果了。

确保视频素材质量足够高，这样定格画面才会更加清晰。在选择定格画面的时候，尽量选择人物动作最鲜明、最具有视觉冲击力的瞬间。可以尝试在定格画面前后添加一些过渡效果，比如慢动作、淡入淡出等，以增强画面的整体观感。

Chapter 6

第6章 综合案例：制作假期旅行碎片Vlog

本章将围绕前面学习的剪映 App 的相关知识，通过制作假期旅行碎片 Vlog 的综合实践案例，让读者更直观地了解并掌握所学知识。该案例将涵盖视频素材的剪辑、背景音频的添加、专业字幕的设计，以及动画转场效果的灵活运用等。

6.1 假期旅行碎片 Vlog 的效果展示

本节是对假期旅行碎片 Vlog 成片的效果展示，该案例由片头文字滚动蒙版开场、片中剪辑并添加多段素材、片尾视频闭幕效果 3 个部分组成，主要使用了剪映的“文本”“动画”“蒙版”“关键帧”“转场”等功能，效果展示如图 6-1 至图 6-4 所示。

图 6-1　案例效果展示（1）

图 6-2　案例效果展示（2）

图 6-3　案例效果展示（3）

图 6-4　案例效果展示（4）

本案例的剪辑要点如下。

01 添加新建文本并结合滚入动画效果制作片头字幕。

02 使用“蒙版”和“关键帧”功能，在片头制作镜头打开的动画效果。

03 添加合适的音频，并结合“添加音乐标记”的功能，使视频整体具有节奏性。

04 为视频添加合适的滤镜，使整个画面的色彩协调自然，为观众提供更舒适的画面效果。

6.2 假期旅行碎片 Vlog 的制作过程

相比较于其他形式的短视频，Vlog 更注重表现视频制作者对于生活的记录和阐述。从制作过程来说，Vlog 既可以很精细，也可以很粗糙，最重要的是表现出视频制作者对于生活的理解。下面将对 Vlog 的制作过程进行详细说明。

6.2.1 制作片头文字滚动蒙版的开场效果

制作片头文字滚动蒙版的开场，主要通过“添加文本”“滚入动画”“混合模式”“添加关键帧”等功能进行制作。下面就将详细介绍如何制作炫酷的片头文字开场效果。

01 打开剪映 App，点击“开始创作”按钮[+]，进入素材添加界面后切换至“素材库”界面，选择其中的黑场素材，完成选择后点击界面右下角的“添加”按钮[添加]，将其添加至剪辑项目中，如图 6-5 所示。将黑场素材的时长调整至 5 秒，并将画面比例调整为原始，如图 6-6 所示。

02 在未选中任何素材的状态下，点击底部工具栏中的“新建文本”按钮[A+]，如图 6-7 所示。

图 6-5　添加黑场素材

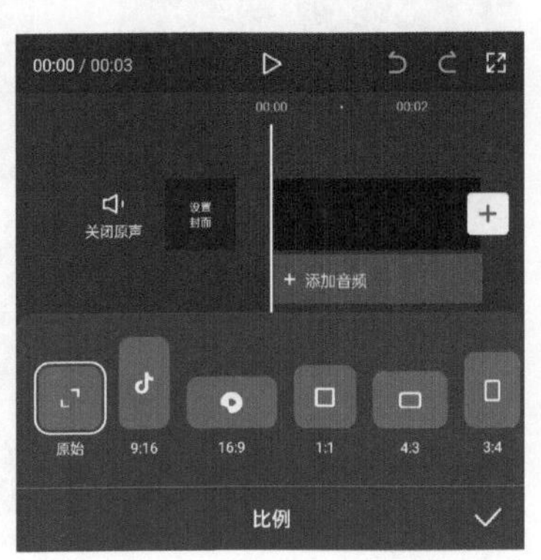

图 6-6　调整画面比例

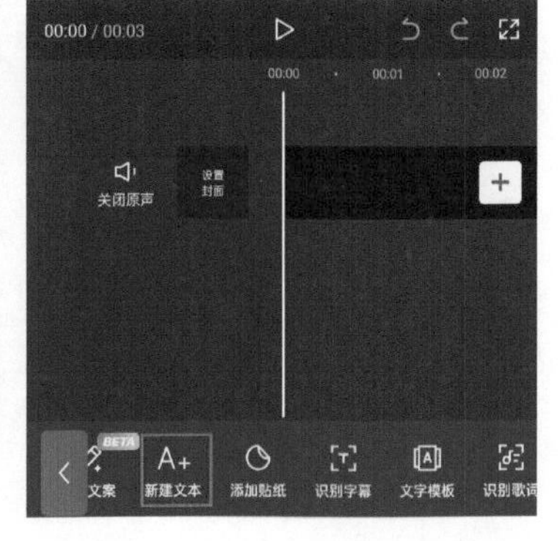

图 6-7　点击“新建文本”按钮

03 在文本编辑框中输入文字，这里输入的是“2”，如图 6-8 所示。

04 选中刚才新建的文本框，点击底部工具栏中的“动画”按钮，选择“入场”|“滚入”动画，如图 6-9 所示。

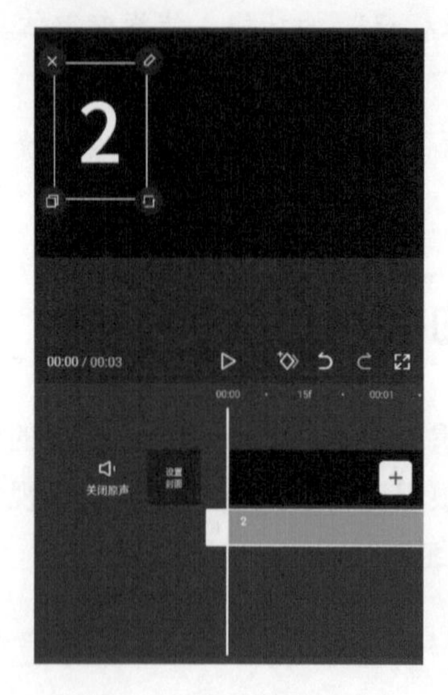

图 6-8　输入所需文字　　　　图 6-9　添加入场动画

05 将时间线拖动至第一段的 12s 处，然后将剩下所需的文字以同样的方式进行添加，如图 6-10 所示。将所有文字尾端的长度调整至与黑场长度一致，如图 6-11 所示。单击“导出”按钮导出，将片头文字滚动视频导出。

06 点击主界面中的“开始创作”按钮+，进入素材添加页面，导入一段飞行素材，如图 6-12 所示。

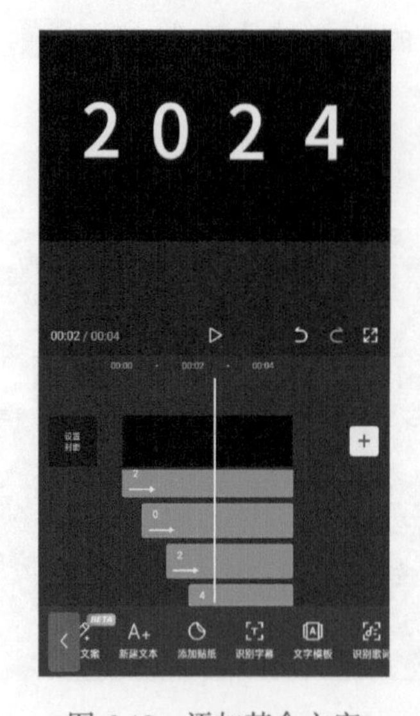

图 6-10　添加其余文字

图 6-11　调整文本长度

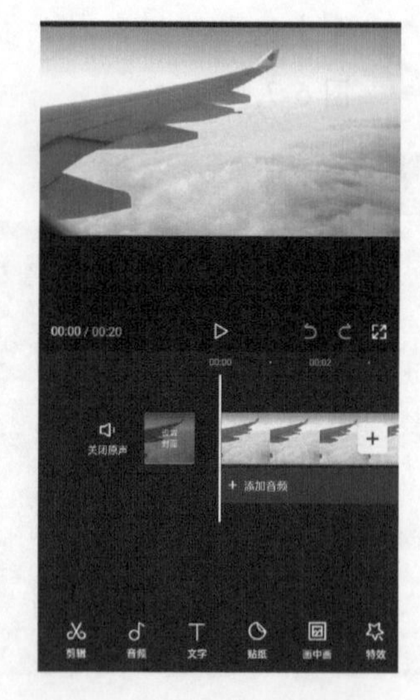

图 6-12　导入飞行素材

07 将时间线拖至开头，点击“画中画”|“新增画中画”按钮，导入刚刚导出片头文字滚动素材，如图 6-13 所示。

08 选中画中画素材，将图片拉伸至与飞行素材同样的大小，然后点击“混合模式”|“变暗”按钮，如图 6-14 所示。

09 再次选中画中画素材，点击“蒙版”|“线性”按钮，如图6-15所示。以分割线为基础，将图片拉伸至两端。

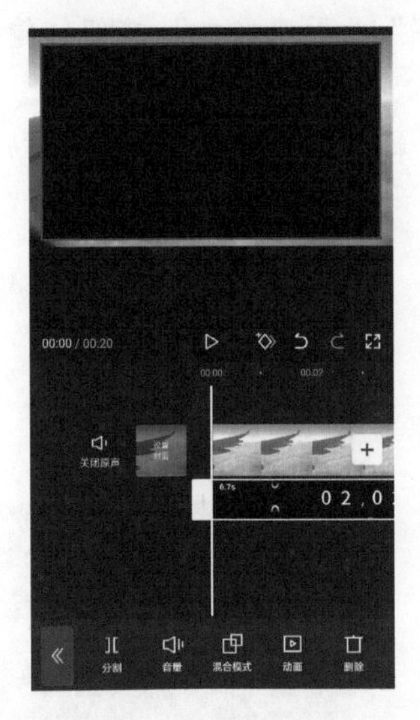

图6-13 添加画中画

图6-14 调整画面大小并将“混合模式”调节为“变暗”

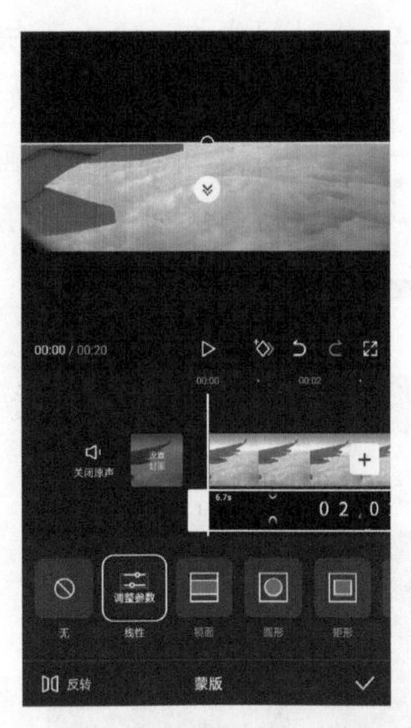

图6-15 添加“线性”蒙版

10 复制画中画素材视频，将其拖动至图片下方并对齐，如图6-16所示。

11 选中复制的画中画素材，点击“蒙版”|“线性”按钮，如图6-17所示。

12 选中第一段画中画视频，点击“动画”|“出场动画”|“向上滑动”按钮，将时长调至1.5s，如图6-18所示。

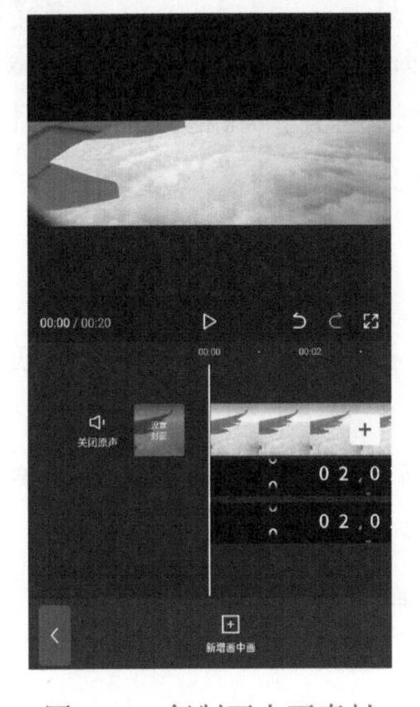

图6-16 复制画中画素材

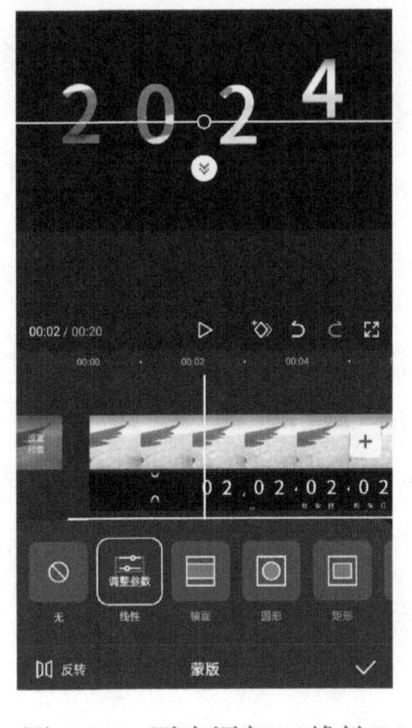

图6-17 再次添加“线性”蒙版

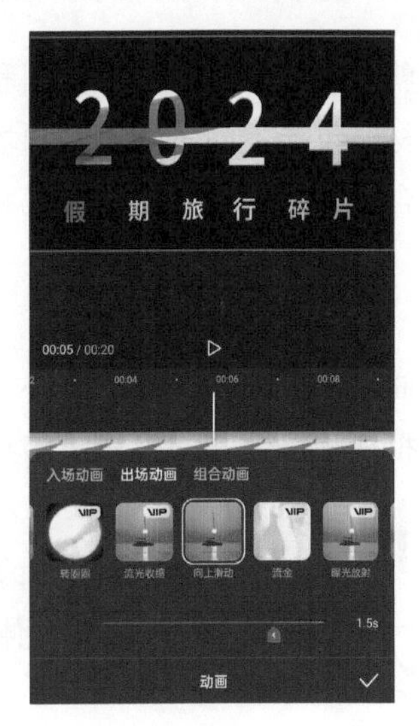

图6-18 添加“向上滑动”出场动画

13 选中第二段画中画视频，点击“动画”|“出场动画”|“向下滑动”按钮，将时长调至1.5s，如图6-19所示。

14 将时间线拖动至上下快要分开的位置，点击“文字”|“新建文本”按钮，输入想要输入的文字内容，如图6-20所示。

15 选中文本，点击“动画”|“出场” | “出场动画”按钮，给文本添加入场动画和出场动画，如图6-21所示。

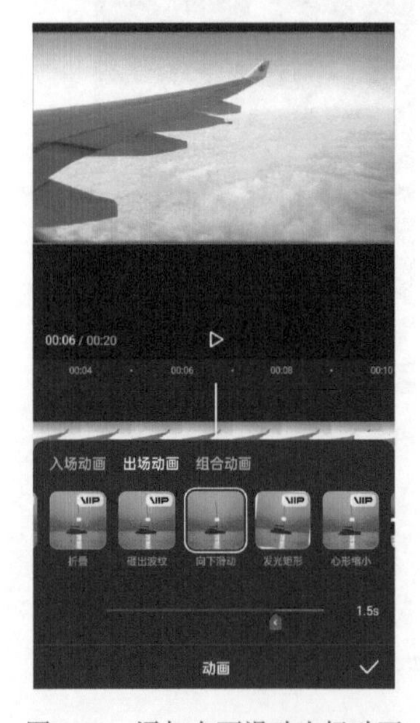

图6-19 添加向下滑动出场动画

图6-20 新建文本输入所需内容

图6-21 为文本添加入场和出场动画

6.2.2 剪辑并添加多段视频素材

剪辑能够帮助创作者梳理和整合拍摄素材。在短视频的制作过程中，通常会拍摄大量的素材，包括不同角度、不同场景、不同时间段的画面。而通过剪辑就能将原本散乱的素材整合成一个连贯、完整的视频。下面是对视频剪辑的具体介绍。

1. 整合视频并调整片段

通过调整视频素材的大小、删减多余的视频片段，能使视频整体更为连贯、精美。下面是将视频整合并调整片段的具体步骤。

01 点击轨道右侧的“导入”按钮[+]，在素材添加页面选择10段视频素材，完成选择后，点击界面底部的“添加”按钮，如图6-22所示。

02 将导入的视频素材拉伸至合适的大小，直至填满屏幕，如图6-23所示。

03 将后续导入的素材片段的时长都调整为4秒，如图6-24所示。

图 6-22 导入视频素材

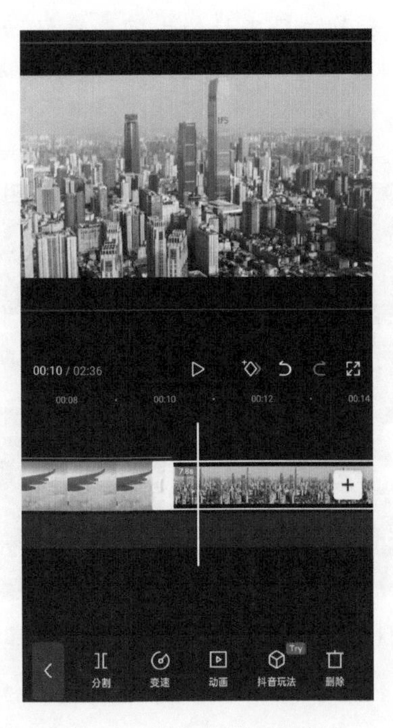

图 6-23 调整素材画面大小

图 6-24 调整素材时长

2. 为视频制作动画转场效果

为短视频添加动画转场有助于实现画面之间的平滑过渡。通过给片段之间添加动画转场效果，不仅能使得画面之间的切换更加自然、流畅，更增强了视频的整体连贯性和观赏性。下面将介绍如何给视频制作动画转场效果。

01 点击第一段和第二段素材中间的添加转场按钮，选择“热门”|“穿越Ⅲ”转场，设置转场时长为 0.5 秒，如图 6-25 所示。

02 在余下的素材片段间，依次添加“穿越Ⅲ”的转场效果。转场效果添加完毕后，最终效果如图 6-26 所示。

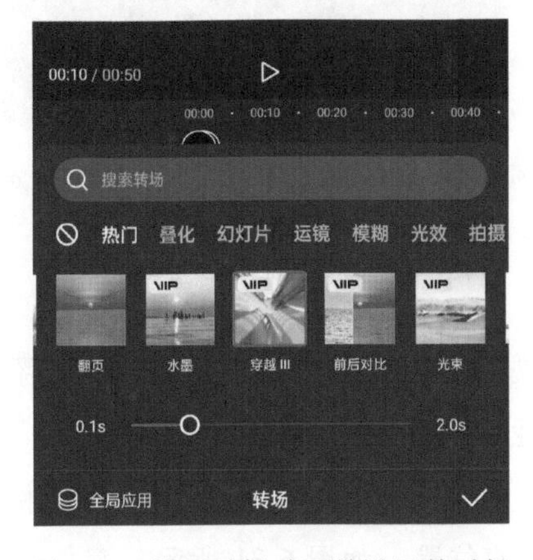

图 6-25 设置转场动画并设置其时长

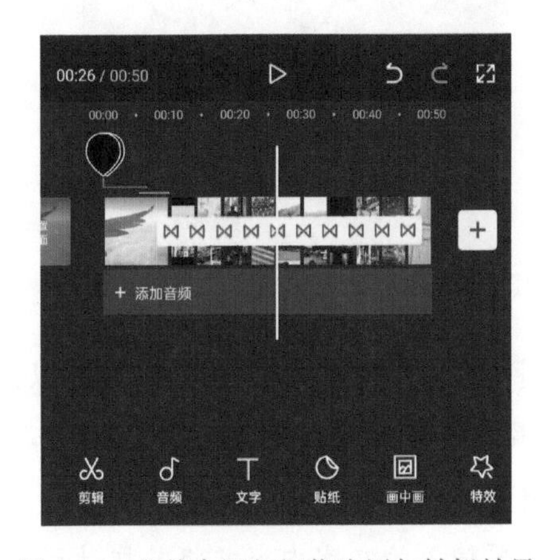

图 6-26 在其余视频间依次添加转场效果

03 将时间线拖动至第一段和第二段素材的中间，选择“特效”|“基础”|“分屏开幕”特效，如图 6-27 所示。然后将“分屏开幕”特效与第二段视频素材的尾端对齐，如图 6-28 所示。

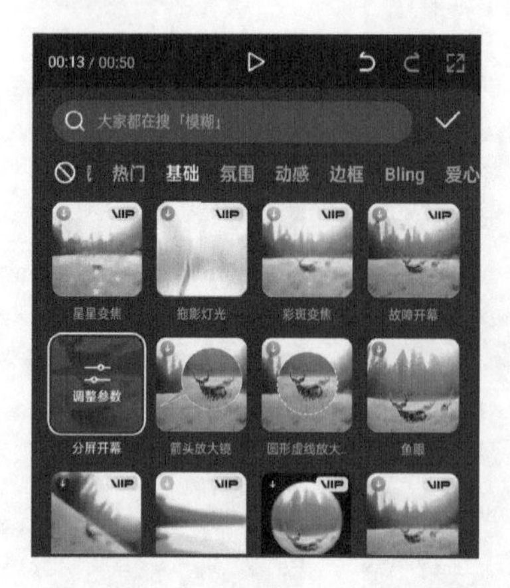

图 6-27 拖动时间线至素材中间并添加“分屏开幕”特效

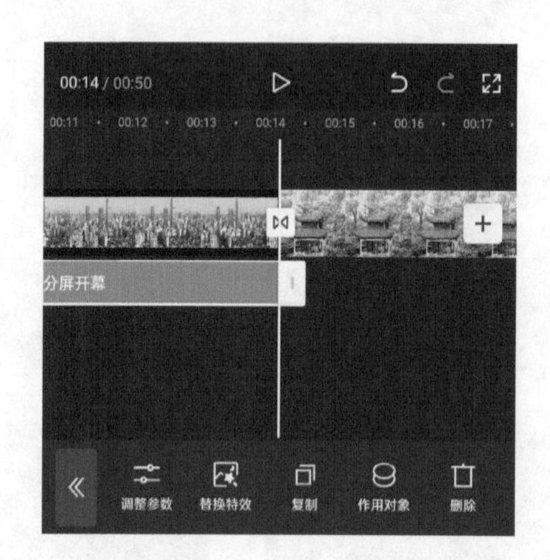

图 6-28 将特效尾端与第二段素材尾端对齐

04 再次将时间线拖动第一段和第二段素材中间，选择“特效”|“边框”|“录制边框Ⅲ”特效，如图 6-29 所示。拖动特效尾端，使其与主轨道视频的尾端对齐，如图 6-30 所示。

图 6-29 添加边框特效

图 6-30 将特效尾端与主轨道视频尾端对齐

3. 为视频制作专业字幕效果

添加字幕并为字幕添加动画效果，可以为视频填补空白区域，也能达到介绍视频中的片段或故事情节的目的。下面是为视频制作专业字幕效果的步骤。

01 将时间线拖动至第二段素材的开头处，点击“文字”|“新建文本” A+ 按钮，输入想要输入的文字内容并将其拖动至合适的位置，如图 6-31 所示。

02 选中新建的文字，选择“动画”|“入场”|“冰雪飘动”入场动画，设置入场时长为 1.5s，如图 6-32 所示。

03 为余下片段素材依次添加字幕效果，字幕效果添加完毕后，在时间线区域排列素材，如图 6-33 所示。

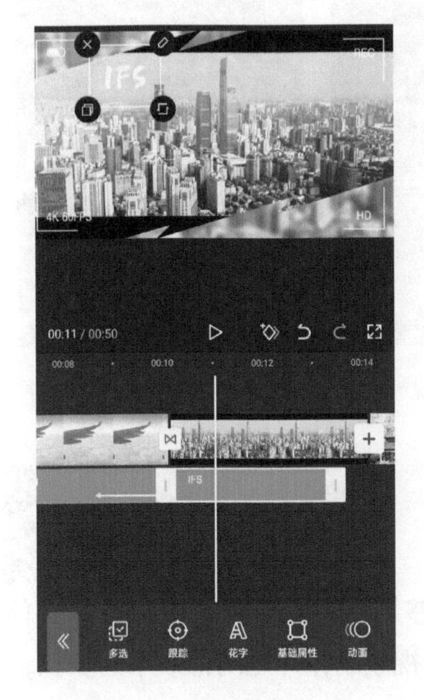

图 6-31　添加文本内容

图 6-32　给文本添加入场动画

图 6-33　为余下素材依次添加字幕

4. 为视频添加背景音频

给视频添加背景音频可以突出视频的重点和亮点。在短视频中，如果需要强调某个场景、动作或情感，可以通过添加音效或节拍点来突出这些内容。例如在背景音频节拍点处，进行视频素材的转场、突出元素等。下面将介绍如何通过添加背景音频达到突出视频亮点的效果。

01 点击底部工具栏中的“音频”|“音乐”按钮，进入音乐素材库，选择并添加音乐，如图 6-34 所示。

02 将时间轴移动至主视频的轨道末端，点击音频素材，在底部工具栏中点击“分割”按钮，将多余素材分割出来。点击多余的音频素材，点击底部工具栏中的“删除”按钮，删除多余素材。处理完毕后的时间线区域如图 6-35 所示。

03 点击音乐素材轨道，打开底部工具栏中的“节拍”|“自动踩点”开关，并将速度调为慢速，如图 6-36 所示。

04 将第一段素材尾端调节至第三个节拍处，其余视频素材的首尾端也都放置在节拍处，如图 6-37 所示。

图 6-34　添加背景音乐

图 6-35　删除多余音频素材

图 6-36　给视频添加节拍点

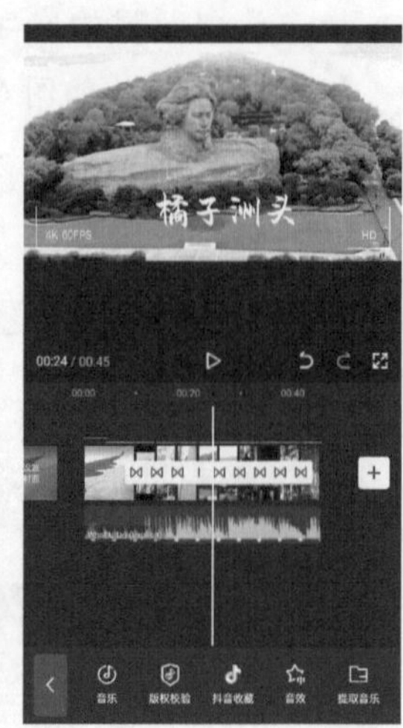

图 6-37　将视频首尾端放置节拍点处

6.2.3　为视频制作片尾闭幕效果

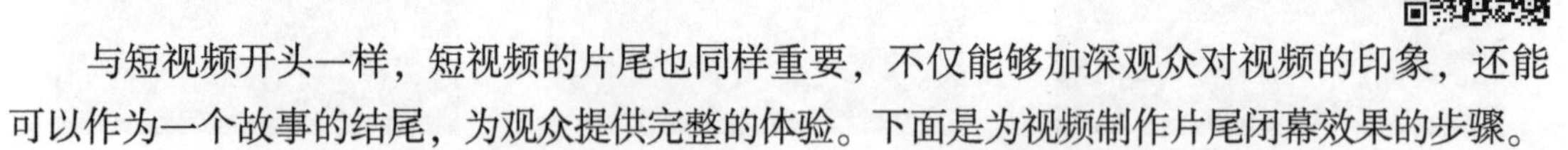

与短视频开头一样，短视频的片尾也同样重要，不仅能够加深观众对视频的印象，还能可以作为一个故事的结尾，为观众提供完整的体验。下面是为视频制作片尾闭幕效果的步骤。

01 将时间线拖动至最后一段视频素材的前一秒处，添加不透明度关键帧，如图 6-38 所示。

02 将时间线拖动至片尾，将不透明度调整至 0，如图 6-39 所示。

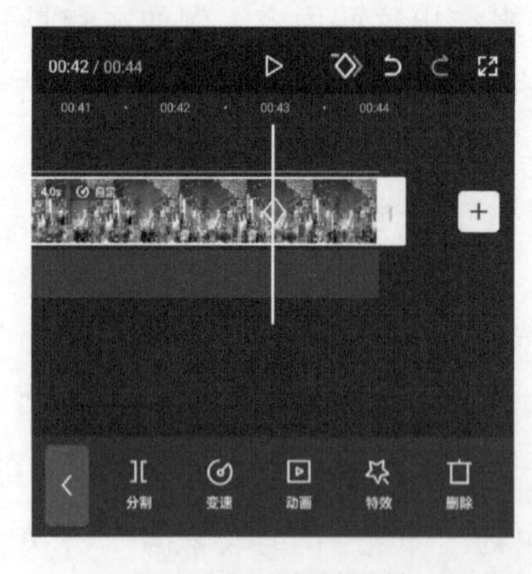

图 6-38　添加关键帧

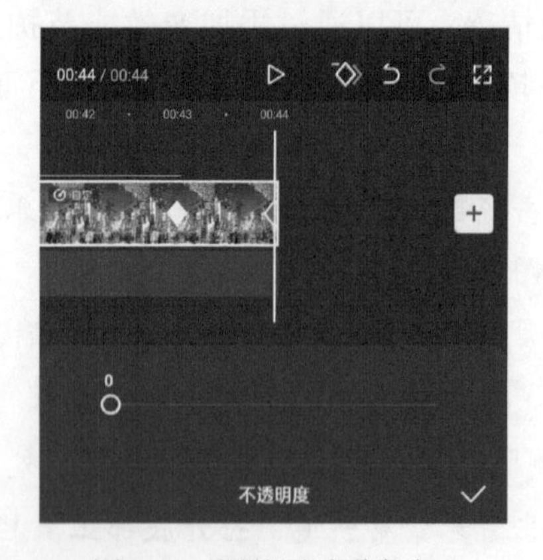

图 6-39　调整不透明度为 0

03 将时间线拖动至最后一段视频素材的前一秒处，单击菜单栏中的“文本”|“新建文本”按钮，填写所需要的文字内容，如图 6-40 所示。

04 调整文字的字体、间距、气泡等元素，如图 6-41 所示。

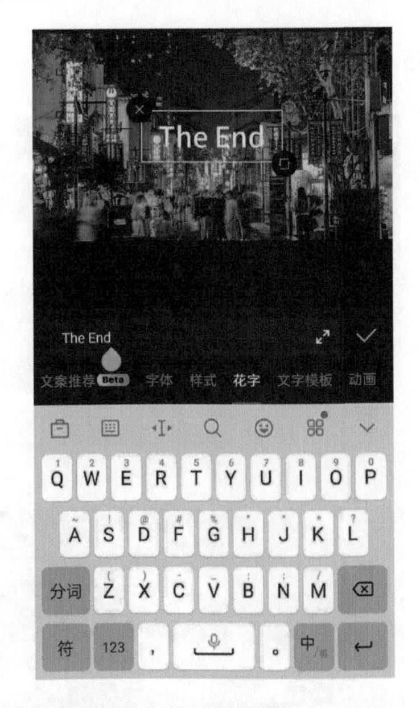

图 6-40　添加文本内容

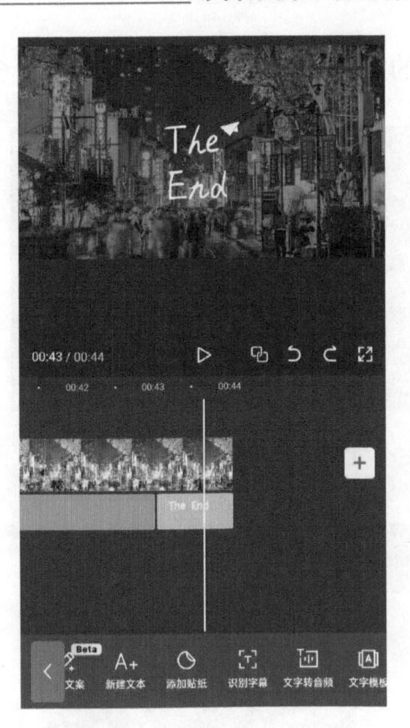

图 6-41　调整文本参数

6. 3　拓展练习：制作美食探店推广视频

美食探店推广视频指通过视频向观众展示店铺的环境、商品、服务等信息，以达到为店铺曝光、导流或促成交易的目的。以下是利用剪映 App 制作美食探店推广视频的简要介绍。

6. 3. 1　美食探店推广视频的制作要点

相较于其他形式的短视频来说，美食探店推广视频的核心是围绕特定餐厅或美食进行介绍和推广。从制作上说，美食探店推广视频既可以很精细，也可以很粗糙，最重要的是吸引目标受众的关注和兴趣。下面将对美食探店推广视频的制作要点进行说明。

1. 明确主题和定位

首先，需要明确美食探店推广视频的主题和定位。比如，可以选择某个特定的美食类型（如川菜、日料等），或者某个特定的场所（如街头小吃、高级餐厅等）。同时，也需要考虑目标受众，以便制定更加贴近他们需求的内容。

2. 掌握拍摄技巧

在拍摄过程中，需要掌握一些基本的拍摄技巧。例如，通过多个拍摄角度来捕捉美食的不同视角，包括特写镜头和全景。同时，还需要注意光线和构图等因素，确保视频画面美观大方。

6. 3. 2　最终效果展示

美食探店推广视频作为一种既能展示美食文化又能推广餐厅的有效手段，要利用剪辑手法对相应素材视频进行剪辑才能脱颖而出，并抓住观众的眼球。下面是正宗重庆火锅店探店推广视频的最终效果，如图 6-42 至图 6-45 所示。

图 6-42　案例效果展示（1）

图 6-43　案例效果展示（2）

图 6-44　案例效果展示（3）

图 6-45　案例效果展示（4）

本案例的剪辑要点如下。

01 选用合适的文字模板或者贴纸制作开头、片尾字幕。

02 通过给开头视频添加不透明关键帧，实现视频渐显的效果。

03 粗剪时对素材进行合理排序，将入店和店内环境放在开头位置，视频主体品尝部分放在片中，结尾处适当添加一些总结和呼吁关注、点赞等话语。

04 添加较为有趣、新奇的转场，如“菱格翻转”转场，可以为视频增添娱乐性。

05 如若视频没有音效，可以在剪映 App 的“音频”|“音效”中寻找音效素材，从而增强整体视频氛围。

6.4 拓展练习：制作二段式 AI 变身特效视频

二段式 AI 变身特效视频是指利用剪映中自带的 AI 效果，将定格动画转换成 AI 生成效果的视频，广泛应用于广告、娱乐、社交媒体等多个领域，下面是具体的介绍。

6.4.1 二段式 AI 变身特效视频的制作要点

通过 AI 技术生成的特效和增强的画面效果，能使得视频在视觉上更加震撼和引人入胜。下面对二段式 AI 变身特效视频制作要点进行说明。

1. 音效和配乐

音效选择：为变身过程添加合适的音效，如魔法音效、转变音效等，可以增强视觉效果。
配乐选择：选择与视频节奏和主题相符的背景音乐，提升视频整体观感和情感共鸣。

2. 增添转场和滤镜

滤镜：滤镜可以美化画面，增强色彩的饱和度和对比度，使画面看起来更加清晰明亮。
转场：某些转场效果可以强调变身前后的转变，使观众更加关注和体验转变的过程。

6.4.2 最终效果展示

二段式 AI 变身特效视频利用了视觉上的冲击力，通过变身过程中的特效和转变效果吸引观众的眼球。本案例展示的是一段滑雪登顶时的视频，最终效果如图 6-46 至图 6-49 所示。

图 6-46 案例效果展示（1）

图 6-47 案例效果展示（2）

图 6-48 案例效果展示（3）

图 6-49 案例效果展示（4）

本案例的剪辑要点如下。

01 在视频需要变身的片段进行定格，并将定格动画进行 AI 处理。

02 添加丝滑的转场动画，如“叠化”转场，使变身更具连贯性。

03 适当添加滤镜，使视频整体画面色彩更为丰富、色调和谐统一。

6.5 拓展练习：制作校园回忆复古磁带 DV

校园回忆复古磁带 DV 指的是一种视频创作风格或主题，具有怀旧复古的元素，能让

观众回忆起校园时光。下面是制作校园回忆复古磁带 DV 的具体介绍。

6.5.1 校园回忆复古磁带 DV 的制作要点

校园总是让人向往，包括学生时代的片段、校园景观、友情、爱情，校园回忆复古磁带 DV 是一种以校园回忆为主题，同时采用了复古磁带风格的数字视频。下面是其制作要点。

1. 特效和滤镜

使用视频编辑软件添加复古磁带效果的滤镜和特效，如模糊、颗粒感、色彩偏差等，使画面看起来像是从老式磁带中播放出来的效果。

2. 拍摄校园场景和元素

拍摄或收集校园场景、校园建筑、学生生活场景、校园活动等素材作为视频的内容和背景。

6.5.2 最终效果展示

最终效果图如图 6-50 至图 6-53 所示

图 6-50 案例效果展示（1）

图 6-51 案例效果展示（2）

图 6-52 案例效果展示（3）

图 6-53 案例效果展示（4）

本案例的剪辑要点如下。

01 选取合适的素材，展示与同学们一起在校园中生活、学习的片段细节。

02 在素材间添加转场效果时，可以选择较为梦幻的转场，以表现出回忆的感觉。本案例添加的是“模糊”分类下的“亮点模糊”特效。

03 使用放映机、失焦、曝光、录像带等特效制作复古磁带 DV 效果。

专业版篇

Chapter 7 第7章 视频调色技巧

本章将详细介绍如何通过调节参数和滤镜给视频调色，给视频整体画面增添视觉效果、营造氛围和强化重点，并结合实际案例使用户快速掌握视频调色技巧。

7.1 使用调色功能调色

剪映中提供了很多调色工具，包括色相、饱和度、亮度、对比度、色温等基础参数的调整，以及色彩曲线、色彩平衡、色阶等高级调色功能。通过这些调色工具，用户可以自由地调整视频的颜色和色调，使得视频更加生动、鲜明、富有艺术感。本节将详细介绍剪映专业版的调节参数及运用方式。

7.1.1 了解调节参数

调节参数指的是在图像处理或摄影后期处理中，为了改变图像的色彩、亮度、对比度等而调整数值或选项。这些参数通常可以帮助用户精确地控制图像的外观，以达到期望的艺术或表达效果。

剪映中提供的可调节的参数如下。

1. 色温

色温指颜色的温度，用来调整视频的整体色调，能控制画面的冷暖，使其更加冷或更加暖。色温通常用来描述光源的色调，分为冷色调（为蓝色）和暖色调（为黄色）。当图像向冷色调调整时，效果如图 7-1 所示。当图片向暖色调调整时，效果如图 7-2 所示。

通过调节整体色温可以改变视频的氛围，使得视频更加生动有趣。

2. 色调

色调是颜色的基本属性之一，主要用来描述颜色的品质和特征。色调通常用来描述视频的整体色彩效果，包括色彩的纯度、饱和度、明暗度等。

图 7-1　冷色调效果图

图 7-2　暖色调效果图

通过调整视频的色调，可以改变视频的视觉感受，使得视频更加生动、鲜明、富有艺术感。色调可以调节画面中的绿色和洋红色，在处理画面颜色失衡的情况时有重要作用。

3. 饱和度

饱和度指颜色的纯度和强度，可以理解为调节画面颜色的鲜艳程度，对应滑块越往左边颜色越灰，越往右边颜色越鲜艳。

通过调整饱和度可以让颜色更加鲜明、明亮，或更加柔和、自然，饱和度越高，颜色越鲜艳，如图 7-3 所示。饱和度越低，颜色越淡雅，如图 7-4 所示。

图 7-3　高饱和度效果图

图 7-4　低饱和度效果图

4. 亮度

亮度主要用于控制图像整体的明暗程度。具体来说，调节亮度可以影响图像中所有像素的明暗级别，从而改变图像的整体观感。

5. 对比度

对比度主要影响图像的明暗差异和层次感。对比度指的是图像中最亮和最暗部分之间的亮度差异范围。

6. 高光

高光主要用于调节图像中最亮部分的亮度和细节表现。具体来说，高光工具或参数能够增强图像中明亮区域的亮度，使其更加突出和鲜明。调节高光前后的对比效果如图 7-5（原图）和如图 7-6 所示（处理后的图片）。

7. 阴影

阴影主要用于调节图像中较暗部分的亮度、对比度和细节表现。具体来说，阴影的调整能够影响图像中暗部的明亮程度，使其更加清晰或柔和。

图 7-5　高光对比（前）

图 7-6　高光对比（后）

8. 白色

白色调节常用于增强色彩的明度并降低其纯度，特别是在水粉画和油画中，白色的使用比其他颜色更为频繁。在画近处、实处和高光处时，多使用白色有助于形体的塑造，使其更加鲜明、结实和突出。通过结合用笔和画面色彩的干湿、厚薄处理，白色和其他颜色的调用能够实现既有变化又统一的视觉效果。

9. 黑色

黑色调节主要用于增强图像的对比度。通过调整黑色，可以改变图像中黑色和白色点的分布，使黑色部分更加饱和，从而增强图像中黑色和白色之间的对比度。当图像的对比度不足时，使用黑色调节功能可以使图像中的细节和纹理更加清晰地展现出来。此外，黑色调节还能用于微调图像的曝光和阴影，使图像整体更加平衡和自然。例如，在图像曝光过亮时，降低黑色的值可以使曝光恢复正常；而当图像的阴影部分过暗时，提高黑色的值可以丰富阴影的细节。

10. 光感

光感与亮度的作用相似，但亮度是将整体画面变亮，而光感是控制光线，调节画面中较暗和较亮的部分，而中间调保持不变。光感是综合性的调整。

11. 锐化

锐化能调节画面的锐利程度，一般给要上传抖音的视频中添加 30 的锐化会使视频更加清晰。

12. 颗粒

调节颗粒能给画面添加颗粒感，适用于复古类的视频，调节颗粒前后的对比效果如图 7-7（原图）和图 7-8（处理后的图片）所示。

图 7-7　颗粒对比（前）

图 7-8　颗粒对比（后）

13. 褪色

在摄影后期调色中，褪色是一种常用的技术手段。通过使用不同的褪色预设或手动调整，可以为照片添加复古、怀旧或现代时尚等不同的风格。例如，一些褪色预设可以消除照片的自然闪光并添加金色光芒，使照片更加经典复古，适用于街头人像、静物等多种拍摄场景。

14. 暗角

暗角是在图像的边缘或角落处故意降低亮度，形成一种渐变的效果，使得图像的中心部分相对于边缘部分更为明亮。这种技术可以产生多种视觉效果和艺术风格。

7.1.2　了解“HSL”功能

“HSL”功能主要用于对图像中的特定颜色进行精细化调整，而不会影响到其他颜色。HSL 即色相（Hue）、饱和度（Saturation）和亮度（Lightness）的缩写，这 3 个参数共同决定了颜色的外观。

通过调整 HSL 工具中的色相、饱和度和亮度滑块，可以精确地改变图像中特定颜色的表现。例如，可以增加红色的饱和度，使红花看起来更加鲜艳，如图 7-9 所示。或者降低蓝色的亮度，使蓝天看起来更加柔和，如图 7-10 所示。这种调整方式非常直观且高效，是许多专业摄影师和设计师在后期处理中常用的手段。

图 7-9　增加红色饱和度

图 7-10 降低蓝色亮度

7.1.3 了解色轮和曲线

调色中的色轮和曲线各自扮演着不同的角色，它们都是用于调整图像或视频色彩的重要工具。

1. 色轮

色轮是基于特定的几种颜色，通过互补、对比、临近等混合方式产生的环状色彩排列。在调色中，色轮主要用于调整各区域的色彩偏向。通过搭配补色、类似色、对比色的方式，可以精确地调整图像或视频中的色彩。在剪映中，色轮分为“一级色轮”和“log 色轮”，如图 7-11 所示。

图 7-11 一级色轮和 log 色轮示意图

一级色轮：通常包含暗部、中灰、亮部和偏移 4 个部分，这 4 个部分用于控制画面不同亮度区域的色彩和明度。调整一级色轮中的参数时，其影响范围会相互重叠，使得色彩过渡更加柔和、自然。

log 色轮：基于对数刻度表示亮度级别，允许用户更加精细地调整阴影、中间调和高光部分，而不会对其他亮度区域产生太大影响。log 色轮的范围通常是从 0%到 100%或更宽的动态范围，其中 0%代表完全的黑暗（阴影），100%代表完全的亮区（高光）。

2. 曲线

曲线主要用于增加色彩、调亮、调暗、调整对比度。通过调整曲线，可以改变图像或视频中的亮度、对比度和色彩平衡。具体来说，曲线工具可以针对画面全局进行调整，也可以分别针对画面的暗部、中间亮部和亮部进行调整，如图 7-12 所示。在调整色彩时，可以选择不同的通道（如红、绿、蓝通道），通过向上或向下调整曲线来改变相应颜色的强度，如图 7-13 所示。此外，通过调整曲线的形状，还可以实现图像的明暗对比和曝光度的调整。

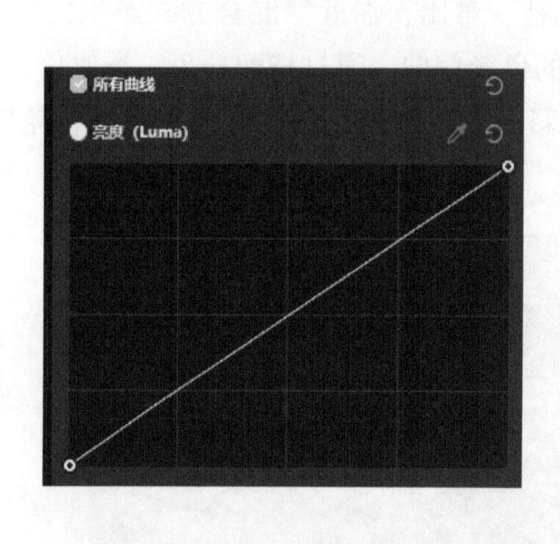

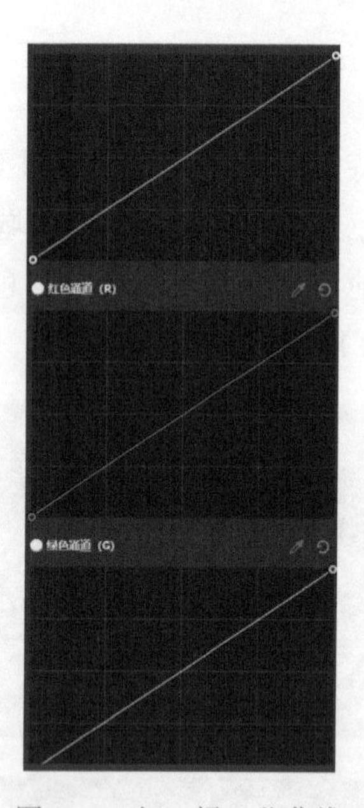

图 7-12 亮度曲线

图 7-13 红、绿、蓝曲线

7.1.4 应用案例：粉色天空调色

本节将介绍如何利用剪映专业版制作粉色天空调色，粉色天空调色主要是通过调整色温、色调、曲线等参数来改变天空的颜色。下面介绍具体操作方法。

01 打开剪映专业版，单击“开始创作”按钮[+]，上传一段“石柱天空”视频，然后将素材拖动至轨道上，如图 7-14 所示。

02 找到界面右上侧的工具栏，单击“调节”|“基础”按钮，进入“调节”界面，如图 7-15 所示。

图 7-14　上传视频

03

调节“色彩”区域中的色温和色调，因为粉色的天空散射出来的光会偏冷偏洋红，所以这里将“色温”滑块往左调整至-13，而“色调”滑块则往右调整至 42，效果如图 7-16 所示。

图 7-15　“调节”界面

图 7-16　调节色温和色调后的效果

04

降低“对比度”至-16，减弱过强的反差，同时调整“亮度”至 13，提升画面亮度，如图 7-17 所示。

05

将“高光”调整至 30，“阴影”调整至-11，使整体画面更加柔和，如图 7-18 所示。

06

切换至“曲线”界面，将红色通道右侧的线往上拉，左侧的线往下拉，如图 7-19 所示。

图 7-17　降低对比度并增加亮度

图 7-18　调节高光和阴影

07 最后切换至“色轮”界面，将“高光”“中间调”的亮度往上调整，将“阴影”的亮度往下微调，如图 7-20 所示。

图 7-19　拉高右侧曲线并降低左侧曲线　　图 7-20　调整色轮工具

08 这样，粉色天空调色就完成了，最终效果对比如图 7-21 和图 7-22 所示。

图7-21　案例效果图展示（1）

图7-22　案例效果图展示（2）

7.1.5　应用案例：制作灰片效果

灰片效果的特点在于明暗关系不明显，颜色没有特定的风格化，整体看起来相对平整，但也保留了足够的细节，可以突出主题，渲染特定的气氛，并协调画面的整体效果。下面将详细介绍如何利用剪映专业版来制作灰片效果。

01 打开剪映专业版，单击“开始创作”按钮[+]，上传一段“咖啡馆”视频素材，然后将素材拖动至轨道上，如图7-23所示。

02 找到界面右上侧的工作区域，单击“调节”|“基础”按钮，进入“调节”界面，如图7-24所示。

图7-23　上传视频素材

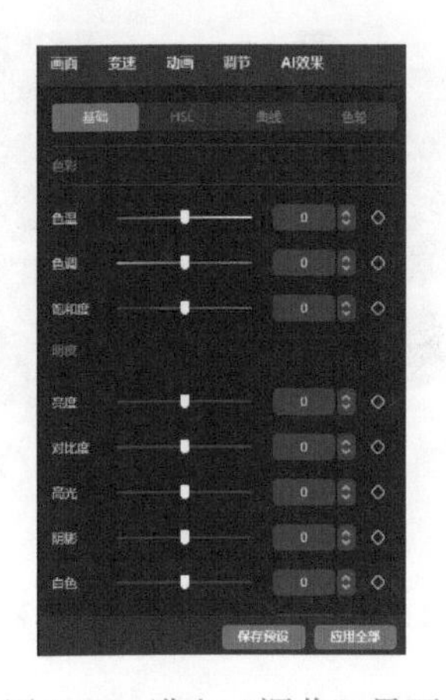

图7-24　进入“调节”界面

03 将“色温”调整至-15，使整体画面效果偏冷色调，降低饱和度至-18，使整体部分更低调，如图7-25所示。

04 将“亮度”调整至14，使视频明暗对比不那么强烈，并降低“对比度”至-10，使视频呈现灰度，如图7-26所示。

05 将“高光”调整至-20，“阴影”调整至15，防止窗外区域曝光过度，并提升阴影和亮度，使明暗对比更偏向于灰，如图7-27所示。

06 单击“HSL”工具，将红色饱和度调整至-10、“亮度”调整至21，将橙色饱和度调整至-15，“亮度”调整至28，如图7-28所示。

图 7-25　降低色温和饱和度的效果

图 7-26　提高亮度并降低对比度的效果

图 7-27　降低高光并提高阴影的效果

图 7-28　降低红色和橙色的饱和度并提高亮度的效果

07 至此，灰片效果已经制作完成了，最终效果对比如图 7-29 和图 7-30 所示。

图 7-29　案例效果图展示（1）

图 7-30　案例效果图展示（2）

7.1.6　应用案例：小清新人像调色

小清新人像调色旨在通过调整照片的色彩和光影，使人像作品呈现出清新、自然、柔和的视觉效果。这种调色风格通常注重突出人物的美貌和气质，同时营造出轻松愉悦的氛围。下面将介绍如何使用剪映专业版进行小清新人像调色。

01 打开剪映专业版，单击“开始创作”按钮 ＋，上传一段“画画”视频素材，然后将素材拖动至轨道上。

02 找到界面右上侧的工作区域，单击“调节”|“基础”按钮，进入“调节”界面，如图 7-31 所示。

03 调整其“亮度”至 10，“高光”至 -14，目的是拉高整体亮度并减少由于过曝导致的细节丢失，效果如图 7-32 所示。

图 7-31 进入“调节”界面

04 将“对比度”调整至-11，“阴影”调整至 12，目的是凸显小清新风格的特点和增加画面中较暗部分的亮度，如图 7-33 所示。

图 7-32 提高亮度并降低高光的效果

图 7-33 降低对比度并提高阴影的效果

05 将“色温”调整至-16，“色调”调整至-14，降低色温能使画面更加柔和、自然，降低色调可以让画面更加干净、清爽，如图 7-34 所示。

06 单击“HSL”功能，将黄色饱和度调整为-12、亮度调整为 18，橙色饱和度调整为-21、亮度调整为 20，绿色饱和度调整为-19、亮度调整为 31，如图 7-35 所示。

图 7-34 降低色温和色调的效果

图 7-35 降低黄色饱和度并提高亮度的效果

07 至此，小清新调色已经制作完成了，最终效果如图7-36和图7-37所示。

图7-36 案例效果图（1）

图7-37 案例效果图（2）

7.2 使用滤镜调色

使用滤镜调色通过使用滤镜工具来调整照片的色彩和色调，以实现特定的视觉效果。使用滤镜调色能够改变图像的色彩平衡、色相、饱和度、对比度、亮度等参数，让图像更加鲜明、真实或者梦幻。

7.2.1 使用滤镜的方法

在剪辑视频时，用户经常会通过给视频添加滤镜来提高视频的整体观感，但是如何给视频添加滤镜也是一门技术活，因为不仅需要选择匹配的滤镜，还需要对添加滤镜的参数进行调整，否则视频很容易出现失真的情况。下面介绍两种滤镜的使用方法，帮助用户轻松提升短视频的观感。

1. 直接使用滤镜

直接使用滤镜是指在视频剪辑过程中，选择并立即将滤镜效果应用到视频素材上，不进行复杂的调整或设置。这个过程通常涉及以下几个步骤。

01 导入视频素材：首先在视频剪辑软件中导入需要编辑的视频素材。

02 选择滤镜效果：在软件的滤镜库或效果界面中选择想要的滤镜效果。这些滤镜包括色彩校正、风格化、复古效果、电影感调色等多种类型。

03 添加滤镜：选中滤镜后，单击“添加”按钮或直接将滤镜拖拽到视频素材上进行应用。一旦应用，滤镜效果会立即显示在视频素材上。

04 预览和调整：在应用滤镜后，可以预览视频以查看滤镜效果。如果滤镜效果太强烈或不符合预期，可以实时调整滤镜的强度或参数，以达到用户满意的效果。

05 导出视频：当对应用了滤镜的视频感到满意后，可以导出编辑后的视频。

直接应用滤镜的好处是操作简单快捷，适合初学者或需要快速添加滤镜效果的情况。

2. 组合使用滤镜

组合使用滤镜是指在视频剪辑过程中，将多个滤镜效果叠加在一起，应用于同一段视频素材上，以创造出更为丰富和独特的视觉效果。

具体来说，当用户在剪辑软件中选择了一个滤镜后，可以继续选择并应用另一个或多个滤镜，这些滤镜会按照添加的顺序依次叠加在视频素材上。每个滤镜都会对其下的视频或已有的滤镜效果产生影响，从而形成一种综合的视觉效果。

组合使用滤镜的好处在于可以充分发挥各个滤镜的特点，通过叠加和组合来创造出更多样化的视觉效果。例如，用户可以先使用一个色彩滤镜来调整视频的整体色调，然后再叠加一个亮肤滤镜来增强某处皮肤的亮度，或者添加一个模糊滤镜来营造特定的氛围。图 7-38 为原素材，图 7-39 为添加晚晴滤镜后的效果，图 7-40 为在图 7-39 的基础上添加了亮肤滤镜的效果，使图片中人物的整体肤色和色调变得更为清晰和明亮。

图 7-38　原素材

图 7-39　添加晚晴滤镜的效果

图 7-40　添加晚晴和亮肤滤镜的效果

需要注意的是，组合使用滤镜也需要注意平衡和协调，过多的滤镜叠加可能会导致视频效果过于复杂或混乱。因此，在选择和组合滤镜时，需要根据视频的内容和风格来进行权衡和调整，以达到最佳的视觉效果。

7.2.2　应用案例：赛博朋克夜景调色

赛博朋克夜景调色是一种特定的色彩调整风格，通常用于表现未来主义、高科技的场景。在调色过程中，一般会提高曝光和对比度，以突显城市建筑的细节和质感。同时，还需要降低高光和白色色阶，避免过曝并保持细节；增加阴影和黑色色阶，还原暗部细节，使画面层次更丰富。

在色彩调整方面，赛博朋克夜景调色通常降低暖色饱和度，调整冷色系色相并偏向蓝色，通过色调分离给高光和阴影加入冷色（偏蓝）。这样的调整可以营造出一种冰冷、疏离的氛围，符合赛博朋克风格的主题。下面是使用剪映专业版进行赛博朋克夜景调色的具体步骤。

01 打开剪映专业版，单击“开始创作”按钮[+]，上传一段“城市夜景”视频素材，并将其拖动至轨道上，如图 7-41 所示。

02 单击菜单栏中的“滤镜”按钮，添加一段“赛博朋克-粉”的滤镜并拖动，使其与视频时长相同，如图 7-42 所示。

图 7-41　上传视频素材

图 7-42　添加“赛博朋克-粉”滤镜

03 选中视频素材，切换至“调节”界面，对视频素材进行调色，如图 7-43 所示。

04 将“色温”和“色调”分别调整至−36 和 39，因为赛博朋克风格需要冷色调的色温，使画面颜色变得更为丰富，如图 7-44 所示。

图 7-43　进入“调节”界面

图 7-44　降低色温并提高色调的效果

05 将“亮度”和“对比度”都调整至 10，增加暗部细节，让画面更有层次感，如图 7-45 所示。

06 将“高光”和“阴影”分别调整至−31 和 19，这样做的目的是让画面的细节足够丰富，如图 7-46 所示。

图 7-45　提高亮度和对比度的效果

图 7-46　降低高光提高阴影的效果

07 将“白色”调整至8，将“黑色”调整至-7，这样可以保证细节又让画面不至于太灰，如图7-47所示。

08 将“饱和度”提升至7，提升画面整体的色彩鲜艳度，如图7-48所示。

图7-47 提高白色并降低黑色的效果

图7-48 提高饱和度的效果

09 至此，赛博朋克夜景调色已经完成了，最终效果如图7-49和图7-50所示。

图7-49 案例效果展示（1）

图7-50 案例效果展示（2）

7.2.3 应用案例：复古街道风景调色

复古街道调色主要通过对色彩、对比度和色调等参数进行调整，以营造一种怀旧、古老和具有历史感的氛围。下面介绍如何通过剪映专业版来进行复古街道风景调色。

01 打开剪映专业版，单击“开始创作”按钮[+]，上传一段“港风街景”视频素材，如图7-51所示。并将其拖动至轨道上。

02 单击菜单栏中的“滤镜”按钮，添加一段“复古”滤镜并拖动，使其视频时长相同，如图7-52所示。

图7-51 上传视频素材

图7-52 添加“复古”滤镜

03 选中视频素材，切换至“调节”界面，对视频素材进行调色，如图 7-53 所示。

04 将“色温”和“色调”分别调整至 25 和−23，使整体画面颜色呈黄绿色调，如图 7-54 所示。

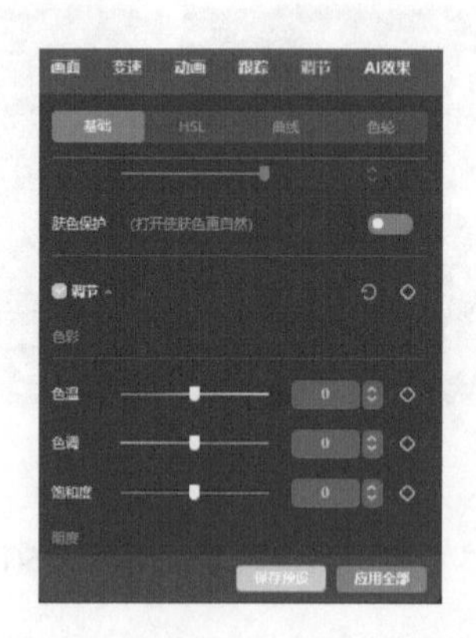

图 7-53 进入“调节”界面

图 7-54 提高色温并降低色调的效果

05 将“亮度”和“对比度”调整至−11 和−13，降低亮度能使整体画面显得更为柔和，减少刺眼的强光。降低对比度可以减少画面中的明暗差异，使色彩更加和谐统一，如图 7-55 所示。

06 将“阴影”和“饱和度”分别调整至 18 和 11，提高阴影部分可以增强照片中的暗部细节，让整体画面更加饱满和立体。提高饱和度可以使照片中的色彩更加鲜艳、浓郁，从而强化复古风格的视觉效果，如图 7-56 所示。

图 7-55 降低亮度和对比度的效果

图 7-56 提高阴影和饱和度的效果

07 至此，复古街道风景调色就完成了，最终效果对比如图 7-57 和图 7-58 所示。

图 7-57 案例效果展示（1）

图 7-58 案例效果展示（2）

7.2.4 应用案例：制作小清新漏光效果

小清新漏光效果是一种具有浓郁文艺气息的复古效果，适用于多种日常场景，下面介绍利用剪映专业版制作小清新漏光效果的具体方法。

01 打开剪映专业版，点击“开始创作”按钮[+]，上传一段“海边”素材，如图 7-59 所示。

02 在菜单栏中选择“素材库”选项，然后添加“白场”素材，如图 7-60 所示。拖动该素材，使其与“海边”素材的首尾端对齐。

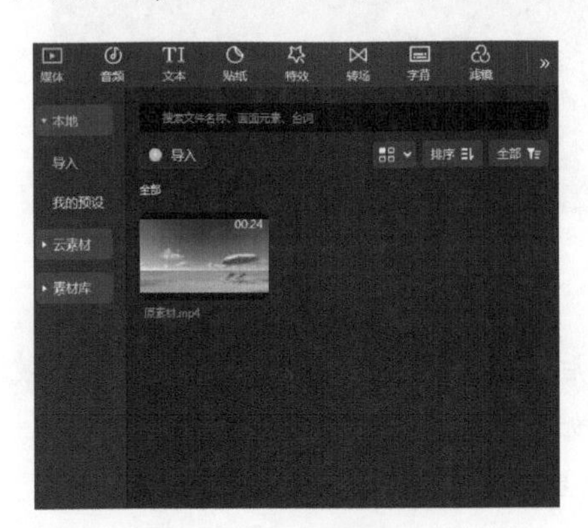

图 7-59 上传视频素材

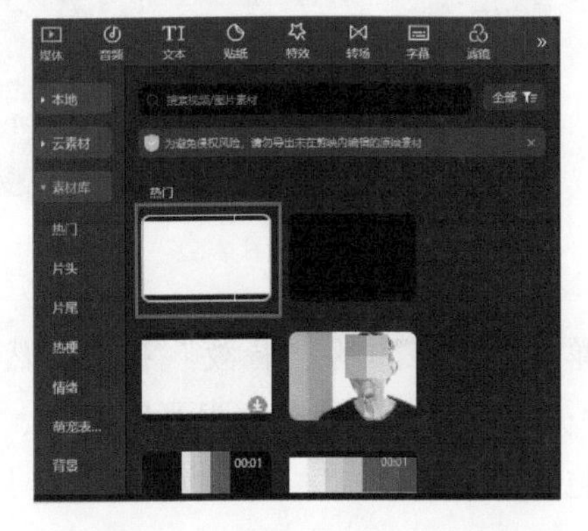

图 7-60 添加“白场”素材

03 选中“白场”素材，单击右侧调节栏中的“画面”|“基础”按钮，将“位置”区域中的“Y”值调整至 1892，就能得到画面上的白边效果，如图 7-61 所示。

图 7-61 调整“白场”素材位置

04 选中“白场”素材，单击鼠标右键复制，得到素材“02”，将其主视频对齐，并将“02”素材“位置”区域中的“Y”值调整至 1911，就能得到画面下的白边效果，如图 7-62 所示。

图 7-62 复制“白场”素材并调整位置

05 单击工具栏中的“特效”按钮，然后单击特效选项栏中的“画面特效”，添加“光”分类下的“胶片漏光”效果，如图 7-63 所示。

06 拖动“胶片漏光”效果的尾端，使其与视频对齐，如图 7-64 所示。

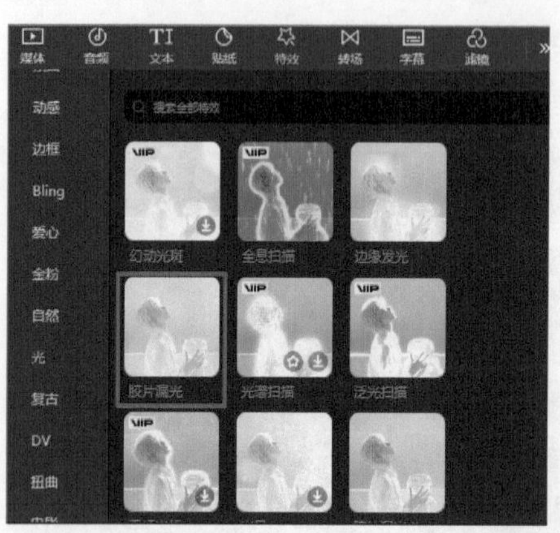

图 7-63 添加“胶片漏光”特效

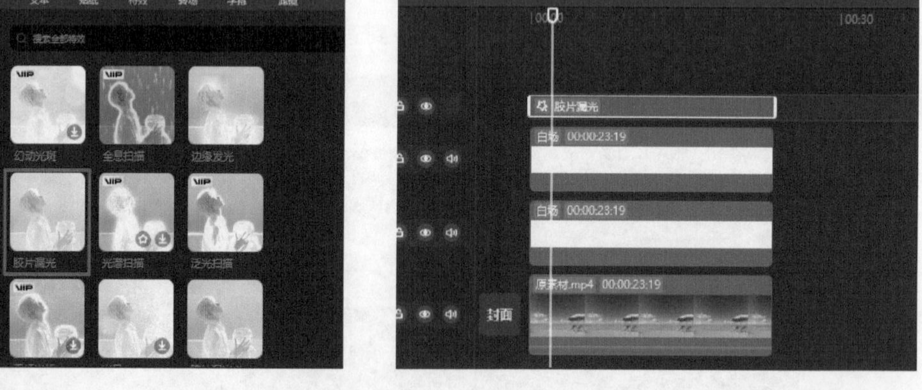

图 7-64 使特效与主轨道视频对齐

07 单击工具栏中的“贴纸”按钮，选择“夏日碎片”贴纸，该贴纸不仅与视频主题吻合，还能营造文艺气息，效果如图 7-65 所示。

图 7-65 案例效果展示

7.3 拓展练习：使用预设调色

以下是利用剪映专业版进行预设调色的简要介绍。

1. 制作要点

01 用户按照自己喜欢的方式预设调色后，即可保存预设。保存好预设后，利用预设给视频进行调色。

02 应用保存的预设于多段视频，大大提高制作视频的效率。

03 使用自定义调色，可只将一部分视频进行调色，也可随意调节。

2. 提示

保存预设和预设选项栏的位置如图 7-66 和图 7-67 所示。

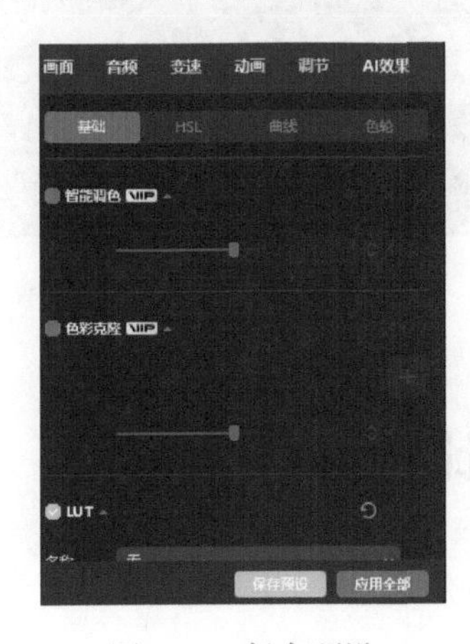

图 7-66　保存预设

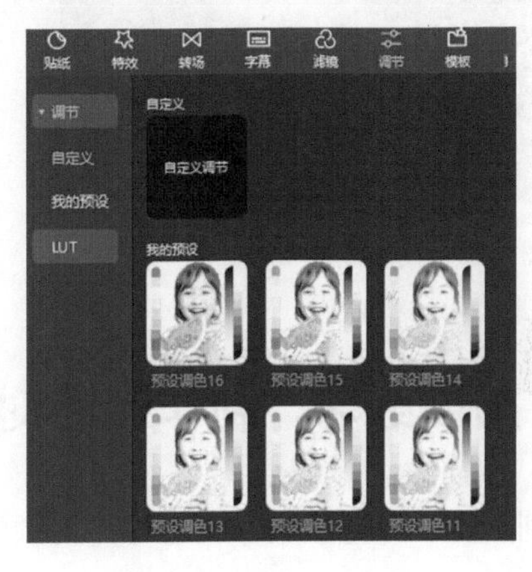

图 7-67　预设选项栏

7.4 拓展练习：制作色彩渐变效果

以下是利用剪映专业版制作色彩渐变效果的具体介绍。

1. 制作要点

01 利用滤镜或调节参数加上关键帧来实现色彩渐变效果。

02 在开头处先添加关键帧，再将时间线拖动至视频尾端进行调色。

2. 最终效果

最终效果如图 7-68 至图 7-71 所示。

图 7-68 案例效果展示（1）

图 7-69 案例效果展示（2）

图 7-70 案例效果展示（3）

图 7-71 案例效果展示（4）

7.5 拓展练习：制作调色对比视频

以下是利用剪映专业版制作调色对比视频的介绍。

1. 制作要点

01 准备两段原视频素材，并将其中一段视频素材调整为画中画。

02 选中画中画素材，进入“调节”界面，对其进行调色。

03 将时间线拖至开头，选中画中画素材，设置“蒙版”为“线性蒙版”，并添加关键帧，然后拖动时间线至末尾。

2. 最终效果

最终效果如图 7-72 至图 7-75 所示。

图 7-72　案例效果展示（1）

图 7-73　案例效果展示（2）

图 7-74　案例效果展示（3）

图 7-75　案例效果展示（4）

第8章

Chapter 8

卡点效果与曲线变速

本章主要介绍了实现音乐卡点效果的技巧和曲线变速效果的技巧，并进一步探讨了如何将这两者巧妙结合，以制作出独具特色的曲线变速卡点视频。

8.1 实现音乐卡点的技巧

音乐卡点指在特定的时间节点，将视频中的特定画面与音频中的突出鼓点或其他节奏点相结合。本节将介绍如何利用音乐卡点来实现音乐与画面的融合。

8.1.1 为音频设置节拍点

在剪映中，节拍点主要指的是音乐中的节奏点。当用户使用剪映进行短视频剪辑时，可以利用这些节拍点来匹配和同步视频的画面，以达到增强节奏感和观感的效果。下面是使用剪映专业版为音频设置节拍点的详细步骤。

01 打开剪映专业版，单击“开始创作”按钮[+]，导入一段“雪山”视频素材并将其添加至轨道上，如图 8-1 所示。然后单击菜单栏中的“音频”按钮，选择一段合适的音频素材并添加，也可以单击“音频提取”按钮，导入音频后提取添加，如图 8-2 所示。

图 8-1　添加视频素材

图 8-2　添加音频素材

02 选中音频，将时间线拖动至需要转场的位置，在轨道上单击添加标记按钮，即可在当前位置进行标记，如图 8-3 所示。

03 再添加一段素材，将第一段素材的尾端拖动至标记点位置，然后将第二段素材的开头拖动至标记点位置，即可完成音乐卡点转场，如图 8-4 所示。

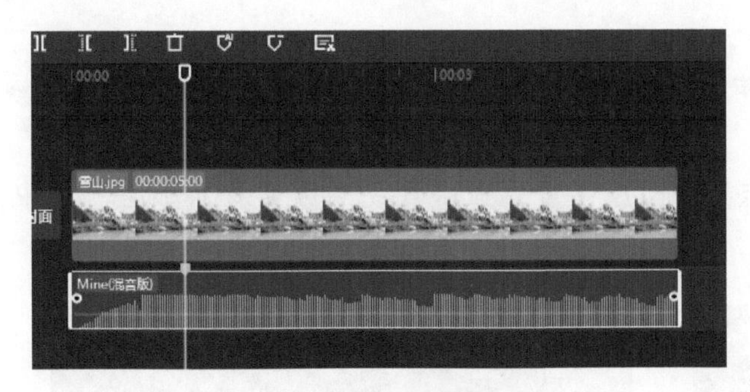

图 8-3　为视频添加标记

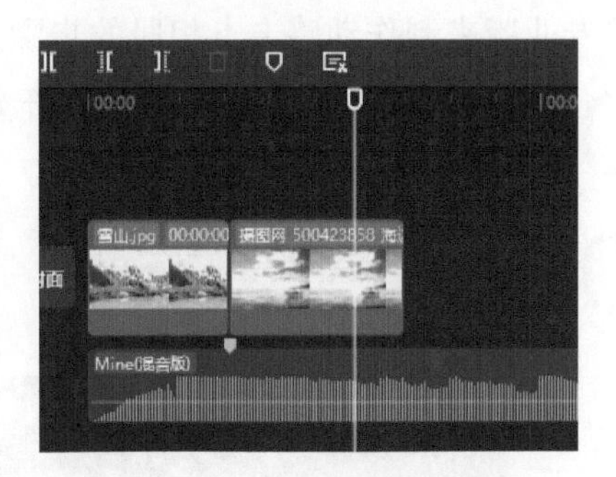

图 8-4　调整视频的位置

8.1.2　“自动踩点”功能

剪映的自动踩点功能可以自动识别视频中的关键点，如节奏变化、画面切换等，并在这些关键点上自动添加剪辑点。这样，用户就可以根据这些剪辑点进行快速、精准的视频剪辑，使视频更加流畅、节奏感更强。下面是使用剪映专业版进行自动踩点的操作步骤。

01 打开剪映专业版，在菜单栏中单击“音频”|“卡点”按钮，添加“中国风优美轻松愉悦舒缓”音频素材，如图 8-5 所示。

02 选中音频，在轨道上方单击添加音乐节拍标记按钮，即可完成自动踩点，如图 8-6所示。

图 8-5　添加音频素材

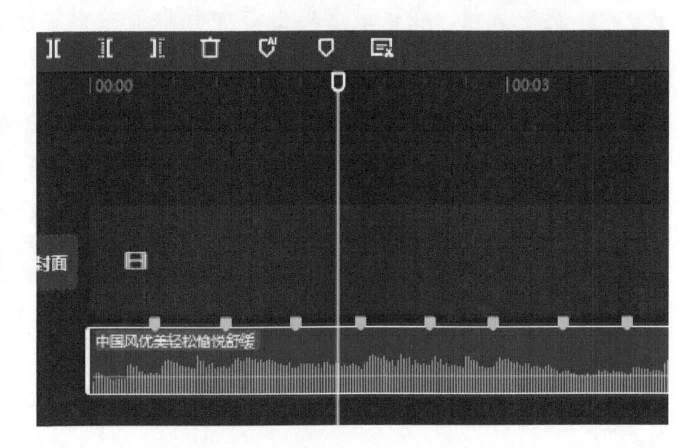

图 8-6　给音频添加音乐节拍标记

提示

这里的添加音乐节拍标记可以选择“节拍Ⅰ”或“节拍Ⅱ”，“节拍Ⅰ”的节拍点较为稀疏，“节拍Ⅱ”的节拍点相较于“节拍Ⅰ”更加密集。

8.1.3 应用案例：制作动感卡点相册

在制作动感卡点相册时，通常会按照音乐的节奏点来插入图片，使得每一张图片的出现都与音乐的节奏相吻合，从而营造出一种动态且富有节奏感的视觉效果。下面是使用剪映专业版来制作动感卡点相册的步骤。

01 打开剪映专业版，单击“开始创作”按钮[+]，上传多段视频素材，并将素材拖动至轨道上，如图8-7所示。

02 将菜单栏中的“音频”|“卡点”|“国风庄重热血卡点”音频素材添加至轨道中，如图8-8所示。

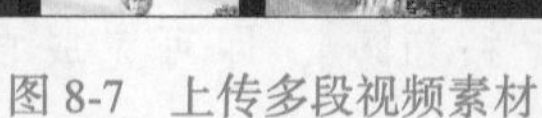

图8-7 上传多段视频素材

图8-8 添加卡点音乐素材

03 选中音频，在轨道上单击添加音乐节拍标记按钮[AI]，选择“节拍Ⅱ”，让音频进行自动踩点，如图8-9所示。

图8-9 让音频自动踩点

04 使前8个视频素材每个都对应5个节拍点，如图8-10所示。

05 让后续的视频素材每个都对应1个节拍点，如图8-11所示。

06 选中音频素材，将时间线拖动至视频素材的尾端，通过“分割”功能将超过视频素材尾端的音频素材进行分割，并通过“删除”功能删除，如图8-12所示。

图 8-10　调节前 8 个视频时长

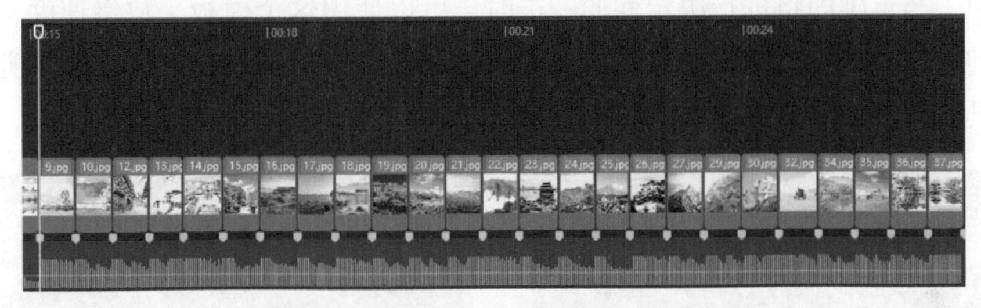

图 8-11　调节后续视频时长

07 选中每两段视频交汇处的节拍点，选择菜单栏中“转场”|“叠化”中的“闪白”特效，给视频添加转场动画，如图 8-13 所示。

图 8-12　删除多余音乐片段

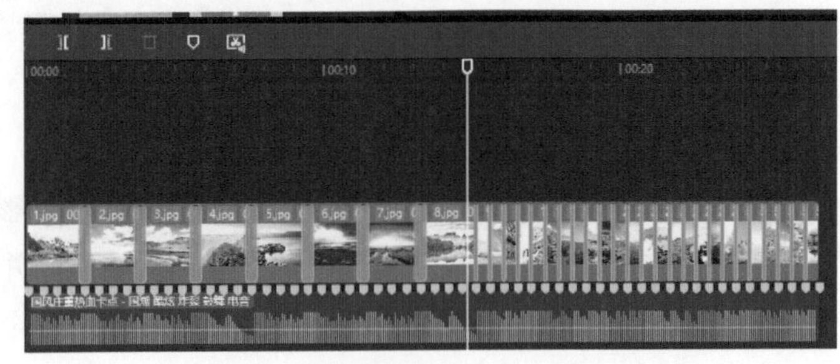

图 8-13　给每两段视频之间添加转场动画

8.2 曲线变速效果

剪映中的曲线变速效果主要用来改变同一段视频素材的前后画面速度，使视频呈现出快慢变化的节奏。通过曲线变速，视频的速度变化更为平滑，使得视频的效果更具张力。在剪映中，用户可以灵活选择曲线变速的效果，例如可以通过“自定”编辑功能，根据需求调整视频素材的开头、前段、中间、后段和结尾的速度，实现多种风格的快慢节奏变化。

8.2.1 曲线变速自带的预设

剪映提供了 6 种预设的曲线变速模板，用户可以直接使用这些模板，或者在此基础上进一步调整，以满足不同的创作需求。

1. 蒙太奇

曲线变速中的“蒙太奇”模板是通过先扬后抑的变速方法增强视频的视觉冲击力和节奏感。具体变速效果如图 8-14 所示。

2. 英雄时刻

曲线变速中的“英雄时刻”模板是为了更好地凸显出视频中的某个重要时刻，例如在打斗场景中，当英雄即将进行决定性的一击时，可以使用这个模板来放慢速度，突显英雄的动作和神态，然后在英雄击中目标的瞬间，再将速度迅速提升，从而增强视觉冲击力和紧张感。具体变速效果如图 8-15 所示。

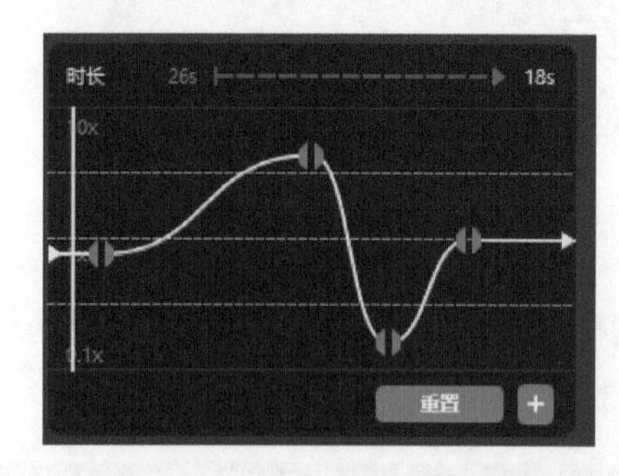

图 8-14 “蒙太奇”模板效果

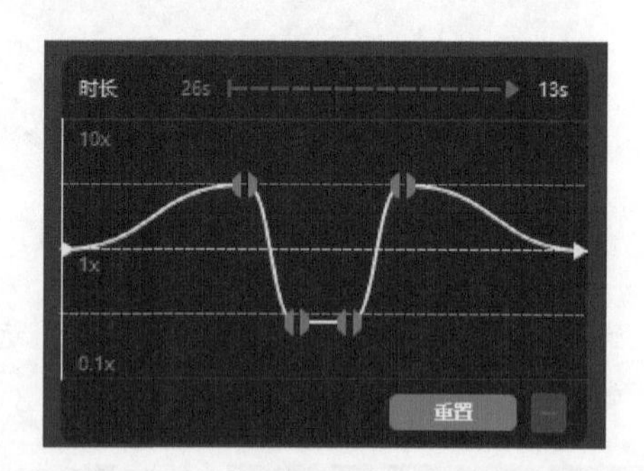

图 8-15 “英雄时刻”模板效果

3. 子弹时刻

曲线变速中的“子弹时刻”模板主要用于模拟电影中的“子弹时间”效果，视频素材的速度会在指定的时间点或时间段内变慢，从而强调并突出这一关键时刻。这种效果非常适合用于动作场景、运动镜头或其他需要突出关键瞬间的场合。具体变速效果如图 8-16 所示。

4. 跳接

曲线变速中的“跳接”模板通过在视频的不同部分之间创建快速且突然的切换，以产生跳跃或断裂的视觉效果。具体变速效果如图 8-17 所示。

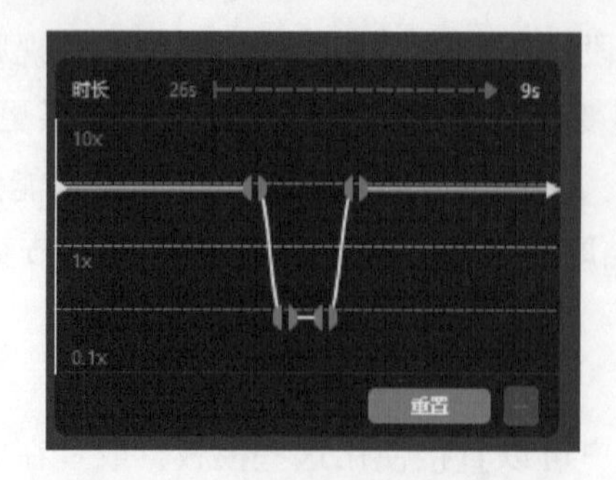

图 8-16 “子弹时刻”模板效果

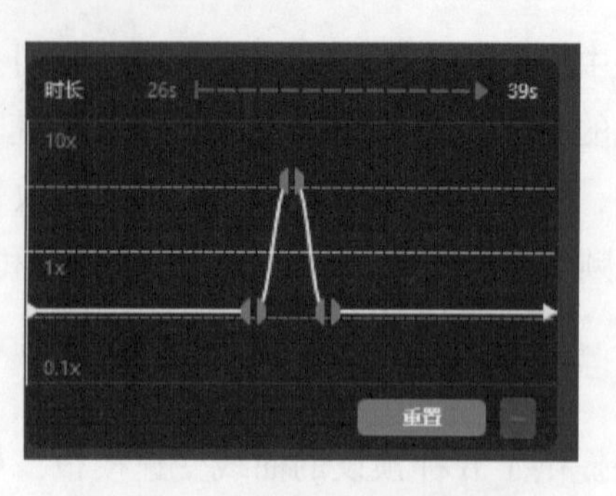

图 8-17 “跳接”模板效果

5. 闪进

曲线变速中的“闪进”模板主要用于在视频编辑中创建一种快速切入或闪现的视觉效果。具体变速效果如图 8-18 所示。

6. 闪出

曲线变速中的“闪出”模板用于创建一种快速退出或闪现消失的视觉效果。具体变速效果如图 8-19 所示。

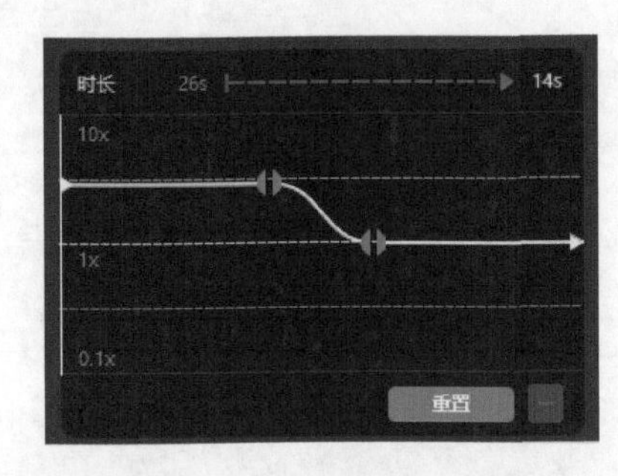

图 8-18 “闪进”模板效果

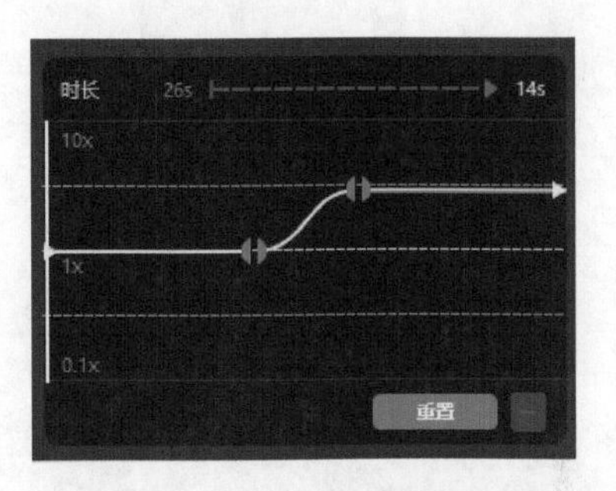

图 8-19 “闪出”模板效果

8.2.2 曲线变速的“自定义”选项

曲线变速的“自定义”选项允许用户根据自己的需求和创意自定义视频的变速效果。通过选择自定义选项，用户可以调整曲线的形状和走势，实现视频素材变速效果的自然过渡。自定义曲线变速选项为用户提供了更大的灵活性和创意空间，使得视频编辑更加个性化和专业化。

当用户选择曲线变速中的“自定义”选项时，会出现一个曲线编辑面板，允许用户根据视频的不同情况进行手动设置，如图 8-20 所示。

由于需要根据视频内容自行确定锚点的位置，因此不需要预设锚点。选中锚点后，单击“删除点”按钮可以将其删除，删除后的界面如图 8-21 所示。

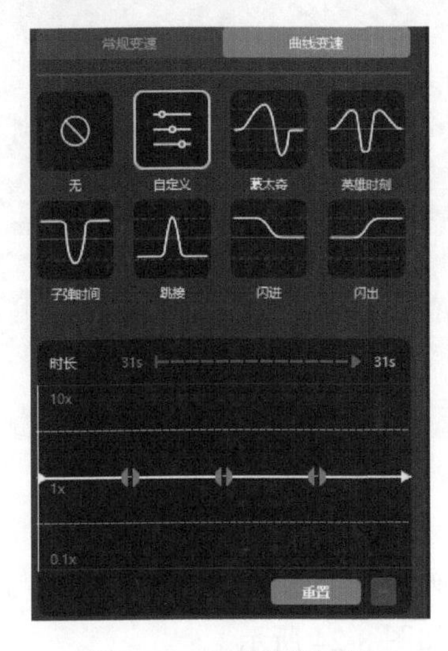

图 8-20 曲线编辑面板

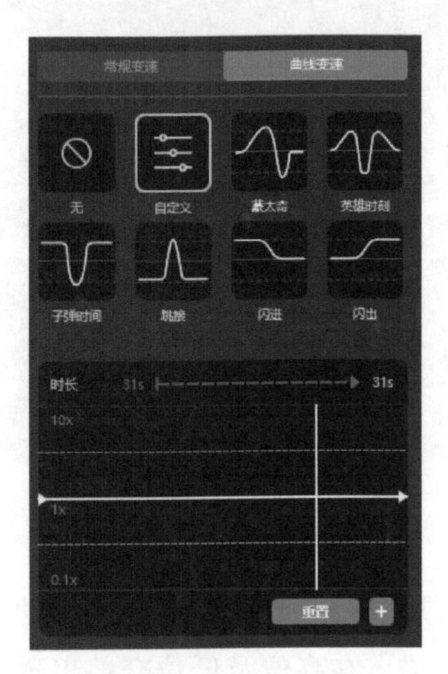

图 8-21 删除锚点

拖动时间线，将其定格在慢动作画面开始的位置，单击“添加点”按钮+，并向下拖动锚点。再将时间线拖动至慢动作画面结束的位置，单击“添加点”按钮+，向下拖动锚点，形成一段持续性的慢动作画面，如图 8-22 所示。

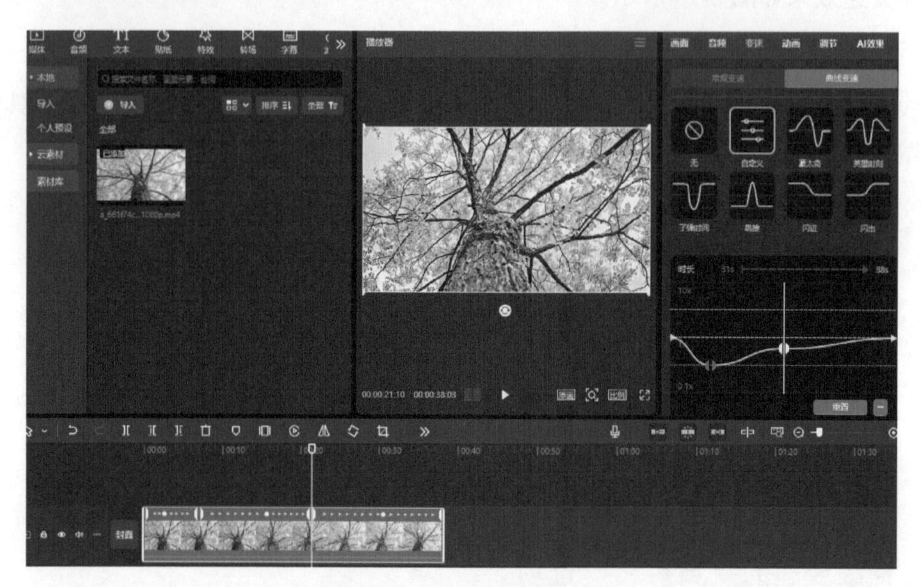

图 8-22　持续性慢动作画面

按照同样的思路，在需要添加快动作效果的区域也添加两个锚点，并向上拖动，形成一段持续性的快动作画面，如图 8-23 所示。

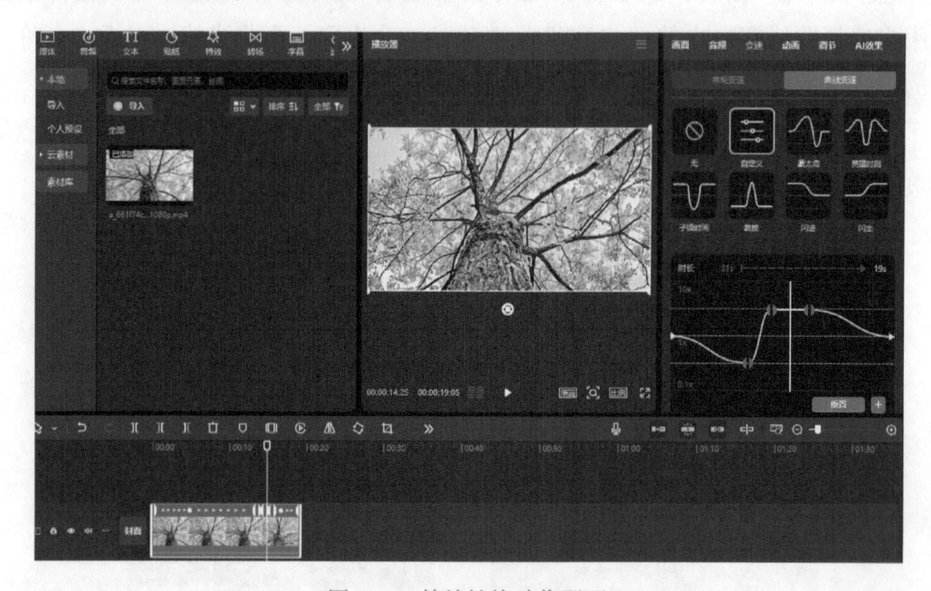

图 8-23　持续性快动作画面

如果不需要形成持续性的快动作或慢动作画面，而是让画面在快动作与慢动作之间不断变化，可以让锚点在高位及低位交替出现，如图 8-24 所示。

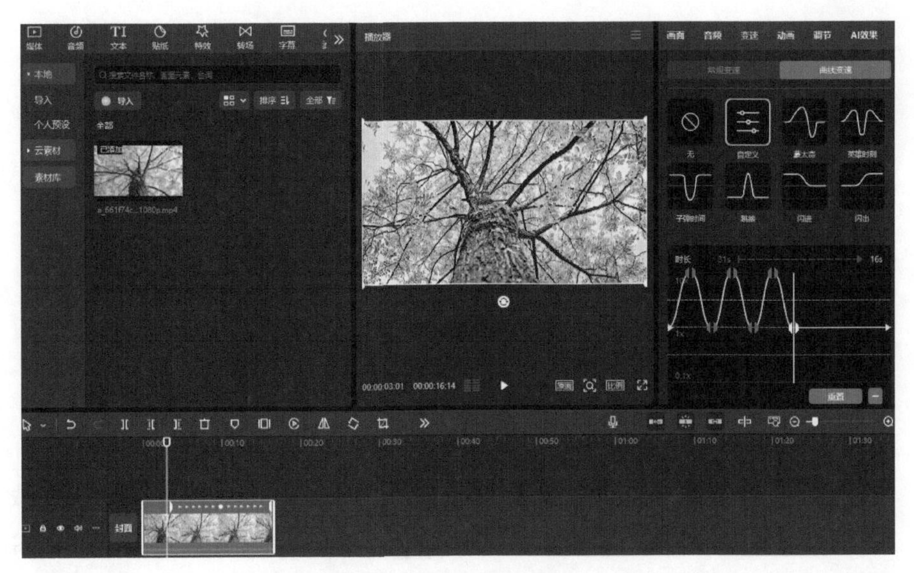

图 8-24　快慢动作交替显示

8.2.3　应用案例：氛围感柔光慢动作

氛围感柔光慢动作是结合了氛围感、柔光和慢动作 3 种元素创造出的既温馨又梦幻，既突出细节又强化氛围的视觉效果。这种效果常用于表达浪漫、唯美、紧张等情感，能为视频增添独特的艺术感和感染力。下面介绍使用剪映专业版制作氛围感柔光慢动作视频的步骤。

01 打开剪映专业版，单击“开始创作”按钮[+]，上传一段“赏花”视频素材，并将其拖至轨道上，如图 8-25 所示。

02 将菜单栏中的“音频”|“画皮”音频素材添加至轨道中，如图 8-26 所示。

图 8-25　上传视频素材

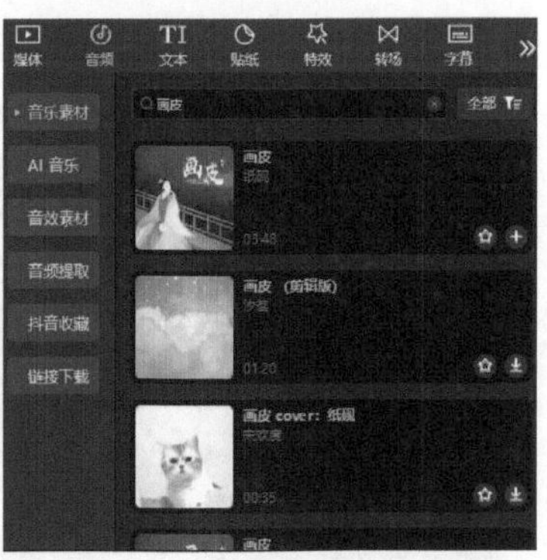

图 8-26　添加音频素材

03 选中音频，在轨道上方单击添加音乐节拍标记按钮，选择“节拍 I”，让音频进行自动踩点，如图 8-27 所示。

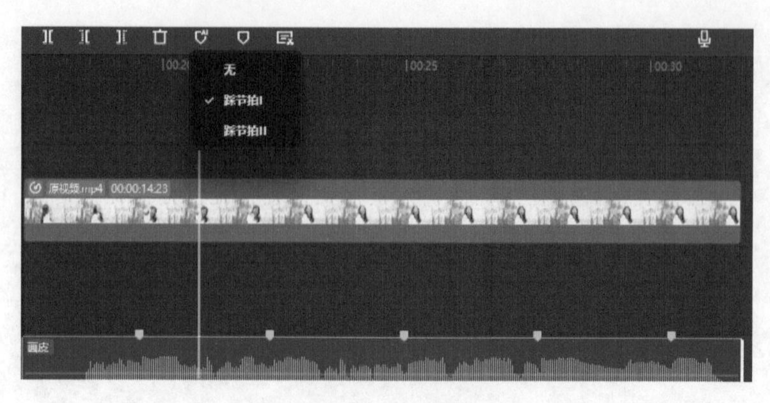

图 8-27　添加音频节拍

04 选中视频素材中需要添加慢动作的地方，选择工具栏中的“变速”|“曲线变速”|“自定义”选项，单击“添加点”按钮+，并向下拖动第二个锚点，如图 8-28 所示。使其与第一个节拍点对齐，如图 8-29 所示。

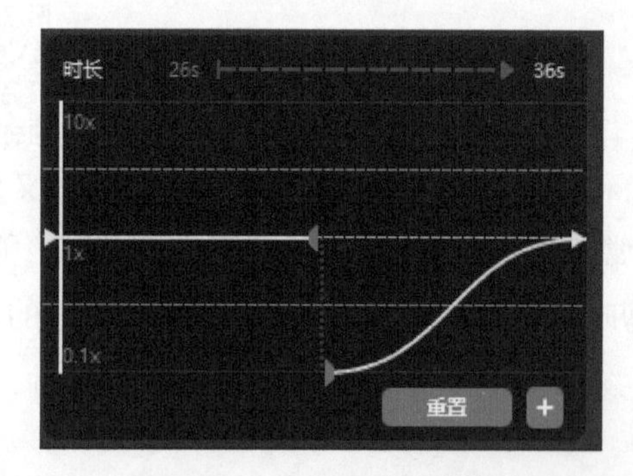

图 8-28　向下拖动锚点

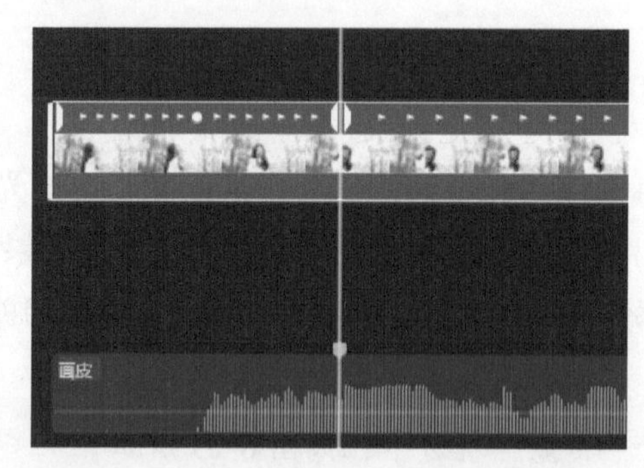

图 8-29　使锚点与节拍点处对齐

05 选中视频素材中第二个需要添加慢动作的地方，单击“添加点”按钮+，并向下拖动第二个锚点，如图 8-30 所示。使其与第二个节拍点对齐，如图 8-31 所示。

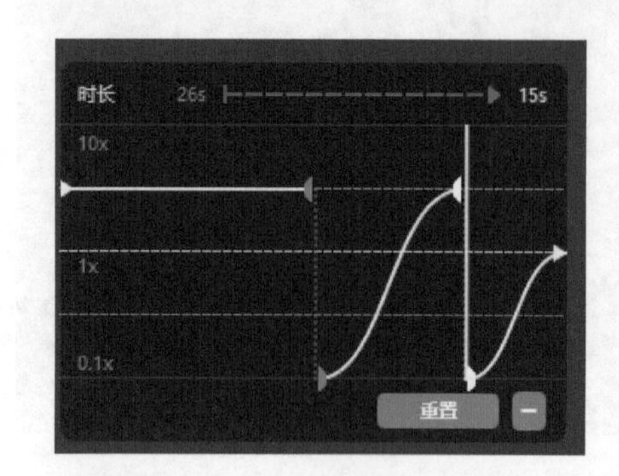

图 8-30　向下拖动第二个锚点

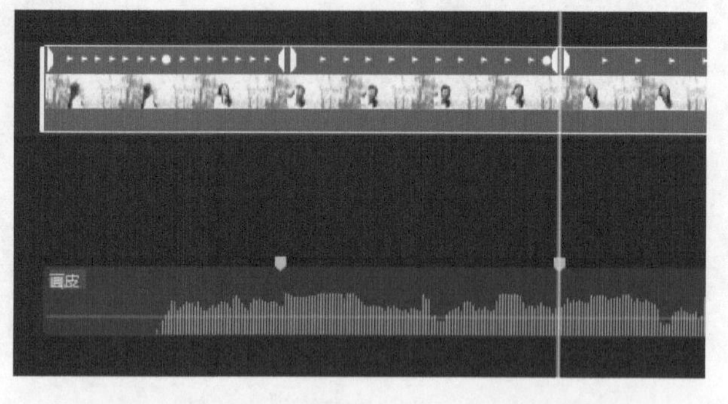

图 8-31　使第二个锚点与第二个节拍点对齐

06 选中第一个节拍点，选择菜单栏中的“特效”|“光”|“柔光”选项，如图 8-32 所示。将“柔光”应用至慢动作区域的第二个节拍点，如图 8-33 所示。

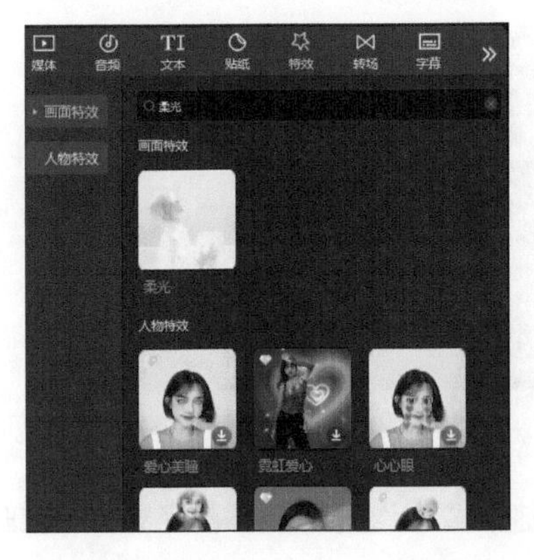

图 8-32　添加“柔光”特效

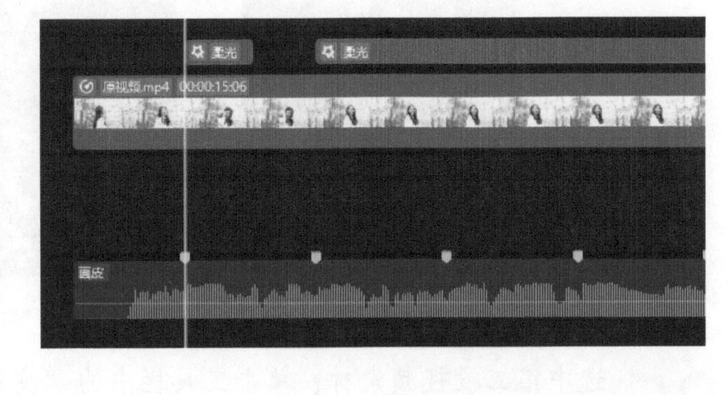

图 8-33　将“柔光”应用至慢动作区域

8.2.4　应用案例：曲线变速卡点视频

曲线变速卡点视频是通过应用曲线变速技巧，并结合卡点编辑方式，使视频在节奏上更加丰富多变，同时与音乐的节奏保持同步。通过精确的变速和卡点处理，可以创造出更具动感和吸引力的视频作品。下面介绍如何使用剪映专业版制作曲线变速卡点视频。

01 打开剪映专业版，单击“开始创作”按钮[+]，上传多段素材视频，并拖动至轨道上，如图 8-34 所示。

02 选择菜单栏中的“音频”|“Things You Said（氛围感）”，将其添加至轨道，如图 8-35所示。

图 8-34　上传多段视频素材

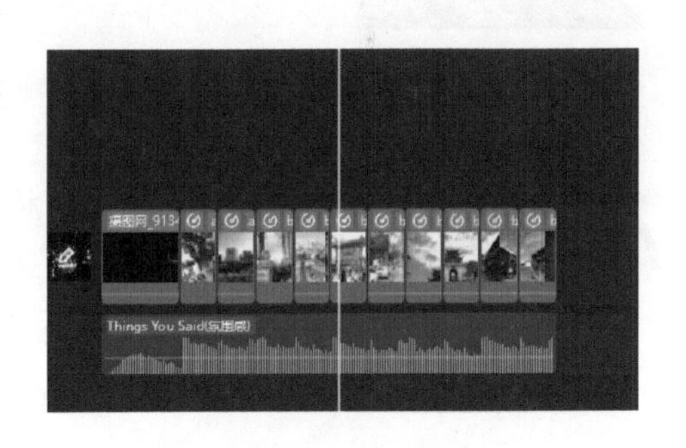

图 8-35　添加音频素材

03 单击轨道上方的添加音乐节拍标记按钮，选择“节拍Ⅱ”，让音频进行自动踩点，如图 8-36 所示。

图 8-36　给音频素材添加节拍点

04 将第一段开场视频的尾端拖动至第三个节拍点处，如图 8-37 所示。将剩下的素材缩短至两个节拍点，并将多余的音频片段删除，如图 8-38 所示。

图 8-37　使视频与节拍点对齐　　图 8-38　将剩余视频素材缩短至两个节拍点

05 选中第二段视频素材，单击工具栏中的“变速”|“曲线变速”|“自定义”按钮，如图 8-39 所示。将前面两个变速节点向上调节，第三个节点向下调节，如图 8-40 所示。

06 勾选曲线变速下方的“智能补帧”复选框，提高视频的流畅程度，如图 8-41 所示。

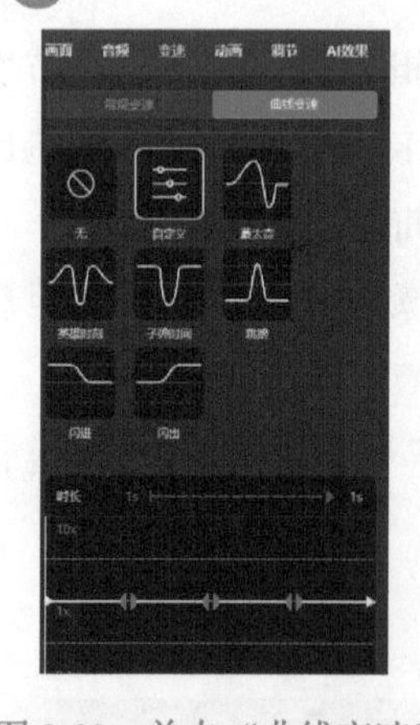

图 8-39　单击“曲线变速”中的“自定义”按钮

图 8-40　调节变速锚点

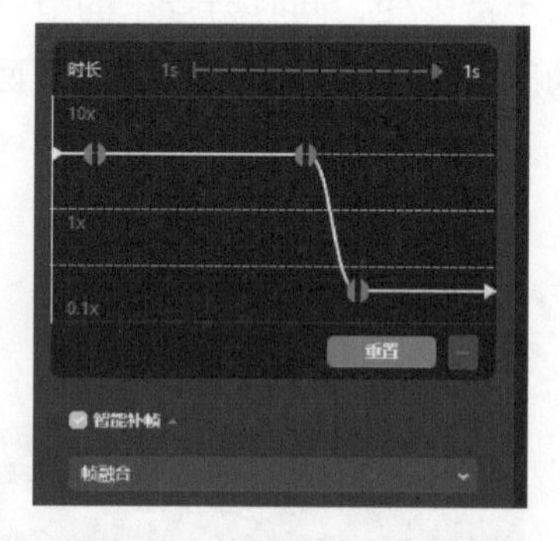

图 8-41　勾选“智能补帧”复选框

07 单击鼠标右键并选中第二段视频素材，选择“复制属性”，如图 8-42 所示。单击鼠标右键并选中第三段视频素材，选择“粘贴属性”，如图 8-43 所示。勾选“曲线变速”复选框并单击“粘贴”按钮，如图 8-44 所示。对后续所有视频素材重复步骤 05、06、07 的操作，即可完成曲线变速卡点视频。

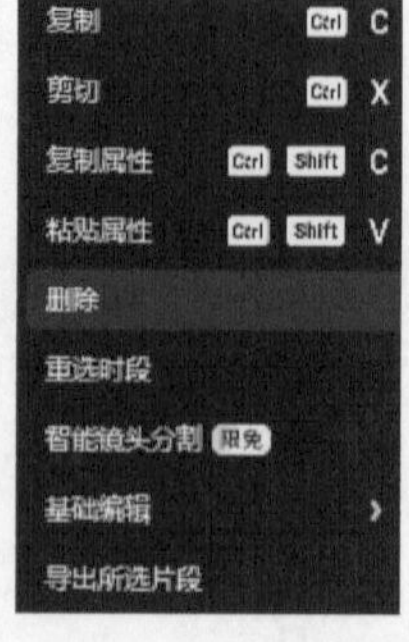

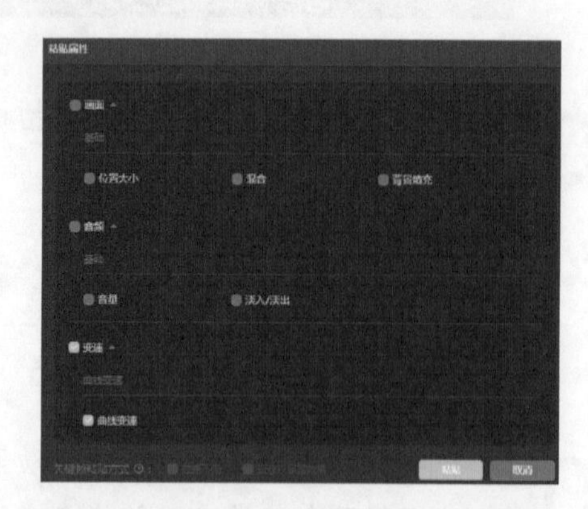

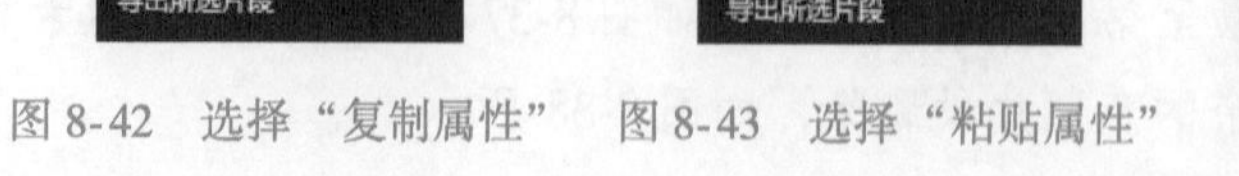

图 8-42　选择“复制属性”　图 8-43　选择“粘贴属性”

图 8-44　勾选“曲线变速”复选框

8.2.5 应用案例：制作闪光变速效果

闪光变速效果是指视频在播放过程中突然加快或变慢，同时配合闪光特效的视觉效果，能产生一种独特而引人注目的动态效果。下面是使用剪映专业版制作闪光变速效果的操作步骤。

01 打开剪映专业版，单击“开始创作”按钮[+]，上传“滑雪”“跳舞”“行走”“滑板”素材视频，并拖动至轨道上，如图8-45所示。

02 选择菜单栏中的“音频”|“Fatal Love”音乐，并将其添加至音频轨道，单击轨道上方的添加音乐节拍标记按钮为音频踩点，如图8-46所示。

图8-45 上传视频素材

图8-46 添加音频素材

03 选中“滑雪”视频素材，单击菜单栏中的“变速”|“曲线变速”|“自定义”按钮，将中间的锚点往下拉，为视频添加变速效果，如图8-47所示。勾选下方的“智能补帧”复选框，生成慢动作，如图8-48所示。

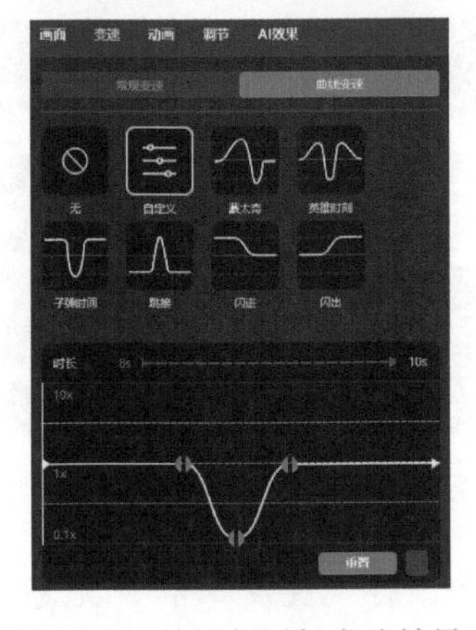

图8-47 给视频添加变速效果

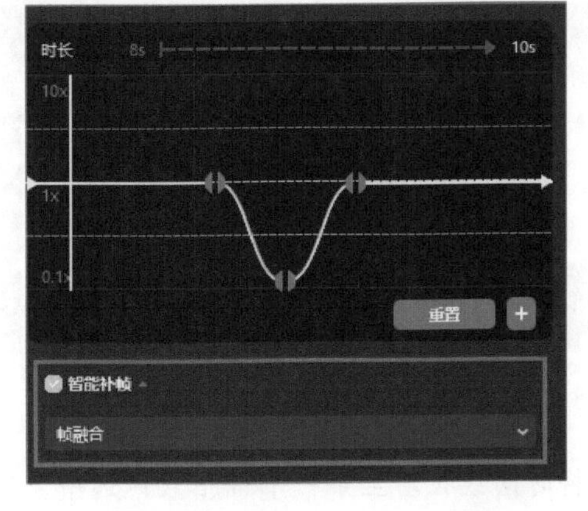

图8-48 勾选“智能补帧”复选框

04 将时间线拉动至第二个节拍点处，单击“分割”按钮将第一段素材多余的部分分割，单击“删除”按钮将其删除，如图8-49所示。

05 对后续视频片段重复步骤 03、04 的操作，处理完成后的片段如图 8-50 所示。

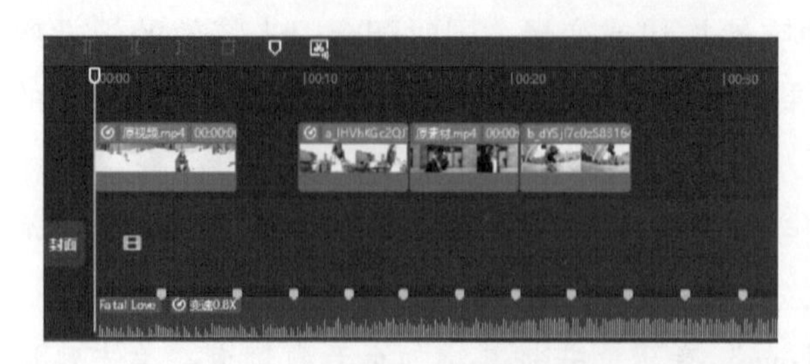

图 8-49 分割并删除多余视频片段

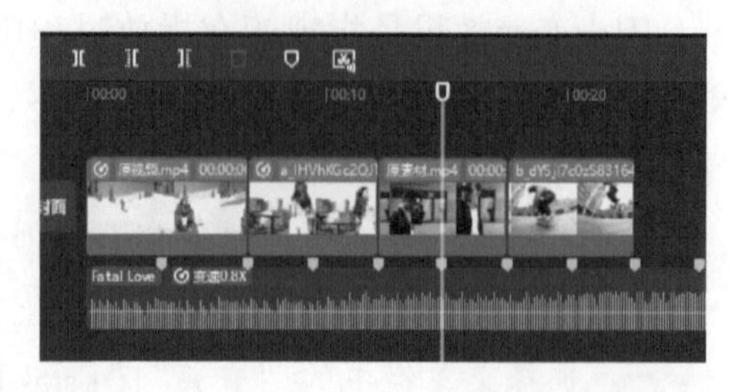

图 8-50 处理后续素材

06 将时间线拖动至视频素材的尾端，选中音频并单击“分割”按钮，将多余的音频部分进行分割，然后单击“删除”按钮删除，如图 8-51 所示。

07 单击菜单栏中的“调节”|“自定义调节”按钮，将其放置在第一段素材上并与之对齐，如图 8-52 所示。

图 8-51 删除多余音频片段

图 8-52 单击“自定义调节”按钮

08 选中调节条，在第一个节拍点的前 0.1s 处添加关键帧，如图 8-53 所示。在第二个节拍点的前 0.5s 处添加关键帧，如图 8-54 所示。

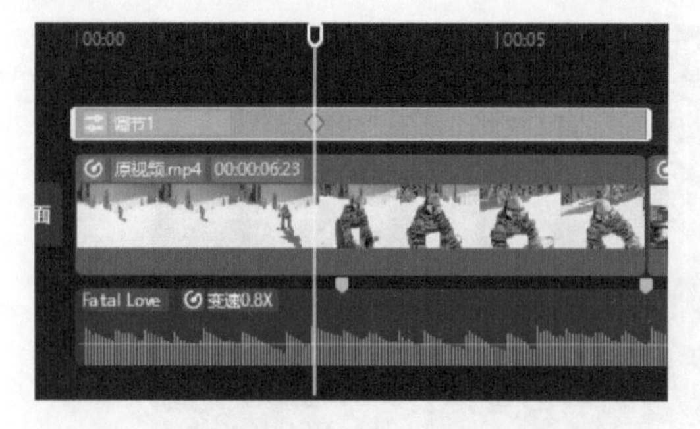

图 8-53 在第一个节拍点前添加关键帧

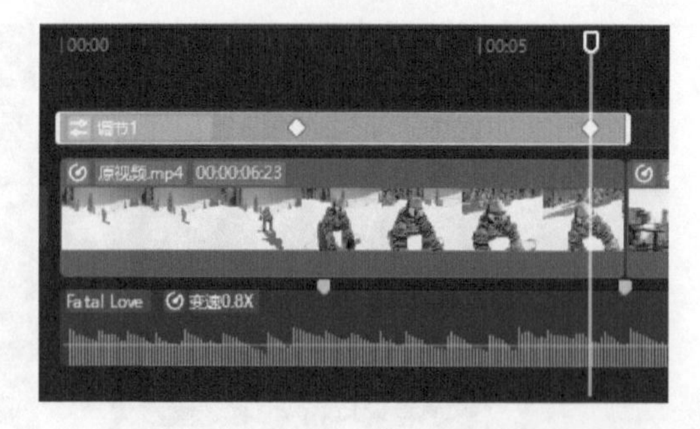

图 8-54 在第二个节拍点前添加关键帧

09 将时间线拉动至第一个节拍点，选中调节条，将“亮度”和“光感”调整至 50，就生成了闪光效果，如图 8-55 所示。

10 选择菜单栏中的“滤镜”|“山晴”滤镜，将其放置在第一个节拍点与第二个节拍点的中间位置，如图 8-56 所示。

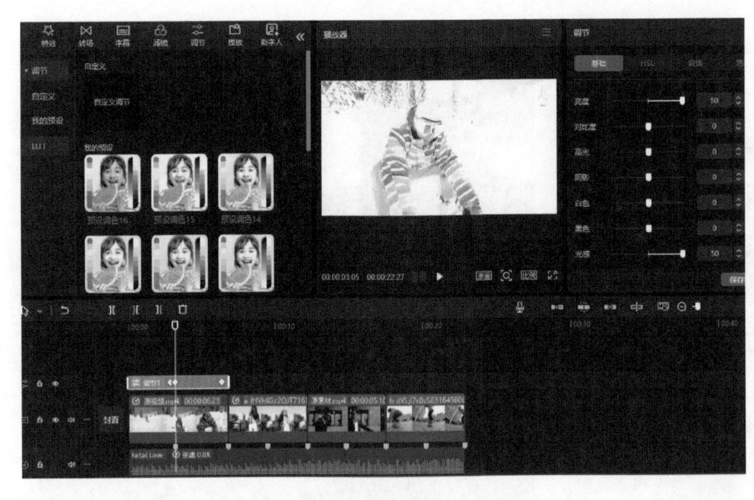

图 8-55 调节亮度和光感

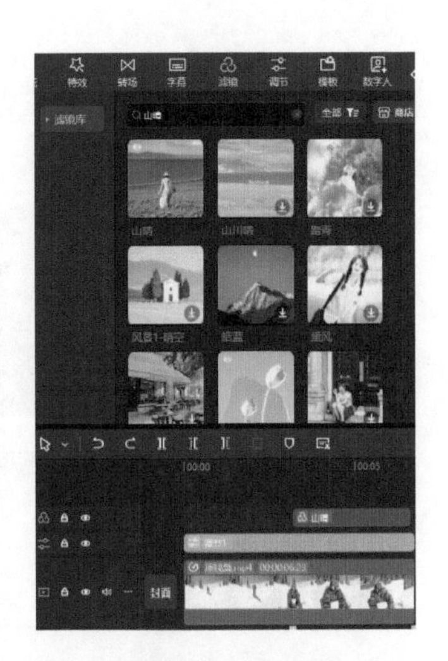

图 8-56 添加滤镜

11 复制调节条和滤镜，将其粘贴至后面视频素材的上方，效果如图 8-57 所示。

图 8-57 粘贴调节条和滤镜至后续片段

8.3 拓展练习：制作慢放变速卡点效果

使用剪映专业版制作慢放变速卡点效果的介绍如下。

1. 制作要点

01 选择一段节奏明显的背景音乐，并为其添加音乐标记。

02 使用“曲线变速”功能给视频制作慢放变速效果，并将其慢放部分卡上节拍点。

03 通过“滤镜”或“调节”功能对卡点慢放后的视频片段进行调节，增添氛围感。

2. 最终效果

最终效果展示如图 8-58 至图 8-61 所示。

图 8-58　案例效果展示（1）

图 8-59　案例效果展示（2）

图 8-60　案例效果展示（3）

图 8-61　案例效果展示（4）

8.4 拓展练习：制作舞蹈变速卡点视频

下面是使用剪映专业版制作舞蹈变速卡点视频的介绍。

1. 制作要点

01 视频主题应围绕舞蹈展开，所以要选择一段节奏感强、动作明显的舞蹈视频作为主体内容。

02 在视频编辑过程中，使用变速功能对舞蹈片段进行快慢节奏的调整，以突出舞蹈的动感和节奏变化。

03 根据音乐的节奏点，对视频进行精确的剪辑，使舞蹈动作与音乐节奏相契合，形成强烈的视觉冲击。

04 在节拍点处，加入适当的动画和转场效果，使视频过渡自然、流畅。

2. 最终效果

最终效果展示如图 8-62 和图 8-63 所示。

图 8-62　案例效果展示（1）

图 8-63　案例效果展示（2）

8.5 拓展练习：曲线变速卡点变色视频

下面是使用剪映专业版制作曲线变速卡点变色视频的介绍。

1. 制作要点

01 选择一个节奏明显的背景音乐，并为其添加节拍。

02 利用“曲线变速”功能制作变速效果，从而实现流畅的变速效果。

03 通过“调节”功能对节拍点处的视频素材进行调色处理。调色时可以使用“HSL”功能对画面中的一种颜色单独调节。

2. 最终效果

最终效果展示如图 8-64 至图 8-67 所示。

图 8-64　案例效果展示（1）

图 8-65　案例效果展示（2）

图 8-66　案例效果展示（3）

图 8-67　案例效果展示（4）

Chapter 9

第9章 抠像、合成与动画

本章将介绍在剪映中使用“画中画”与“蒙版”功能使多画面同屏出现，利用“智能抠像”与“色度抠图”功能置换背景，以及利用关键帧动画制作创意十足画面的方法。

9.1 视频抠像

视频抠像，就是将视频中的某一主体或元素从背景中精确分离出来，以便在后期进行更灵活的编辑和合成操作。本节将介绍剪映的三大抠像功能及其应用场景。

9.1.1 剪映的三大抠像功能

在视频剪辑过程中，抠像功能是用户必须要掌握的，也是常用的一项重要功能。而剪映专业版作为一款功能强大的视频编辑软件，目前提供了三种抠图方式，以满足不同用户的需求和场景。以下是关于智能抠图、色度抠图和自定义抠图的详细介绍。

1. 智能抠像

原理：利用先进的图像识别技术和算法，自动识别并分离出视频或图像中的主体与背景。

特点：操作简单，一键即可实现抠像，对于光线和背景相对简单的场景，抠像效果非常理想。

应用场景：适用于人物、动物为主体的抠像，常见于短视频制作、人物特效等场景。

2. 色度抠像

原理：基于颜色的差异进行抠像，通过设定特定的颜色范围，将属于该范围的像素从背景中分离出来。

特点：在颜色差异明显的场景下，抠像（图）效果较好，但操作相对复杂，需要用户手动调整颜色范围和容差。

应用场景：适用于背景颜色单一、主体颜色与背景颜色差异明显的场景，如绿幕抠像、蓝屏抠像等。

3. 自定义抠像

原理：允许用户手动绘制选区或使用画笔工具，精确地选择需要抠出的部分。

特点：灵活性高，可以根据用户的需求进行精细化的抠像操作，但操作相对耗费时间。

应用场景：适用于复杂场景下的抠像，如需要抠出不规则形状的主体、去除不需要的细节等场景。用户可以使用快速画笔在需要抠像的物品上画上一两笔，或者使画笔和擦除工具自由涂抹在物体上，以实现更精确的抠像效果。

总体来说，剪映的三种抠像方式各有特点，用户可以根据具体需求和场景选择合适的抠像方式，以实现更优质的视频编辑效果。

9.1.2 应用案例：应用智能抠像功能抠取人像

剪映的“智能抠像”功能是指将视频中的人像部分抠取出来，抠取出来的人像可以放到新的背景视频中，制作出特殊的视频效果。“智能抠像”的使用方法十分简单，下面就详细介绍使用“智能抠像”功能完成应用案例的具体步骤。

01 打开剪映专业版，单击“开始创作”按钮[+]，上传一段“行走”素材视频，并将其拖动至轨道上，如图 9-1 所示。

02 将时间线拖动至整段视频中画面最炫酷的部分，单击“定格”按钮，将视频素材定格，如图 9-2 所示。

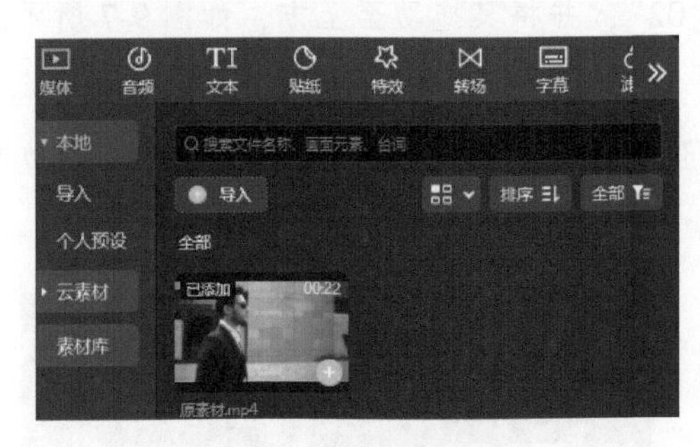

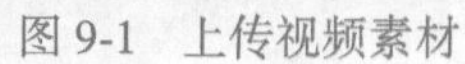
图 9-1 上传视频素材

图 9-2 定格视频素材

03 定格后将多余的视频素材删除，如图 9-3 所示。

04 将定格的动画进行复制，得到素材“01”，并将其拖动至定格动画的上方，如图 9-4 所示。

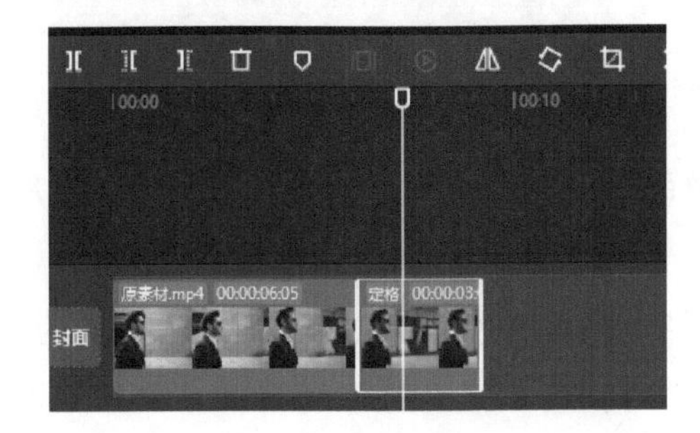

图 9-3 删除多余片段

图 9-4 复制定格动画并调整位置

05 选中素材“01”，勾选工具栏中的“抠像”|“智能抠像”复选框，对定格动画进行抠像，如图 9-5 所示。

06 再次选中素材“01”，在开头处添加关键帧，然后将时间线拖动至后 1 秒处，将定格素材适当放大，如图 9-6 所示。

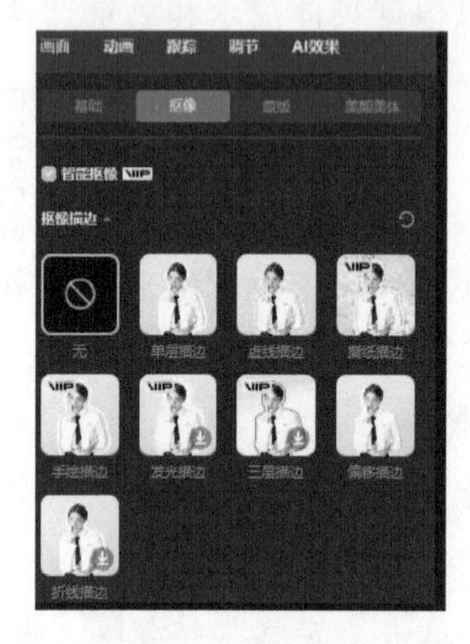

图 9-5　勾选“智能抠像”复选框

图 9-6　放大定格素材

07 将素材“01”再复制一份，得到素材“02”，并将其拖动至上方，如图 9-7 所示。

08 设置“特效”为“动感模糊”和“暗夜”，并将它们拖动至主轨道的定格动画上，如图 9-8 所示。

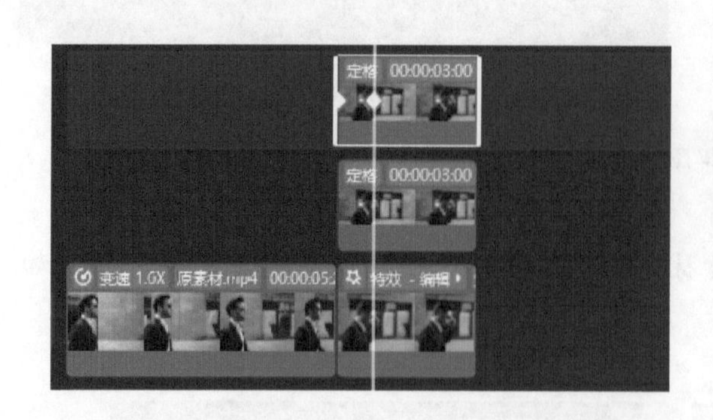

图 9-7　复制画中画素材

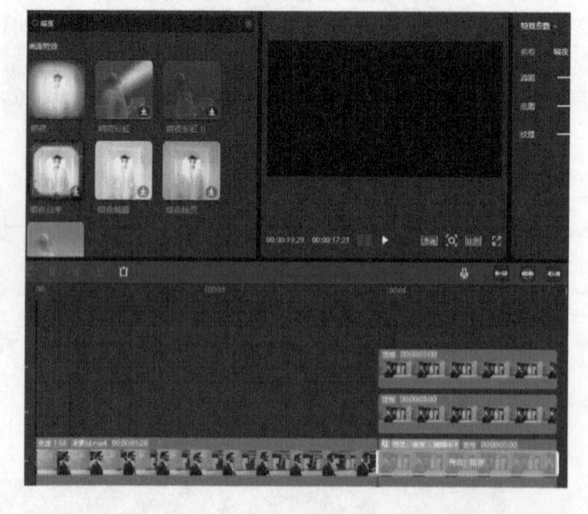

图 9-8　给主视频素材添加特效

09 选中素材“01”，设置“混合”区域中的“混合模式”为“滤色”，如图 9-9 所示。

10 选择菜单栏中的“音频”|“Starboy（抖音热播）”，为视频添加一段动感的音乐，将时间线拖动至视频末尾，选中音频素材，使用“分割”功能对多余片段进行分割，然后使用“删除”功能进行删除，如图 9-10 所示。

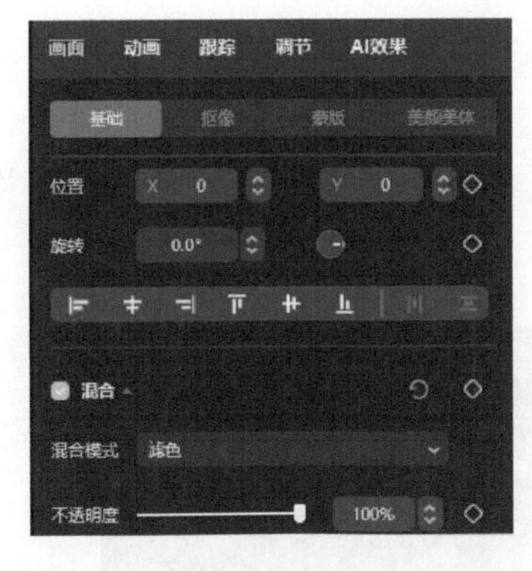

图 9-9　给画中画素材选择滤镜

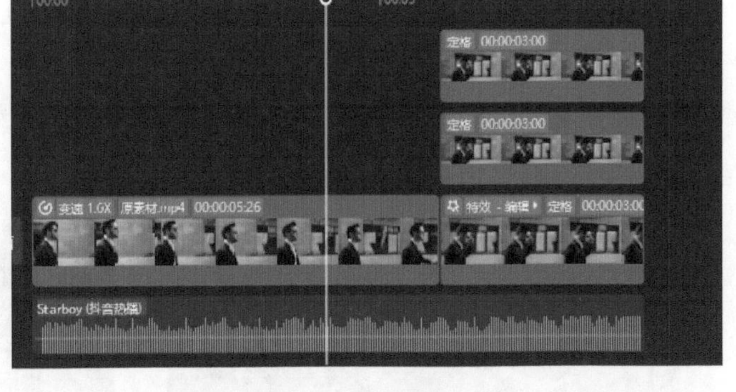

图 9-10　添加音频素材

11 单击菜单栏中的“文本”按钮，添加所需要的文字，并给文字添加“打字机”动画和“打字声”音效，如图 9-11 所示。

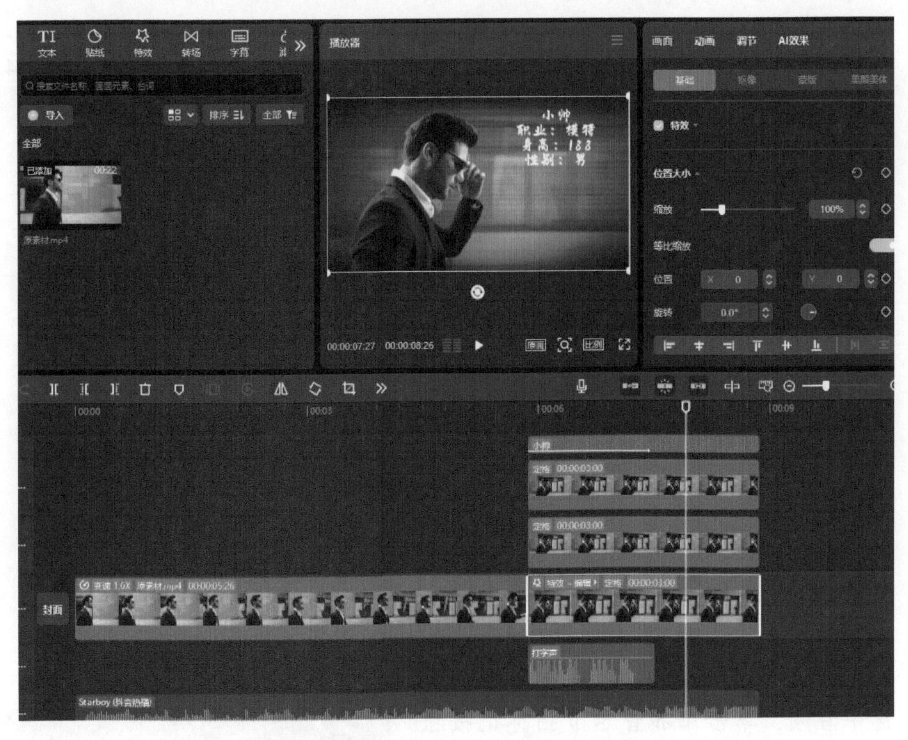

图 9-11　给文字添加“打字机”动画和“打字声”音效

9.1.3　应用案例：自定义抠取图像并添加入场动画

剪映中的自定义抠像是根据用户自己的需要进行手动抠像。在剪映中，通过选择“自定义抠像”，用户可以使用智能画笔、智能橡皮、橡皮擦等工具，对视频中的特定部分（如人物、动物或任何物体）进行手动抠像。用户可以通过调节画笔大小，并在目标物体上轻轻划动，将目标物体与背景分离，实现抠像效果。下面将详细介绍如何使用剪映专业版进行自定义抠像。

01 打开剪映专业版，单击“开始创作”按钮，上传“原素材”视频素材，并将其拖动至轨道上，如图 9-12 所示。

02 选择菜单栏中的“音频”|“Mine（混音版）”，为视频添加动感的音频素材，并将后面多余的部分删除，如图 9-13 所示。

图 9-12 上传视频素材

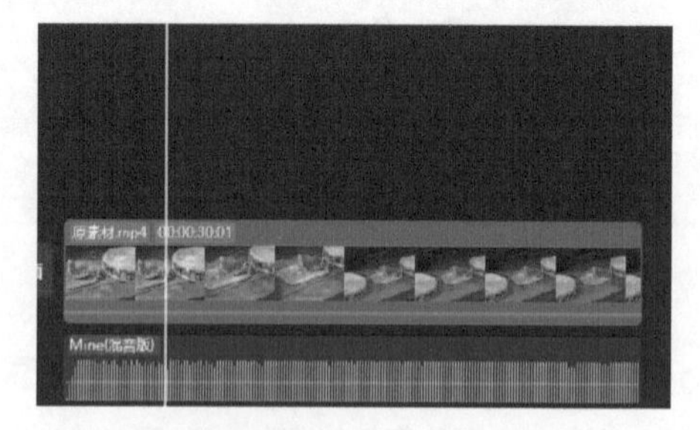

图 9-13 添加音频素材

03 将时间线拖动至开头，单击“定格”按钮，将视频素材定格，如图 9-14 所示。

04 将定格后的动画复制 3 份，并依次排列整齐，如图 9-15 所示。

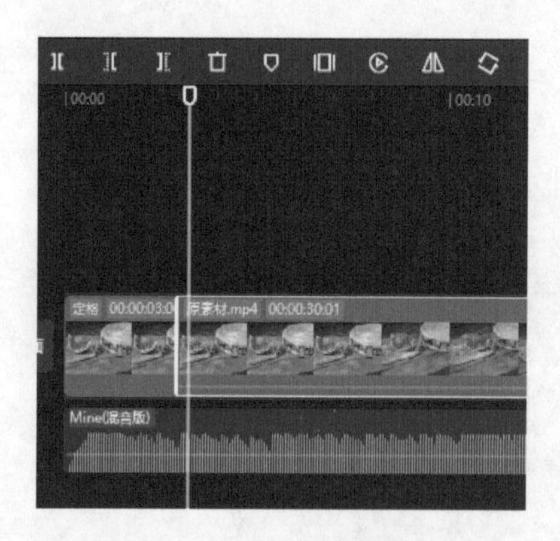

图 9-14 添加定格动画

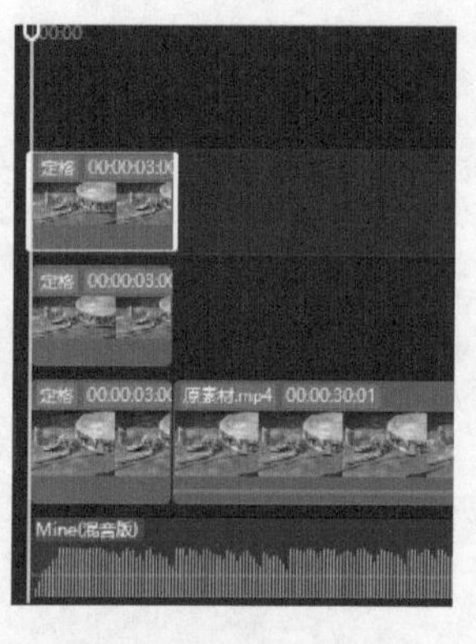

图 9-15 复制定格动画

05 选中音频，单击添加音乐节拍标记按钮，选择“节拍Ⅱ”，给音频添加节拍点，如图 9-16 所示。

06 选中第一段定格素材，将开头拖动至第一个节拍点处，将尾端拖动至第二个节拍点处，如图 9-17 所示。单击工具栏中的“抠像”|“自定义抠像”按钮，将定格动画中的垫子抠取出来，如图 9-18 所示。

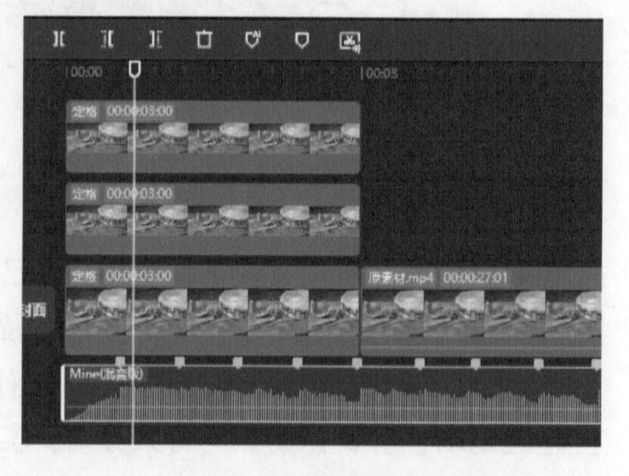

图 9-16 给音频添加节拍点

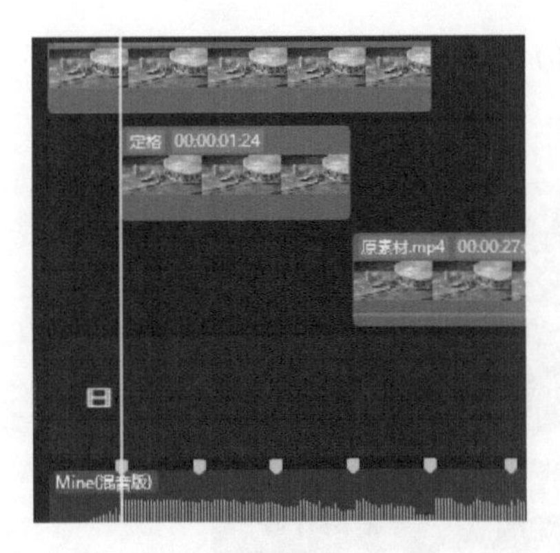

图 9-17 调整素材位置

图 9-18 抠取垫子

07 选中第二段定格素材，将开头与第二个节拍点进行对齐，让尾端对齐第四个节拍点，如图 9-19 所示。单击工具栏中的“抠像”|“自定义抠像”按钮，将定格动画中的西瓜抠取出来，如图 9-20 所示。

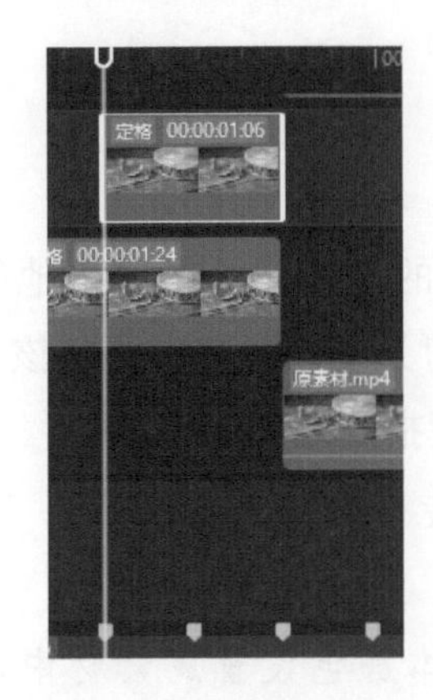

图 9-19 调整素材位置

图 9-20 抠取西瓜

08 选中第三段定格素材，将开头与第三个节拍点进行对齐，让尾端对齐第四个节拍点，如图 9-21 所示。单击工具栏中的“抠像”|“自定义抠像”按钮，将定格动画中的杯子抠取出来，如图 9-22 所示。

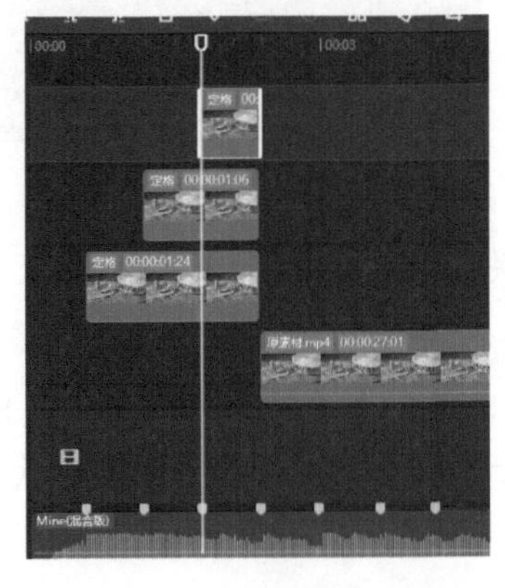

图 9-21 调整素材位置

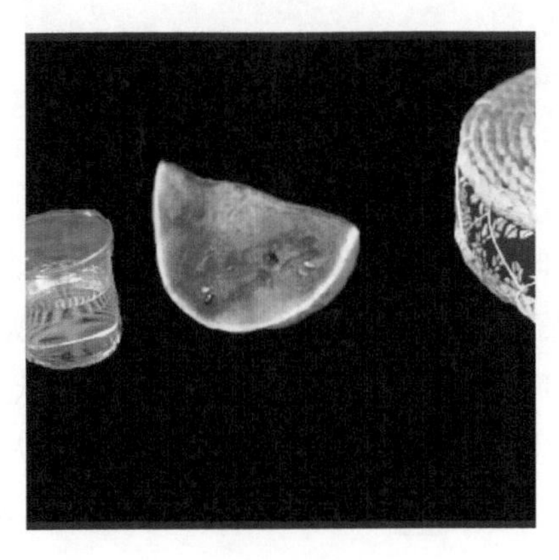

图 9-22 抠取

09 给每段定格素材都添加入场动画，选择工具栏中的“动画”|“入场”|“横向模糊”选项，将时长调整为 0.5s，如图 9-23 所示。

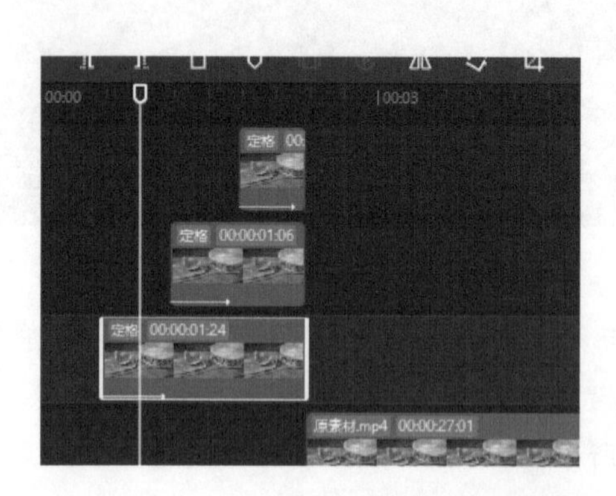
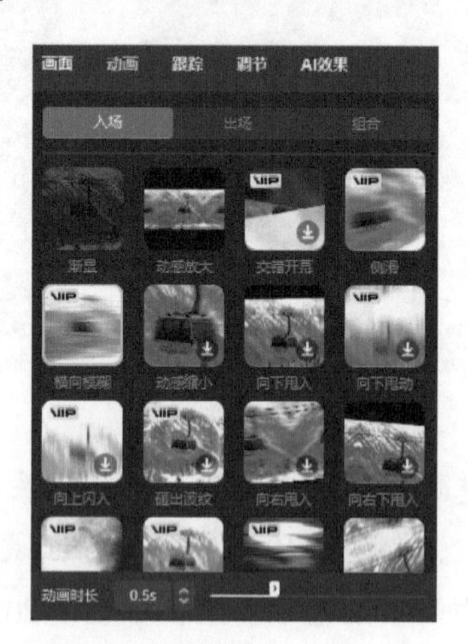

图 9-23　给抠像素材添加入场动画

9.1.4　应用案例：利用色度抠图制作视频转场

色度抠图常用于从视频或图像中移除或抠除特定颜色的区域，而保留其他颜色的区域。这种技术常用于处理以某种纯色（如绿色或蓝色）为背景的素材，以便将该背景替换为其他图像或视频。下面介绍如何使用剪映专业版完成色度抠图案例。

01 打开剪映专业版，单击“开始创作”按钮[+]，上传一段“海边公路”素材视频，并将其拖动至轨道上，如图 9-24 所示。

02 单击“文本”按钮输入需要的文字内容，并将文本颜色设置成素材中没有的颜色，如图 9-25 所示。

图 9-24　添加视频素材

图 9-25　添加文本并设置颜色

03 将时间线拖动至视频的 4 秒处，添加关键帧，再将时间线拖动至文本尾端，将“缩放”调整至 9999%，如图 9-26 所示。再回到视频的 4 秒处，添加关键帧，将时间线拖动至文本尾端，调整文本大小，使其填满整个屏幕，如图 9-27 所示。

04 单击“导出”按钮，将“片头文字放大”视频素材导出备用，再次单击“开始创作”按钮[+]，上传刚刚导出的“片头文字放大”视频素材，再上传“羊群”视频素材，并将其拖动至轨道上，如图 9-28 所示。

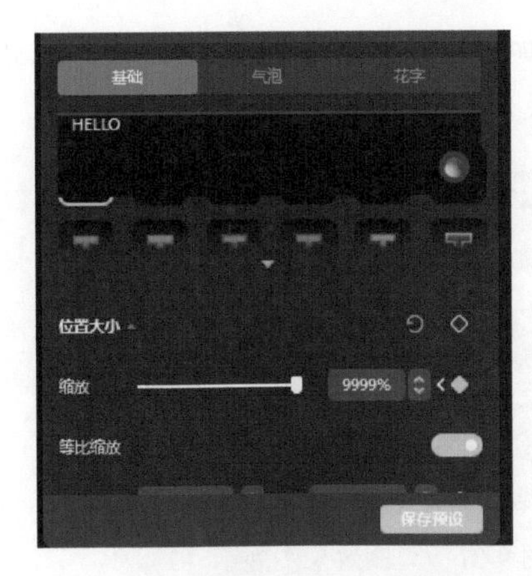

图 9-26　调整缩放至 9999%

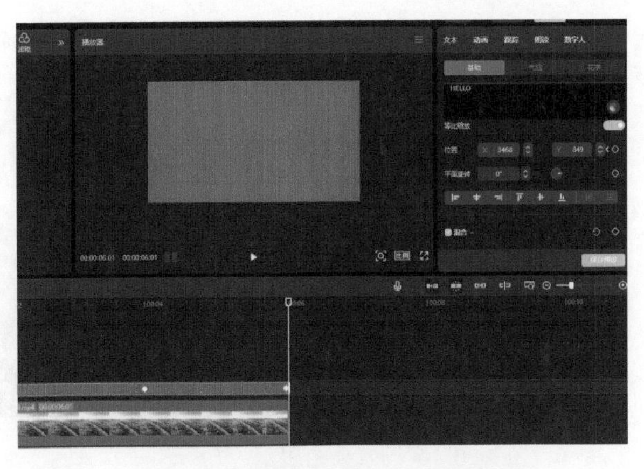

图 9-27　调整文本大小并填满屏幕

图 9-28　导出开头视频素材并上传新的视频素材

05 选中“片头文字放大”视频素材，勾选工具栏中的“抠像”|“色度抠图”复选框，将取色器放置在红色字体区域，将“强度”调整至45，如图 9-29 所示。

图 9-29　对文字开头素材进行色度抠图

06 选择菜单栏中的“音频”|“橙夏”，给视频添加一段动感的音乐。这样，一个利用色度抠图制作的视频转场就完成了，最终效果如图 9-30 至图 9-33 所示。

图 9-30 案例效果图展示（1）

图 9-31 案例效果图展示（2）

图 9-32 案例效果图展示（3）

图 9-33 案例效果图展示（4）

9.2 视频合成

为了吸引观众的注意力，用户可以在平淡无奇的视频应用多种动态效果，甚至也可以大胆地融入一些新颖独特的特效背景，这样的创新处理方式能够使视频更具吸引力。在短视频平台上，视频的种类繁多，而那些精心合成的视频占据了相当大的比例。这类视频之所以备受欢迎，正是因为它们通过巧妙的合成技术，为观众带来了视觉上的新鲜感和享受。

9.2.1 剪映的三大合成功能

画中画、蒙版和特效合成是剪映中最具特色和实用性的三大合成功能，不仅能让视频内容更加丰富多样，还能为观众带来独特的视觉体验。下面将详细介绍这三种合成功能及其在视频创作中的应用。

1. 画中画

定义：画中画是一种视频合成技术，允许在一个主视频上叠加另一个或多个视频，从而创建多层次的视觉效果。

操作：在剪映中，用户可以先导入一个主视频作为背景素材，然后点击底部菜单栏中的“画中画”按钮，并选择“新增画中画”来导入另一个视频。这个新导入的视频就会以画中画的形式叠加在原来的视频上。

调整：用户可以通过调整画中画素材的大小、位置和混合模式等，使其与主视频更好地融合。

2. 蒙版

定义：蒙版是一种图像合成技术，用于控制图像的哪些部分应该显示或隐藏。在剪映中，蒙版可以用于画中画效果的精细调整。

操作：当使用“画中画”功能时，用户可以在底部菜单中找到“蒙版”功能。通过绘制蒙版，用户可以选择性地显示或隐藏画中画素材的特定部分。

效果：蒙版的使用可以创造出许多有趣的视觉效果，如动态遮罩、局部放大等。

3. 特效合成

定义：特效合成是将各种特效元素（如滤镜、转场、动画等）与视频素材进行合成，以创造出独特的视觉效果。

操作：剪映提供了丰富的特效，用户可以在编辑过程中随时添加和调整特效。例如，可以为视频添加滤镜改变色彩风格，或者使用转场效果平滑地切换不同的视频片段。

创意：特效合成是视频创作中非常重要的一个环节，可以让视频更加生动、有趣和具有吸引力。通过合理的特效合成，用户可以将自己的创意和想法更好地表达出来。

9.2.2 应用案例：制作画中画分屏效果

“画中画”功能可以让一个视频画面中出现多个不同的画面，这是该功能最直接的效果。但“画中画”功能更重要的作用在于可以形成多条视频轨道，利用多条视频轨道，可以使多个素材出现在同一画面中。例如，我们在观看视频时，可能会看到有些视频将画面分成了好几个区域，或者划出一些不太规则的区域来播放其他视频，这在一些教学分析、游戏讲解类视频中十分常见，如图9-34所示。灵活使用“画中画”功能，观众会更容易理解视频教学内容。

图9-34 “画中画”功能展示

下面介绍如何使用剪映专业版来制作画中画分屏效果。

01 打开剪映专业版，单击“开始创作”按钮[+]，上传“晴天”和“风铃”两段视频素材，并将它们拖动至轨道上，如图9-35所示。

02 选中其中一段素材，长按鼠标左键将其拖动至另一条轨道上，然后调整大小及位置，即可完成画中画分屏效果，如图9-36所示。

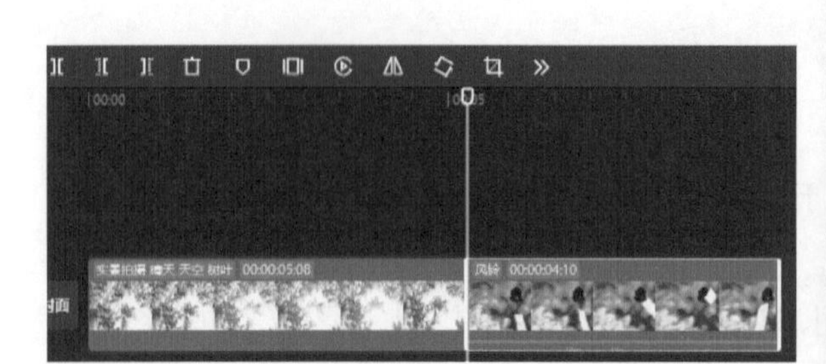

图 9-35 上传两段视频素材

图 9-36 调整轨道位置和大小

9.2.3 应用案例：制作多个画面融合的效果

蒙版又称为遮罩，“蒙版”功能可以遮挡部分画面或显示部分画面，是视频编辑处理中非常实用的一项功能。在剪映中，若遇到下方素材画面遮挡上方素材画面的情况，便可以使用“蒙版”功能同时显示两个素材的画面。下面介绍如何使用剪映专业版制作多个画面融合的效果。

01 打开剪映专业版，单击“开始创作”按钮[+]，上传“自拍”和“看书”两段视频素材，并将它们拖动至轨道上，如图 9-37 所示。

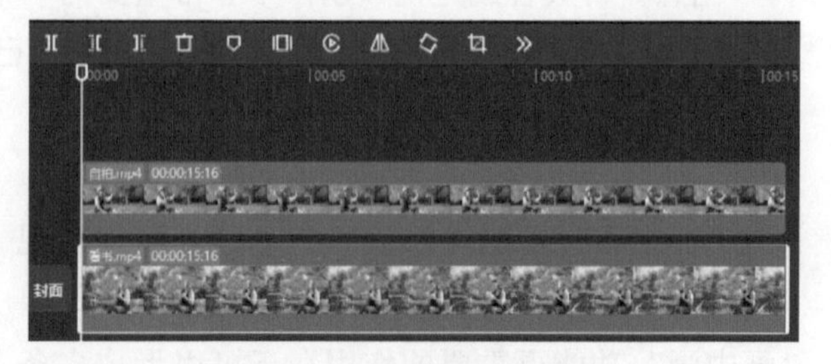

图 9-37 添加两段视频素材

02 将一段视频素材中“位置”区域中的“x”值调整至-1000，另一段素材“位置”区域中的“力”值调整至 1000，如图 9-38 所示。

图 9-38 调整视频位置

03 选中任意“原素材 2”，单击工具栏中的“蒙版”|“线性”蒙版按钮，视频素材中就会出现线性蒙版，如图 9-39 所示。

图 9-39 选择“线性”蒙版

04 长按“线性”蒙版旁的旋转按钮，将其旋转至-90°，然后将位置调整至整段画面的中间位置，如图 9-40 所示。

图 9-40 调整蒙版位置

05 在工具栏中将“羽化”的值调整至 100，也可将“羽化”按钮向右边拖动，如图 9-41 所示。

图 9-41 调整蒙版羽化

06 这样，多个画面融合的效果就制作完成了，最终效果展示如图 9-42 和图 9-43 所示。

图 9-42　案例效果图展示（1）

图 9-43　案例效果图展示（2）

9.2.4　应用案例：合成雪景特效

合成雪景特效是通过剪映提供的丰富的特效和滤镜，包括雪花特效等，为视频添加或创造出下雪的视觉效果，从而增强视频的冬日氛围或浪漫感。下面将介绍如何使用剪映专业版合成雪景特效。

01 打开剪映专业版，单击“开始创作”按钮[+]，上传一段“沙漠公路”视频素材，并将其拖动至轨道上，如图 9-44 所示。

02 选择菜单栏中的“素材库”|“白场”素材，并将其添加至轨道上，如图 9-45 所示。

图 9-44　上传视频素材

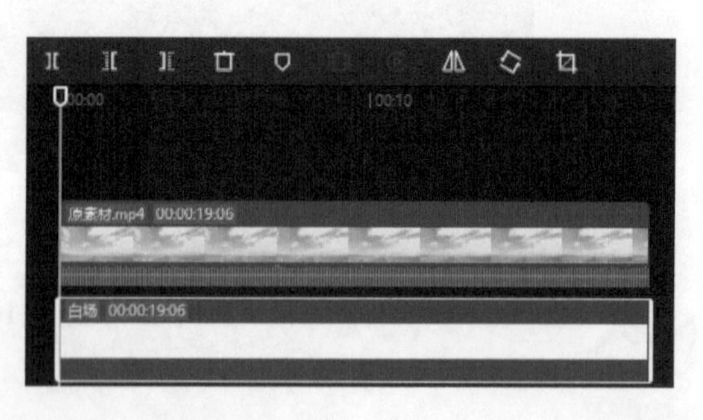

图 9-45　添加“白场”素材

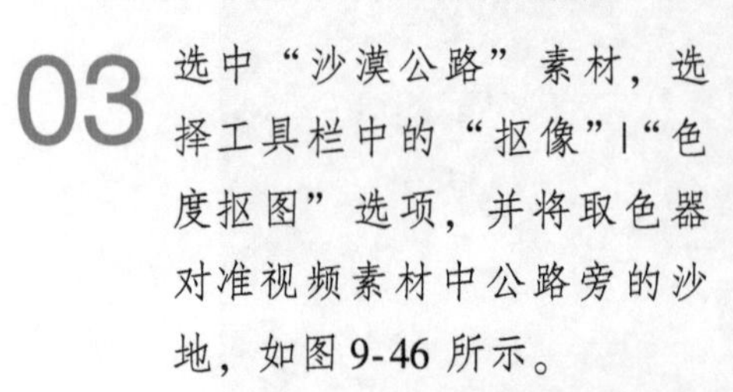

03 选中“沙漠公路”素材，选择工具栏中的“抠像”|“色度抠图”选项，并将取色器对准视频素材中公路旁的沙地，如图 9-46 所示。

04 将“色度抠图”的“强度”调整至 1，公路旁的沙地即可变成雪景，如图 9-47 所示。

图 9-46　将取色器对准沙地

图 9-47 调整抠像强度

05 选择菜单栏中的“特效”|“大雪”/“雪雾”特效，将其添加至视频轨道，如图 9-48 所示。

06 选择菜单栏中的“音频”|“雪（钢琴曲）”音频，为视频添加背景音乐，如图 9-49 所示。

图 9-48 添加大雪/雪雾特效

图 9-49 添加雪（钢琴曲）音乐

07 这样，雪景特效的合成就完成了，最终效果如图 9-50 和图 9-51 所示。

图 9-50 案例效果展示（1）

图 9-51 案例效果展示（2）

9.3 关键帧动画

关键帧动画是计算机动画术语，指角色或者物体运动变化中关键动作所处的那一帧，相当于二维动画中的原画。具体来说，关键帧动画就是给需要动画效果的属性准备一组与时间相关的值，这些值都是从动画序列中比较关键的帧中提取出来的，而其他时间帧中的值可以用这些关键值，并采用特定的插值方法通过计算得到，从而达到比较流畅的动画效果。

9.3.1 常见的关键帧动画类型

在剪映中，常见的关键帧动画类型主要围绕视频编辑和效果调整展开，这些关键帧动画类型能帮助用户创建更加动态和精确的视频效果。以下是一些在剪映中常见的关键帧动画类型。

1. 位置关键帧

用于调整素材在画布上的位置。通过在时间线上设置不同的位置关键帧，用户可以让素材在视频中移动，实现平滑的动画过渡效果。

2. 缩放关键帧

控制素材的缩放级别。设置不同的缩放关键帧可以让素材逐渐放大或缩小，为视频添加动态感。

3. 旋转关键帧

用于改变素材的旋转角度。通过在关键帧之间设置不同的旋转值，用户可以让素材在视频中旋转，创建出有趣的视觉效果。

4. 透明度关键帧（也称为不透明度关键帧）

用于调整素材的透明度。通过在不同时间点设置不同的透明度值，可以让素材逐渐出现或消失，为视频增添动态效果。

5. 滤镜关键帧

剪映提供了多种滤镜效果，用户可以为素材添加滤镜并设置关键帧来调整滤镜的强度或参数。这样，滤镜效果可以在视频中平滑过渡，实现更加丰富的视觉效果。

6. 颜色调整关键帧

用于调整素材的颜色属性，如亮度、对比度、饱和度等。通过在关键帧之间设置不同的颜色调整参数，可以让素材的颜色在视频中发生变化，为视频增添色彩感。

7. 文字动画关键帧

剪映还支持为文字添加动画效果。用户可以设置文字的关键帧动画，让文字在视频中逐渐出现、消失、移动或改变大小等。

这些关键帧动画类型在剪映中非常常见，可以帮助用户创建出更加生动、有趣的视频作品。通过合理地设置和调整关键帧动画，可以让视频更加引人入胜，吸引观众的注意力。

9.3.2 应用案例：制作缩放动画

缩放动画是指对视频或图片中的元素（如文字）进行放大或缩小的动画效果。通过调整元素的大小，可以创造出具有视觉冲击力和动态感的视频效果。下面介绍如何使用剪映专业版制作缩放动画。

01 打开剪映专业版，单击“开始创作”按钮[+]，上传一段“底图”视频素材，并将其拖动至轨道上，如图 9-52 所示。

02 导入多段图片素材，使其作为缩放动画的素材，如图 9-53 所示。

图 9-52 上传视频素材

图 9-53 上传多段图片素材

03 将每段图片素材都调整为 2 秒，如图 9-54 所示。

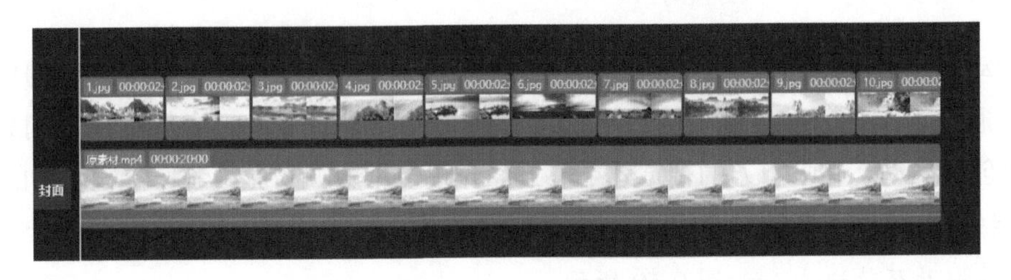

图 9-54 调整图片素材时长

04 选中第一个图片素材，将时间线拖动至开头，添加关键帧，如图 9-55 所示。将时间线拖动至第一段素材的尾端，将图片缩放至 30%，如图 9-56 所示。

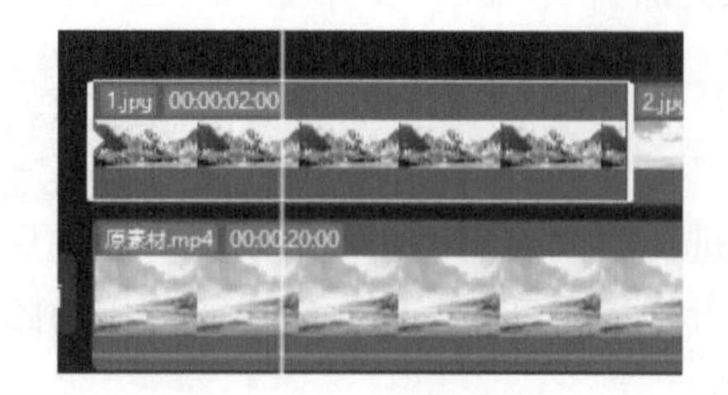

图 9-55 添加关键帧

图 9-56 缩放图片大小

05 对剩下的图片素材重复步骤 04 的操作，处理后的图片素材如图 9-57 所示。

06 给每段图片素材都添加入场动画“渐显”和出场动画“渐隐”，如图 9-58 所示。

图 9-57 处理剩余图片素材

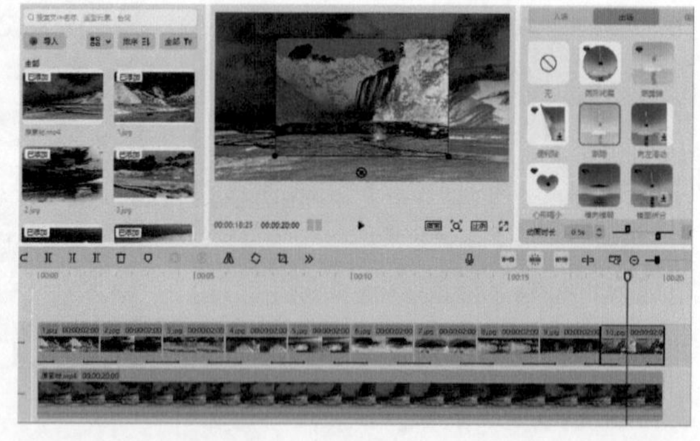

图 9-58 添加入场和出场动画

9.3.3 应用案例：制作位置动画

位置动画是一种动画效果，用于调整素材（如照片或视频片段）在屏幕上的位置。具体来说，通过为素材添加位置动画，可以让素材在视频播放时从一个位置移动到另一个位置，从而创造出动态和吸引人的视觉效果。下面介绍使用剪映专业版制作位置动画的步骤。

01 打开剪映专业版，单击“开始创作”按钮[+]，上传一段“蓝天”视频素材，并将其拖动至轨道上，如图 9-59 所示。

02 单击菜单栏中的“素材库”，在搜索框中搜索“飞机”并添加飞机素材，如图 9-60 所示。

图 9-59　上传视频素材

图 9-60　添加飞机素材

03 选中飞机素材，单击工具栏中的“抠像”|“色度抠图”按钮，将取色器放置在飞机素材中的蓝色背景板中，如图 9-61 所示。将调整强度为 1，如图 9-62 所示。

图 9-61　将取色器放在蓝色背景板中

图 9-62　调整抠像强度

04 选中飞机素材，将“缩放”数值调整至 30%，如图 9-63 所示。

05 将飞机图片素材拖动至左下角，直至在视频中看不见为止，如图 9-64 所示。

图 9-63　缩放图片素材

图 9-64　移动素材位置

06 选中飞机素材，将时间线拖动至开头，添加关键帧，拖动时间线至尾端，将飞机素材从左下角缓慢拖动至右上角，如图 9-65 所示。

07 这样就能实现飞机从左下角飞至右上角的效果，也就完成了位置动画的制作，最终效果展示如图 9-66 和图 9-67 所示。

图 9-65　添加关键帧并移动飞机素材

图 9-66　案例效果展示图（1）

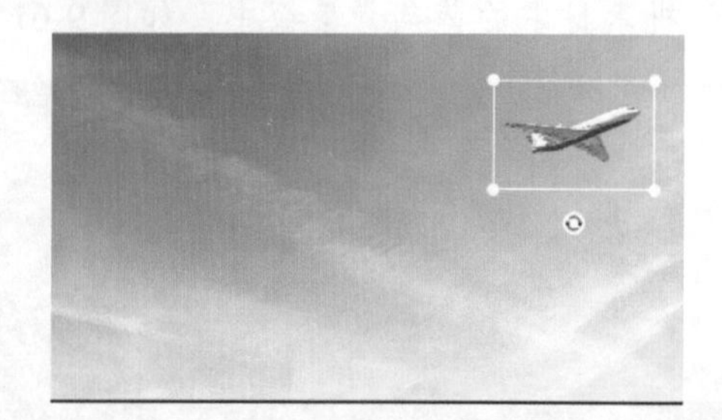

图 9-67　案例效果展示图（2）

9.3.4　应用案例：制作旋转动画

旋转动画是通过精心设置关键帧来操控动画对象的旋转角度，从而实现动画在播放过程中呈现旋转效果的技术手段。这种方法使得动画内容能够生动、流畅地展现出旋转的动态美感。下面介绍制作旋转动画的步骤。

01 打开剪映专业版，单击“开始创作”按钮[+]，上传一段“白云”视频素材，并将其拖动至轨道上，如图 9-68 所示。

02 单击菜单栏中的“贴纸”按钮，在搜索栏中输入“花”并添加花朵素材，如图 9-69 所示。

图 9-68　添加视频素材

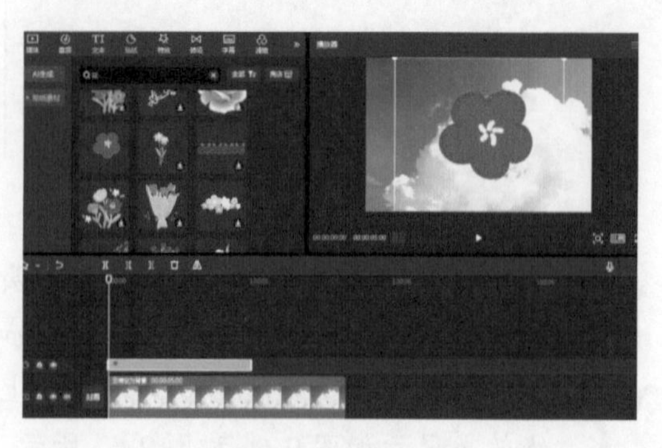

图 9-69　添加花朵素材

03 选中花朵贴纸，将时间线拖动至开头，添加关键帧，将时间线拖动至尾端，调整工具栏中的“旋转”数值至1000°，如图 9-70 所示。

图 9-70　添加关键帧并调整旋转参数

04 这样，旋转动画效果就制作完成了，最终效果展示如图 9-71 至图 9-73 所示。

图 9-71　案例效果展示（1）

图 9-72　案例效果展示（2）

图 9-73　案例效果展示（3）

9.3.5　应用案例：制作不透明动画

利用关键帧制作不透明动画，意味着用户可以通过设定关键帧来控制视频素材或某个元素的不透明度变化，从而创建出一种淡入淡出或者透明度逐渐改变的动画效果。下面介绍如何使用剪映专业版来制作不透明动画。

01 打开剪映专业版，单击“开始创作”按钮+，上传一段“日落”视频素材，并将其拖动至轨道上，如图 9-74 所示。

02 将时间线拖动至开头，添加关键帧，拖动时间线至尾端，调整混合模式的“不透明度”至 70%，如图 9-75 所示。

03 这样就完成了日落后天空也跟着黑下来的场景制作，最终效果展示如图 9-76 至图 9-79 所示。

图 9-74　添加素材视频

图 9-75　添加关键帧并调整不透明度

图 9-76　案例效果展示图（1）

图 9-77　案例效果展示图（2）

图 9-78　案例效果展示图（3）

图 9-79　案例效果展示图（4）

9.4 拓展练习：制作镜面蒙版开场效果

下面是利用剪映专业版制作镜面蒙版开场效果的介绍。

1. 制作要点

01 使用“蒙版”功能中的“镜面蒙版”对视频画面进行分割。

02 通过关键帧对镜面蒙版区域进行旋转，并延伸打开。

03 案例中并未添加文本，可以适当添加文本或贴纸，使开场效果更显协调。

2. 最终效果

最终效果如图 9-80 至图 9-83 所示。

图 9-80　案例效果展示图（1）

图 9-81　案例效果展示图（2）

图 9-82　案例效果展示图（3）

图 9-83　案例效果展示图（4）

9.5 拓展练习：制作人物分身/合体效果

下面是利用剪映专业版制作人物分身/合体效果的介绍。

1. 制作要点

01 使用“定格”功能，将指定位置进行定格，并将定格素材移至画中画素材中。

02 对画中画素材进行智能抠图，即可得到人物分身效果。

03 将视频定格好几段，即可得到人物分身合体效果。

2. 最终效果

最终效果如图 9-84 和图 9-85 所示。

图 9-84　案例效果展示图（1）

图 9-85　案例效果展示图（2）

9.6　拓展练习：制作照片墙滚动效果

下面是使用剪映专业版制作照片墙滚动效果的介绍。

1. 制作要点

01 以 5 个视频素材为 1 组进行分段处理，并将背景颜色填充为白色。

02 将分段处理后的视频结合至一起，并利用关键帧对其依次制作位置动画，从而实现照片墙滚动效果。

2. 最终效果

最终效果如图 9-86 和图 9-87 所示。

图 9-86　案例效果展示图（1）

图 9-87　案例效果展示图（2）

Chapter 10

第10章 综合案例：制作城市美食宣传片

本章旨在综合运用剪映专业版具有的功能，通过城市美食宣传片的综合案例，使用户能够对所学知识深化理解、融会贯通，进而能对类似的项目举一反三。本案例中主要使用的是“视频滤镜调色”“卡点效果”“视频转场”等功能。

10.1 城市美食宣传片的效果展示

本节是城市美食宣传片的效果展示，本案例主要由开头文本放大开场、剪辑并添加动画效果、片尾模糊闭幕 3 个部分组成，主要使用了“文本”“滤镜调色”“动画”“转场”等功能，生动展现了城市美食的魅力，效果展示如图 10-1 至图 10-4 所示。

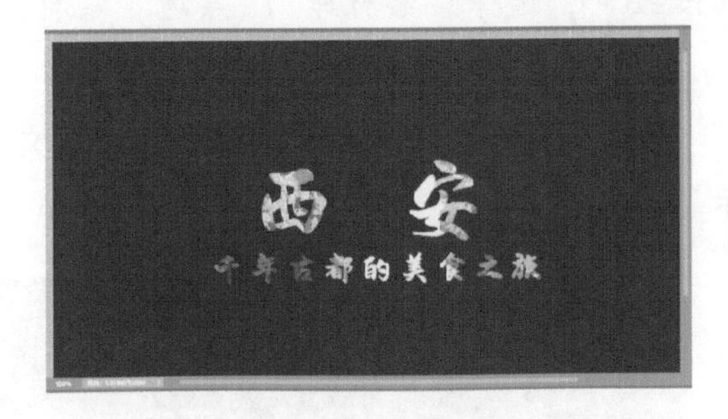

图 10-1 案例效果展示图（1）

图 10-2 案例效果展示图（2）

图 10-3 案例效果展示（3）

图 10-4 案例效果展示（4）

本案例的剪辑要点如下。

01 给文本添加关键帧，实现片头文本缩放效果。

02 通过添加蒙版，使片头文本与主体视频的转场效果更为平滑。

03 通过添加滤镜调色和特效，给视频增添视觉吸引力、动态感。

04 撰写与画面相匹配的文本内容，精心撰写的文本能够与画面形成呼应，使观众更容易理解和感受视频所传达的信息。

10.2 城市美食宣传片的制作过程

每一座城市都有其独特的味道，那是属于这座城市的味蕾记忆，是历史与文化的交织，是生活与情感的融合。下面就来介绍如何使用剪映专业版制作城市美食宣传片。

10.2.1 制作片头文字放大开场效果

片头开场通过精心设计的文本视觉元素和添加关键帧的动态效果，能够迅速抓住观众的注意力。片头开场还能够有效传达宣传片的主题和风格。下面是制作片头文本放大开场效果的具体步骤。

01 打开剪映专业版，单击“开始创作”按钮[+]，选择“素材库”|“黑场”素材，将其添加到轨道中，如图 10-5 所示。

02 单击菜单栏中的“文本”|“新建文本”按钮，在文本框中输入宣传片的主题文本，并调节其大小及位置，如图 10-6 所示。

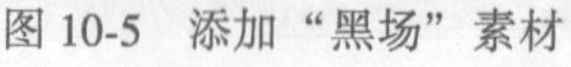
图 10-5 添加“黑场”素材

图 10-6 输入文本内容并调整大小及位置

03 选中文本，在工具栏中调节文本的间距、字体，如图 10-7 所示。

04 选中“西安”，将时间线拖动至两秒处，添加缩放关键帧，如图 10-8 所示。拖动时间线至末端，将文本放大，直至铺满整个屏幕，如图 10-9 所示。

图 10-7　调节文本参数

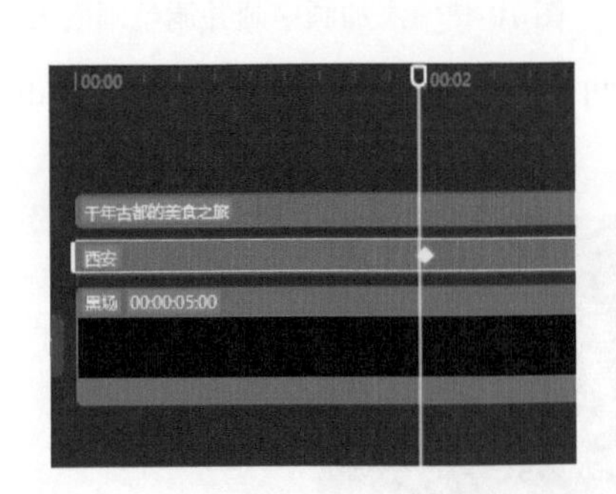

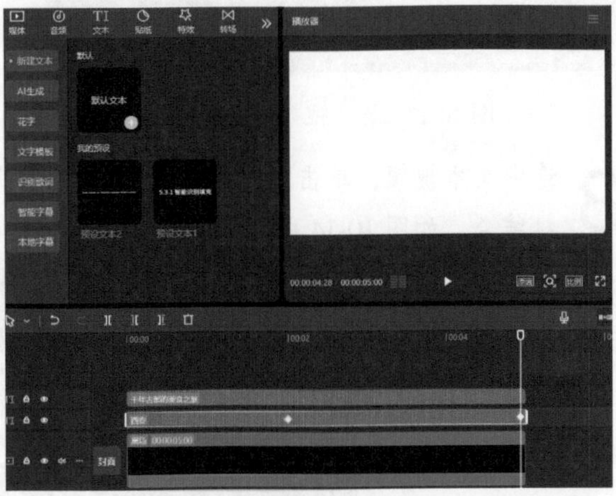

图 10-8　添加关键帧

图 10-9　放大文本直至铺满屏幕

05 选中第二段文本，将长度调整为 2 秒，如图 10-10 所示。选择工具栏中的“动画”|“出场动画”|“溶解”动画，给文本添加出场动画，如图 10-11 所示。

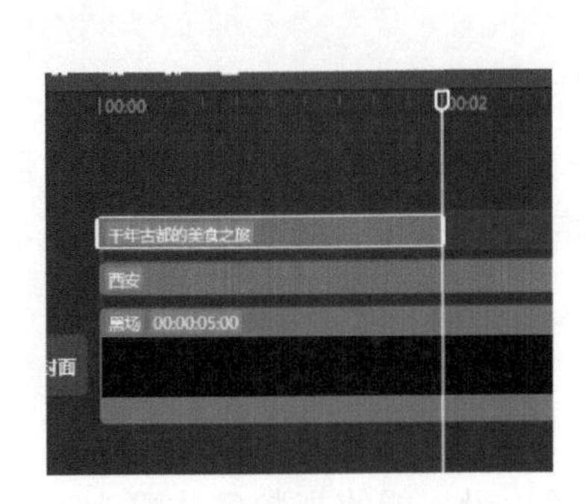

图 10-10　调整文本长度

图 10-11　添加出场动画

06 单击“导出”按钮[导出]，导出片头文字放大素材备用。单击“开始创作”按钮[+]，导入片头文字放大素材，并导入一段“大雁塔”素材，如图 10-12 所示。

07 将片头文字放大素材拖动至画中画，并调整其画面大小，如图 10-13 所示。

图 10-12 导入视频素材

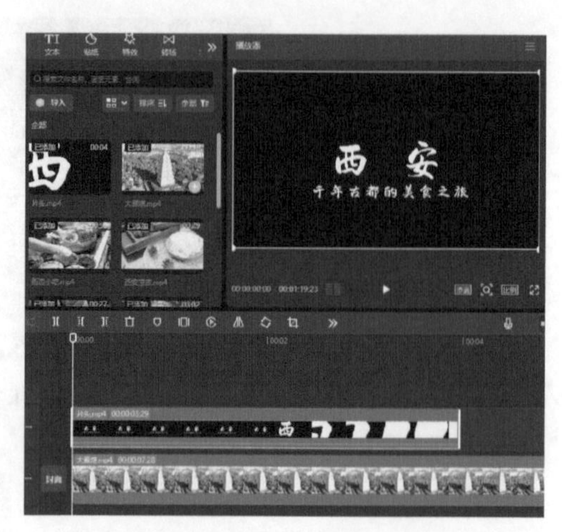

图 10-13 添加画中画并调整画面大小

08 选中文本视频，单击工具栏中的“混合模式”|“变暗”按钮，底色就会与画中画素材结合，如图 10-14 所示。

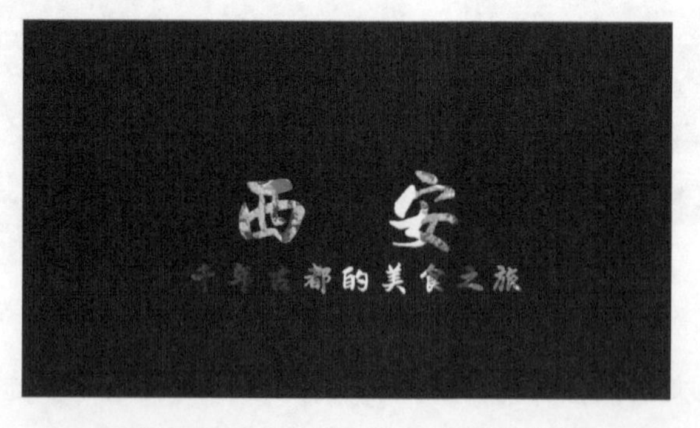

图 10-14 底色与画中画素材结合

10.2.2 剪辑并添加多段视频素材

剪辑能够帮助创作者梳理和整合拍摄素材。在短视频的制作过程中，创作者通常会拍摄大量的素材，包括不同的角度、场景、时间段的画面。而通过剪辑，原本散乱的素材就能被整合成一个连贯、完整的故事或主题。

1. 整合视频并调整片段

通过调整视频素材大小、删减多余的视频片段，能使视频整体更为连贯、精美。下面将介绍如何通过剪辑使视频更具连贯性。

01 点击菜单栏的“导入”按钮[+]，导入多段视频素材，如图 10-15 所示。

02 为所有视频素材调整大小，填满整个画面即可，使视频整体画面不会出现大小不一的情况，如图 10-16 所示。

图 10-15　添加多段视频素材

图 10-16　调整所有视频素材大小

03 将所有视频素材中有用的片段通过“分割”的功能分割出来，无用的片段则删除，如图 10-17 所示。剪辑后的视频片段时长明显缩短了。

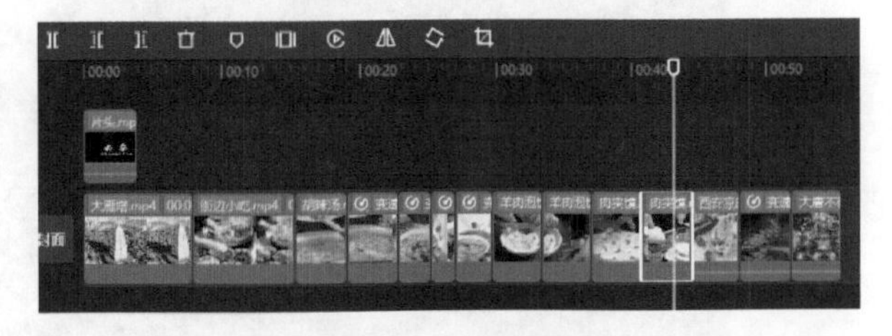

图 10-17　删除多余片段

04 调整片段的位置、先后和出现的时机，这也是决定一个优秀视频的关键，调整后的片段如图 10-18 所示。

图 10-18　调整视频片段的位置、先后和出现时机

2. 为视频制作动画转场效果

在短视频制作中添加动画转场有助于实现画面之间的平滑过渡。通过给片段之间添加动画转场效果，不仅使得画面之间的切换更加自然、流畅，更增强了视频的整体连贯性和观赏性。下面介绍如何给视频制作动画转场效果。

01 将时间线拖动至第一段素材和第二段素材的交接处，单击“转场”|“叠化”按钮，将叠化时长调整至 1s，如图 10-19 所示。

图 10-19　添加转场并调整时长

02 为后续每两段视频素材的交接处都添加“叠化”转场，如图 10-20 所示。

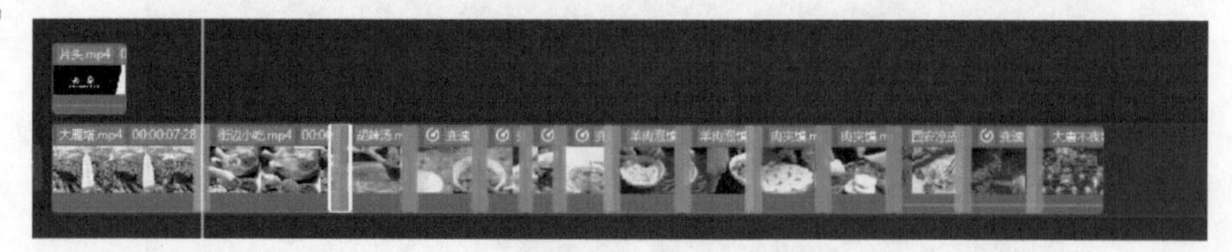

图 10-20　为后续素材全都添加“叠化”转场

03 选中第一段视频素材，选择工具栏中的“动画”|“出场”|“斜向拉丝”效果，将时长调整至 1s，如图 10-21 所示。为后续视频以同样的方式添加动画效果。

3. 为视频制作专业字幕

字幕能够显著增强观众对视频内容的理解和记忆。通过字幕的呈现，观众可以更准确地理解视频中的对话、说明或故事情节，从而更全面地接收信息。下面介绍制作专业字幕的操作步骤。

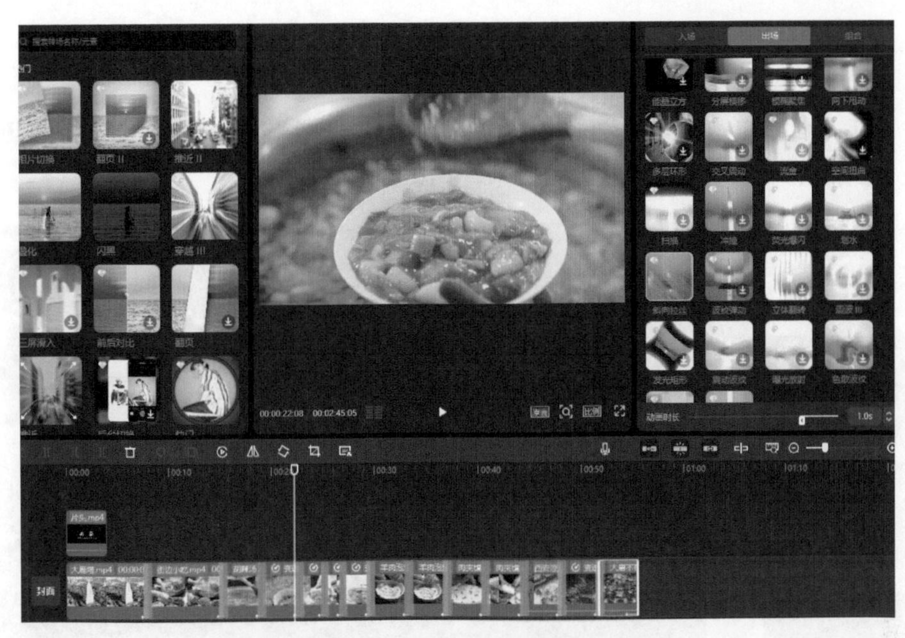

图 10-21 添加出场动画效果

01 将时间线拖动至文字视频尾端，如图 10-22 所示。单击菜单栏中的“文本”|“新建文本”按钮，在文本框中输入与视频素材相对应的文本内容，如图 10-23 所示。

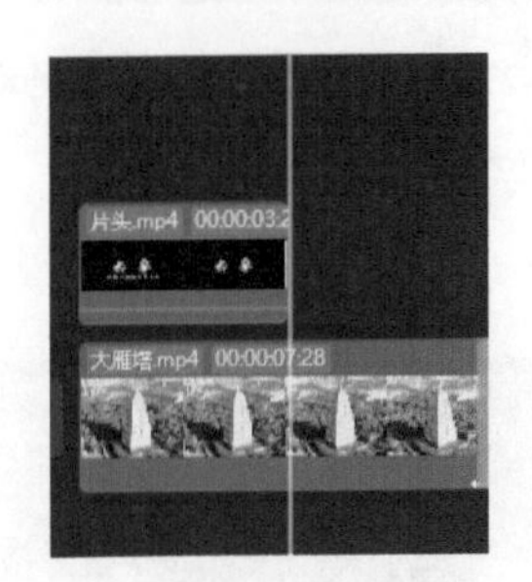

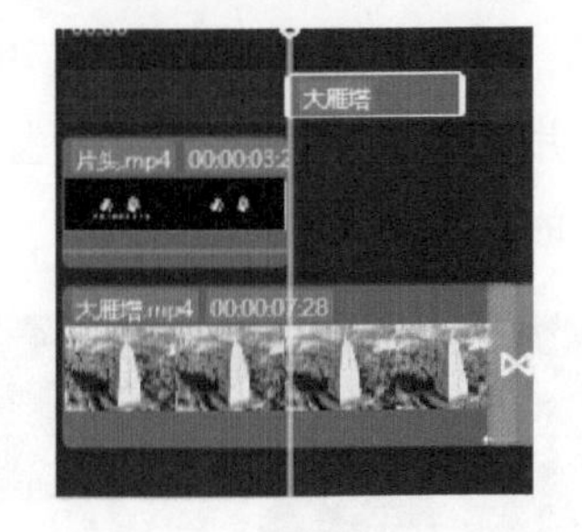

图 10-22 拖动时间线　　图 10-23 添加文本内容

02 拖动文本尾端，使文本的时间长度与对应视频素材相同，如图 10-24 所示。然后调整文本在视频中的位置，如图 10-25 所示。

图 10-24 调整文本长度　　图 10-25 调整文本位置

03 选中文本，在工具栏中调整文本的字体、样式等，如图 10-26 所示。

04 在工具栏中单击“动画”按钮，选择入场动画为“冰雪飘动”，选择出场动画为“溶解”，并将时长都调整为 1s，如图 10-27 所示。

图 10-26　调节文本参数

图 10-27　添加入场动画和出场动画

05 给后续视频片段都添加字幕，并调整字幕的字体、样式、入场动画和出场动画，添加完成后的效果如图 10-28 所示。

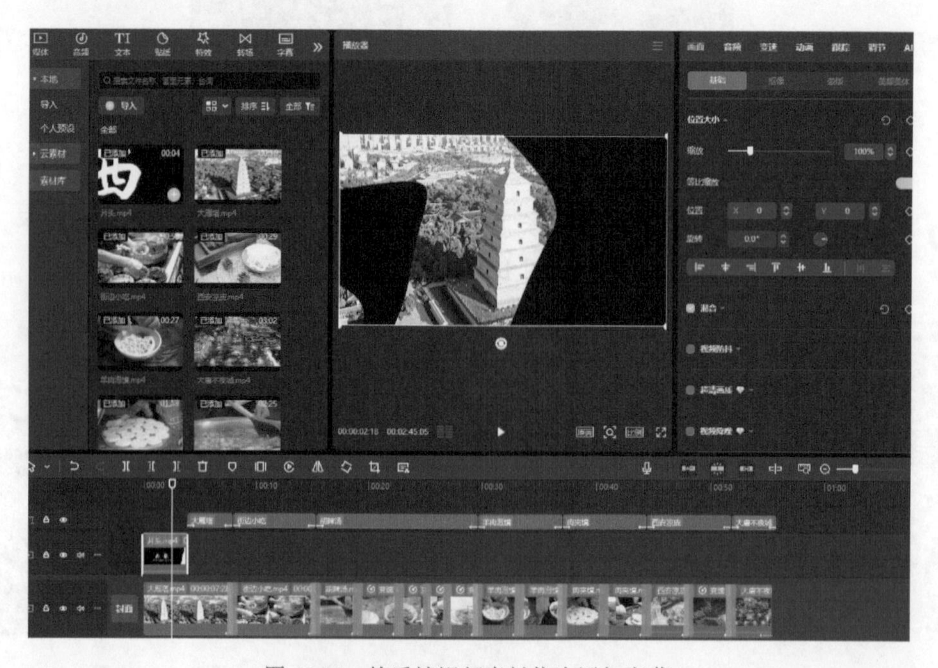

图 10-28　给后续视频素材依次添加字幕

4. 添加背景音频并输出成片

背景音频能够增强视频的观赏体验。通过为短视频添加适当的背景音乐或音效，可以营造出特定的氛围和情感。背景音乐的选择若与视频内容相契合，则能够加强视频的情感表达，让观众产生共鸣，从而提升整体的观赏效果。

01 单击菜单栏中的“音频”按钮，在搜索框中输入“西安人的歌”，选择“西安人的歌（part1）”和“西安人的歌（part2）”，并将它们添加至轨道中，如图 10-29 所示。下面简称这两段音频为音频 1 和音频 2。

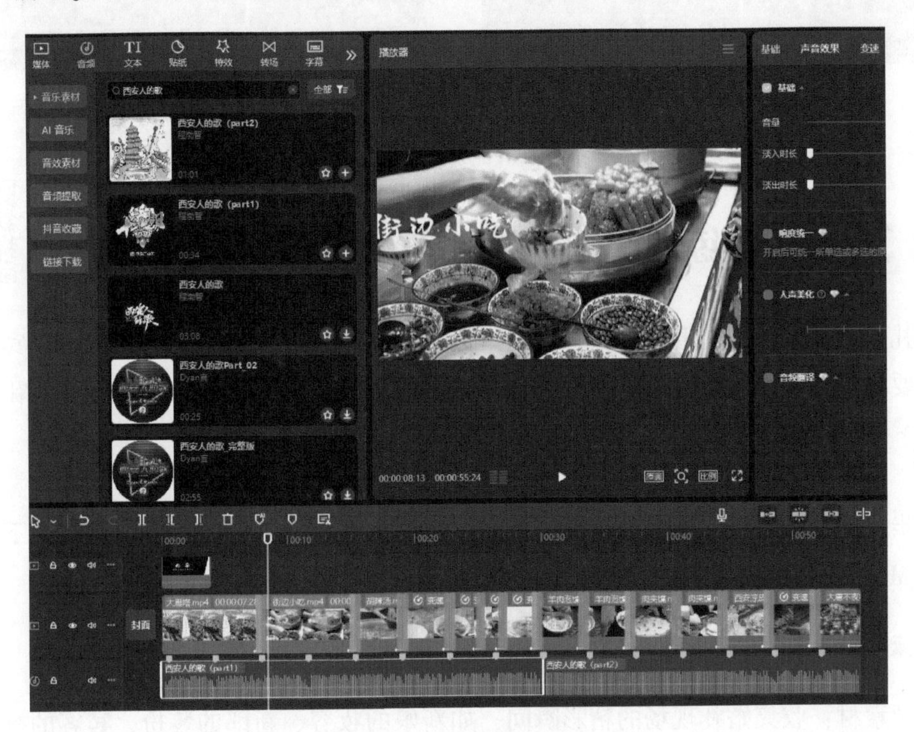

图 10-29　添加背景音频

02 将音频 1 放置在音频 2 的前方，将时间线拖动至音频 1 尾端快要结束的部位，也就是 30 秒处左右，如图 10-30 所示。单击“分割”按钮将其分割，并单击“删除”按钮，将后续多余的部分删除，如图 10-31 所示。

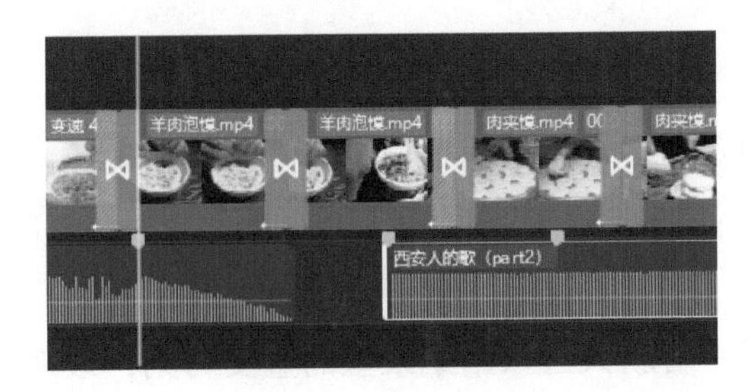

图 10-30　拖动时间线

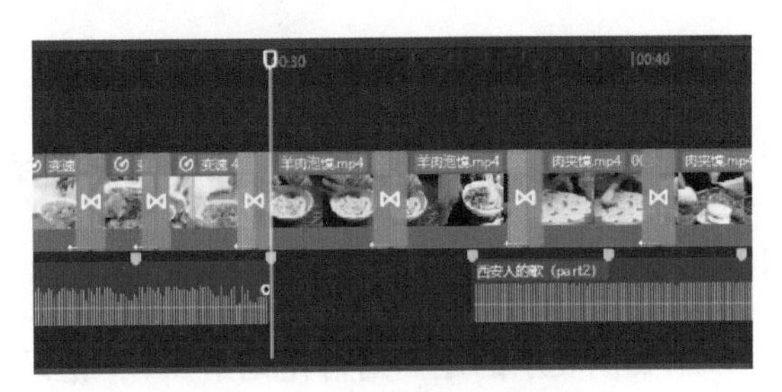

图 10-31　将多余部分分割并删除

03 将音频 2 的开头衔接至音频 1 的尾端，如图 10-32 所示。将时间线拖动至音频 2 的开头，单击“分割”按钮将其分割，并单击“删除”按钮将多余的部分删除，如图 10-33 所示。

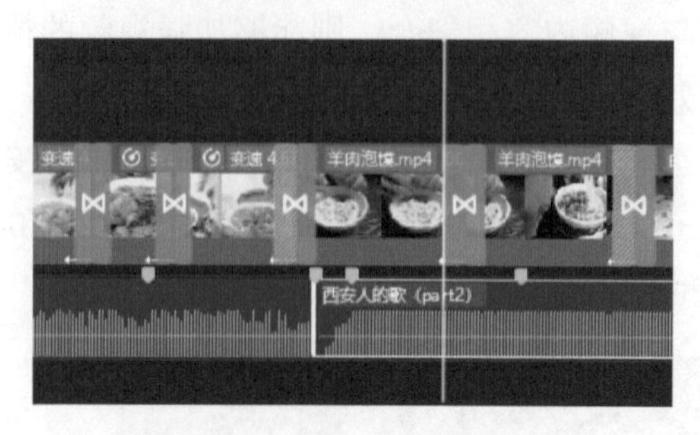

图 10-32　将两段音频衔接至一起

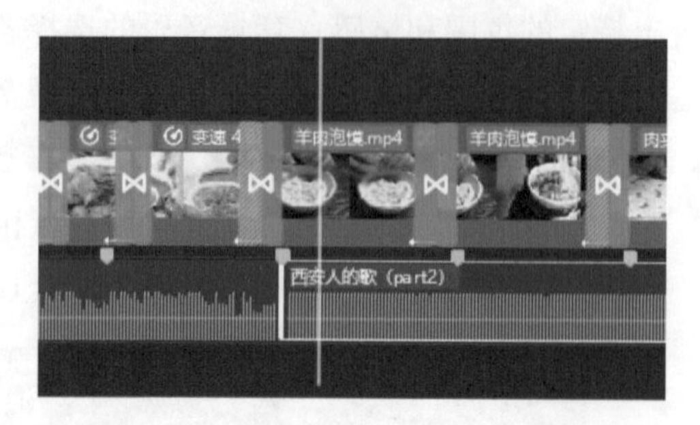

图 10-33　将音频 2 的开头分割并删除

10.3　拓展练习：制作婚礼花絮 MV

婚礼花絮 MV 指的是婚礼的精彩瞬间集锦，例如新人的誓言、父母的祝福、宾客的祝福、重要场景的美丽风景等。下面是使用剪映专业版制作婚礼花絮 MV 的具体介绍。

10.3.1　婚礼花絮 MV 的制作要点

在步入婚姻殿堂时，用视频记录这一重要时刻也是一份独特的幸福与喜悦。下面是婚礼花絮 MV 制作要点的说明。

1. 素材准备

视频素材：收集婚礼现场的精彩瞬间，如新娘的妆容、新郎的装扮、宾客的祝福、婚礼仪式等。

图片素材：准备一些婚礼相关的图片，如婚纱、戒指、鲜花等，用于视频中的点缀和过渡。

音效素材：收集婚礼现场的音效，如笑声、掌声、祝福声等，使视频更加真实生动。

2. 时长控制

视频时长应控制在 1 分钟以内，确保内容紧凑且不失细节。

10.3.2　最终效果展示

本案例展示的是一则婚礼花絮 MV，记录了一对新人迈入婚姻殿堂的重要时刻，最终效果展示如图 10-34 和图 10-35 所示。

图 10-34 案例效果展示（1）

图 10-35 案例效果展示（2）

本案例的剪辑要点如下。

01 整理素材，在轨道区域按照时间顺序排列素材，使素材表现出完整的情节，注意镜头和景别的组合。

02 使用“调节”功能对过暗或过亮的素材进行校色处理，并为所有素材添加同一滤镜，使视频的整体色调显得和谐统一。

03 给视频添加边框，这里使用的是“白色线框”，在视觉效果上更为生动。

10.4 拓展练习：制作夏日饮品广告

在制作产品广告时，需要较为直观地、全面地对产品进行展示，包括产品的外形、功能、使用场景等。下面是使用剪映专业版制作夏日饮品广告的介绍。

10.4.1 夏日饮品广告的制作要点

广告相较于其他形式的短视频来说更注重的是推广产品或服务、传达品牌信息、激发消费者的购买欲望或改变他们的消费行为。下面是夏日饮品广告的制作要点。

1. 突出产品

此类短视频中的主角是产品，因此在制作视频时，画面重点需要放在产品本身上。但这并不意味着只要将产品放在画面中进行展示就可以了，不同产品具有不同的特性，而短视频需要做的是将产品的特性直观地表现出来。在制作此类短视频时，需要通过多种方式突出产品特性，从而激发消费者的购买欲望。

2. 把握视频节奏

电商短视频需要在短短的十几秒内介绍产品，激发观众的购买兴趣，因此节奏往往较快，画面转场比较注重视觉效果。但此类视频又和注重视觉冲击力的酷炫短视频不同，需要留下足够的时间使消费者捕捉关键信息。因此，在制作此类视频时，需要根据产品的具体情况设计整个视频的节奏。

10.4.2 最终效果展示

本案例展示的是一款夏日饮品的广告视频，最终效果如图 10-36 至图 10-39 所示。

图 10-36 案例效果展示（1）

图 10-37 案例效果展示（2）

图 10-38 案例效果展示（3）

图 10-39 案例效果展示（4）

本案例的剪辑要点如下。

01 添加贴纸，装饰画面。本案例使用了剪映素材库中“夏日”分类下的贴纸，配合“关键帧”功能，制作渐隐和渐显的动画效果。

02 注意文案和画面的匹配度。使用“新建文本”功能，调整字体、排列方式等参数，制作独特文本效果。

03 使用“新建复合片段”功能为文字添加动画，提升广告效果。

10.5 拓展练习：制作企业周年庆视频

在制作企业周年庆视频时，应注意要围绕企业的核心价值和周年庆典的主题展开。可以选择突出企业的发展历程、重要成就、团队风采、未来展望等内容。下面是使用剪映专业版制作企业周年庆视频的介绍。

10.5.1 企业周年庆视频的制作要点

相较于其他视频，企业周年庆短视频的内容通常围绕公司的历史、成就、团队、企业文化、未来展望等方面展开。下面是企业周年庆视频制作要点的具体介绍。

1. 主体结构明确

视频需围绕企业周年庆的主题展开，展现企业的发展历程、重要时刻、团队风采等。视频内容应分为几个主要部分，如公司历史回顾、成就展示、员工风采、未来展望等，各部分之间应过渡自然。

2. 音效协调和文字精炼

背景音乐与视频内容需相协调，避免过于嘈杂或突兀。文字说明或标题需简洁明了，字体大小、颜色等需与视频整体风格相符。

3. 素材准备

照片素材：收集企业历年来的重要照片，如成立仪式、重要项目完成、团队活动等。

视频素材：如有历史视频资料，可加入视频以增加回忆感；也可拍摄新的素材，如员工采访、现场活动等。

音乐素材：选择一首与视频主题相符的背景音乐，注意版权问题。

文本素材：准备视频中所需的文字说明、标题等。

10.5.2 最终效果展示

本案例展示的是一个企业 20 周年庆的短视频，最终效果如图 10-40 至图 10-43 所示。

图 10-40 案例效果展示（1）

图 10-41 案例效果展示（2）

图 10-42 案例效果展示（3）

图 10-43 案例效果展示（4）

本案例的剪辑要点如下。

01 利用关键帧对视频素材进行缩放和位移，从而实现照片素材往中心逐渐缩小的靠拢效果。

02 使用“蒙版”功能制作金色边框效果。

03 使用“复制”和“替换”功能为不同素材添加相同的蒙版效果，快速统一画面。

04 适当添加贴纸丰富画面。